U0506350

建筑与历史环境

ARCHITECTURAL & HISTORICAL ENVIRONMENT

〔俄〕O.И. 普鲁金／著

韩林飞／译

金大勤 赵喜伦／校

社会科学文献出版社

SOCIAL SCIENCES ACADEMIC PRESS(CHINA)

《 *Архитектурно-историческая среда* 》

Стройиздат，1990.

СССР по печаи. Москва.

_____

根据苏联莫斯科建筑出版社 1990 年版译出

著作权合同登记号：图字 01 – 97 – 1117 号

作者简介

米尔、苏兹达利、卡鲁科以及莫斯科郊区的许多地区，组织领导研究了这些地区550多个文物古迹建筑。

1949~1950年，他领导了莫斯科郊区伊斯特拉城的新耶路撒冷修道院的修复工作。1955~1957年在他的成功领导下，莫斯科红场最大的瓦西里福音大教堂完成了修复工作。1957~1960年他领导修复了科洛明庄园的迪阿科夫教堂，莫斯科郊区祖若诺城的包里斯及格列波教堂。1963年他因在古迹文物建筑修复中应用超声波控制方法而获得博士学位。

普鲁金教授1980~1985年任苏联文物建筑保护与修复研究院院长。从1973年起普鲁金教授开始在莫斯科建筑学院执教，从讲师到教授的多年间承担了高年级教学工作。他创立了第一个修复材料学的教程。普鲁金教授最大的贡献之一是他于1991年首先在莫斯科创建了高等修复学校，1993年组织创立了俄罗斯第一个修复科学院。普鲁金教授任俄罗斯修复科学院的院长、教授、博士、高级专家，为修复专业人员教育提供了广泛的教学课程。

阿列克·伊万诺维奇·普鲁金教授1926年出生于莫斯科。1948年毕业于莫斯科建筑学院。自从1944年起他就参加了公开的学生组织，研究莫斯科的古迹文物建筑。1946~1947年他参加了莫斯科克里姆林宫钟塔和城墙的实测工作。毕业后，他曾在弗拉基普鲁金教授在文物古迹建筑保护与修复领域发表了140多篇学术著作，主要成果为书籍、文章、教程等，他的著作在苏联、波兰、意大利、印度、德国等国家发表。这些著作包括《城市与文物古迹建筑》、《建筑与历史环境》。从1980年起他在德国德累斯顿（Dresden）科技大学开设年度讲座，讲述有关文物古迹建筑与历史环境的关系，古迹文物建筑的恢复问题，普鲁金教授还在佛罗伦萨国际艺术大学（意大利）及班培技术大学（印度）开设讲座。普鲁金教授在莫斯科还有许多建筑设计作品：卡波捷夫斯克的学生宿舍、库尔斯克金属运输中心、马扎尔斯克的交通枢纽工程、索科公园的步行通道及地铁站房等建筑。他还参加了苏联国民经济展览馆的杜兹勃·那拉多夫馆的设计。普鲁金教授最大的设计工程是莫斯科第二国际机场附近的航空学院工程。

普鲁金教授是苏联建筑师协会的资深会员，并且曾担任苏联古建筑保护协会副主席、主席之职达十年之久。他还是俄罗斯文物古迹建筑保护中心委员会成员，文化部科学方法委员会成员，并且担任多家博物馆的艺术委员。普鲁金教授是俄罗斯人文科学院院士，联合国古建筑保护协会俄罗斯分会的副主席。1995年由于普鲁金教授在建筑、修复、教育三方面突出的成就，美国人文学院授予他杰出贡献奖并授予"年度人物"证书。

目　录

上篇　历史环境中的建筑

下篇 波兰古城的保护与修复问题

一版中译本序

近来读到两本关于文物建筑保护的重要著作。一本是王瑞珠著的《国外历史环境的保护和规划》，台湾淑馨出版社于1993年出版，今年初我咬了咬牙，用半个月的工资买了一本。另一本还没有出版，我有幸看了它的校样，就是这本《建筑与历史环境》，作者是俄罗斯修复科学院院长普鲁金教授，由韩林飞译出。

普鲁金的书重在说理，用实例以明理。由于民族的学术传统不同，因此，我们会觉得普鲁金的书有点儿沉重，读起来费劲。不过他并没有像时下某些人那样，摆精神贵族的架子，玩弄小圈子习气，故作姿态，把文章写得叫人看不懂，他不过是追求概念和表达的严谨而已。这正是我们需要学习的。

大概人类自从会造房子起便会修缮房子。但是真正的文物建筑保护（或曰历史环境保护），则晚到19世纪中叶才正式开始，到20世纪中叶成熟为一门科学。这说明，文物建筑保护，需要全社会的文明达到很高的程度才能成为自觉的行为，而作为文物建筑保护与古建修缮的分界的，是系统的理论的诞生。什么是文物建筑（或曰历史环境）？它的价值

何在？为什么要保护它？怎样才是正确的保护？有什么必须遵守的原则？这些原则的意义如何？等等。在这套完整的理论指导下的实践，才能叫做文物建筑保护。它是一个文化行为而不是一个单纯的技术行为。普鲁金的书对这些问题都作了解释，它应该是我们文物建筑保护的基本读物。

这几年，我们的文物建筑保护有很大发展，做了许多很重要的工作。但是，我们社会的文明程度还很低，关于文物建筑保护的科学理论还不普及，相当一些专门从事这项工作的人对理论还没有兴趣。因此，我们有些所谓文物建筑保护工作很不正规，有的甚至造成不可挽回的损失。

为什么在全社会文明程度还很低的情况下会产生"文物建筑热"？原因之一是，在有些地方、有些人心目中，文物建筑是"摇钱树"，是"旅游资源"。他们的兴趣在于"开发"文物建筑，甚至忙于"促销"，好靠祖宗遗产吃现成饭。因此，他们从"创收"的目的出发，恣意改变文物建筑和它的环境的原状和文化内涵，把文物建筑商品化、粗俗化。他们混淆真古董和假古董的区别，不惜把真

古董糟塌成假古董。

这当然并不是真正意义上的保护文物建筑或历史环境。这实际上是破坏。"文物建筑热"因此很叫人胆战心惊。

而一些专业的保护工作者并没有态度明确地反对并制止这种破坏,那原因很复杂,其中有一些恐怕不大好说。当年以梁思成先生的声望,几乎没有能保住哪怕一幢有人要拆的文物建筑。在当前,并不深入而系统地了解保护的理论基础,无疑是原因之一。

为什么要保护文物建筑,就因为它们有多方面的价值,保护文物建筑,当然就是要保护这些方面的综合价值。文物建筑保护的其他一切原则,都从这里派生而来。

普鲁金的书叙述了文物建筑保护的历史,而这个历史,其实就是对文物建筑价值的认识史,起初是从这一个片面到那一个片面,后来逐渐比较全面,比较综合。普鲁金分项阐述了文物建筑各方面的价值。

我觉得,这些价值不妨以另外一种方式表述,也许更加清晰。这就是:第一,对历史的认识价值,包括文化史、民俗史、政治史、军事史、经济史、建筑史、科学史、技术史、教育史等人类活动的一切方面的历史。文物建筑是一部存在于环境之中的大型的、直观的、生动的、全面的历史书。它的认识价值绝不是任何文献资料和用文字写成的历史书所能替代的。站在故宫太和门,北望太和殿,南望午门,这时候你对封建专制制度的理解,岂是在哪一本书里能读得到的?第二,情感寄托的价值。文物建筑寄托着丰富的记忆,包括个人的、人民的、民族的和国家的,直到整个人类文明的记忆。四合院里有母亲慈爱的泪水,文昌阁里有一代代年轻人的追求,虎门炮台有民族英雄的鲜血,在罗马鲜花广场上你能看到烧死布鲁诺的火刑柱。在这些文物建筑中间,或者说在这样的历史环境中间,你才能感觉到你不仅仅是你自己,你和这些人物在一起,你属于这个民族、这个国家、这个文明世界。你不仅仅是当代的,你也属于历史。有这些记忆,有这样的感觉,人们才可能活得有品味。第三,审美欣赏价值。不但文物建筑本身的美值得欣赏,它们更使城市和乡村千变万化,丰富多彩,这不是当代任何一个规划、一种设计所能做到的。那是一种饱含着历史感的美。第四,启迪人们智慧的价值,包括启迪建筑师的创造性思维,但绝不限于建筑师。美术家、文学家、历史学家、哲学家、科学家,都有可能从文物建筑感触到什么,学到些什么。当然,文物建筑还有使用或利用价值,这是第五。可惜当前太过于片面地开发它们的旅游经济价值,而且是文化档次比较低的旅游,以致祸患累累。

保护文物建筑,既然是保护这些价值的总和,那么,第一个结论便是必须保护它的真实性,不能让它携带虚假的信息。虚假的信息不但破坏它的历史认识价值,也破坏它的情感寄托价值。这好比,你发现小心翼翼珍藏了几十年的初恋情人的一绺头发,原来是别人从理发店随意撮来的,你将会怎样?

造假是有罪的,法律上有罪,道德上更有罪。

当然,在文物建筑保护实践中,由于无

法克服的困难，历史真实性遭到一些破坏，有些历史信息失去或歪曲，未必都能避免。但是，一是要尽力减少损失，二是要设法补救，例如对不得已的变动加以说明或者在新材料、新构件上加标志之类。总之，不要马马虎虎，更不允许像一些人那样有意做假欺骗。

普鲁金的书以丰富的资料论证着这些基本原理。有些观点似乎自相矛盾，但这是科学发展过程中的常见现象，或是实践中难免有的让步。普鲁金和当年苏联人的一贯做法一样，过于强调自己国家和东欧各国的特点和独立性，过于褊袒自己国家和东欧各国的

经验和作为。如果以更加宽阔的胸怀对待世界，就会更好一些。但这并不损害他的著作的基本价值。

坐下来，静下来，啃一啃普鲁金的书，对于提高我们的文物建筑（历史环境）的保护，是大有好处的。

本书将由中国社会科学院社会科学文献出版社出版。

清华大学教授
俄罗斯建筑遗产科学院院士
陈志华
1997 年 9 月

二版中译本序

1949年的一天，一个高高的年轻人来到新耶路撒冷修道院。修道院造于17世纪，在伊斯特拉，离莫斯科80多公里。德国侵略军占领过它，几乎把它夷为平地。指着堆成小山的断砖残石，苏联文物建筑修复大师巴拉诺夫斯基（1899—1989）对年轻人说："全拜托给你了，希望你把它们修复。"这时候，年轻人刚刚从莫斯科建筑学院毕业一年，虽然早在读书的时候，他就参加了许多修复被战争破坏的文物建筑的工作，但是，面对着一大片只剩下墙根的废墟，他心里发慌，觉得无从下手。

年轻人参过军，在战场上面对面打败了德国鬼子。出生入死的战争锻炼了他刚强的意志，他没有退缩，默默地带着一些人，把无数破碎的砖头和彩色装饰雕塑，一小块一小块地清理出来，找到它们中大部分的原位，重新砌筑归安。他把工作当做那场卫国战争的延续，他必须获得胜利。

50年过去了，1998年9月，他站在了开满紫色蓟草花的绿茵中央，要求我们给他照一张像，以新耶路撒冷教堂的金顶为背景。他说："如果我能和我的金顶一起发表在中国

的学术杂志上，那将是我最高兴的事。"这时候，他已经是70岁出头的老人了。他神色严肃，紧闭双唇，眼睛透出遥远的沉思。背后，1997年修复完的教堂高高挺立，碧蓝的天空把金顶烘托得光芒四射。此时此刻，他沉思些什么呢？毫无疑问，应该是他一辈子辛勤的工作，一辈子追求的梦。

他一辈子做的工作太多了。除了主持新耶路撒冷修道院的修复之外，他在俄罗斯的古都苏斯达里和弗拉基米尔等地参加过修复工作，他修复过莫斯科克里姆林宫的城墙和钟塔。我们问他，哪一件是他最重要的工作，他回答，是1955~1957年主持红场上华西里·柏拉仁诺教堂的修复，"因为它现在成了俄罗斯的象征"。华西里·柏拉仁诺教堂建于16世纪中叶。1552年俄罗斯人攻克了蒙古侵略者的最后一个据点，解放了全境。几个世纪的屈辱洗雪了，胜利的欢乐沸腾了整个俄罗斯民族。这教堂就为纪念这伟大的事件而建，它兴奋的形象和鲜亮的色彩永恒地记录下人民追求自由、追求独立的精神。俄罗斯人到现在还为它骄傲。作为一个上过卫国战争前线的爱国者，他当然会以负责修缮

过这座教堂为毕生最值得自豪的工作。

什么是他追求的梦？他头一天告诉过我们："我一生的梦想就是建立一所文物修复科学院，把文物修复建设成一门独立的科学，使以后的文物修复工作者都受过正规的系统的专门的教育。"经过19世纪中叶以来100多年的实践和探讨，西方世界在文物修复方面已经形成了系统的、完备的、逻辑严密的理论，已经积累了很全面的技术知识，这个领域的边界也已经显示了出来。而且，由未经正规训练的人员，包括建筑师在内，来负责修复文物建筑的弊病已十分明显，所以，把文物修复建设成独立的科学，使修复工作者受专门的教育，不但已经可能，而且已经十分必要。这个梦他实现了一半。1991年，他终于建立了俄罗斯第一所，也是世界第一所文物修复科学院。科学院里暂时还只有文物建筑修复专业，其他各类文物的修复专业还没有设立，那是他另一半的梦。

▲ 普鲁金教授做的教堂设计图（二）

这位从青年时代一直到老年终身从事文物建筑修复的学者，就是俄罗斯文物修复科学院院长普鲁金教授。

我们到文物修复科学院去访问过他。科学院设在莫斯科东北郊的伊兹迈洛夫斯基庄园里。这是一所17世纪的贵族庄园，大门是塔式的，里面有一座小小的教堂和一座府邸。四周都是浓密的树林，环境非常幽静而美丽。教堂和工作室就在府邸里，很朴素，甚至显得破旧。普鲁金院长在一间大教室里接待我们。天下着细雨，教室里有点阴沉，凉飕飕的。摆上咝咝叫着的俄罗斯古式咖啡壶，院长给我们介绍科学院，先说学生。学生有两种：一种是正规建筑学院学过4年的，到这里再学2年；一种是11年制中学毕业的，到这里学5年，要从建筑学专业学起。科学院毕业的学生是硕士学位，名称是建筑师和文物建筑修复工程师，不但会修复，而且会研究。"制订修复计划之前，必须先做深入的研

▲ 普鲁金教授做的教堂设计图（一）

究"，他说，"深入的研究，是修复工作必须的前提；没有研究，修复工作便是盲目的，不可靠的；只有研究才能保障修复的科学性，它把文物修复和传统的匠人修缮严格地区分开来。"我们在修复科学院的走廊里看到墙上挂满了各种图表，都是学生研究作业的一部分。虽然没有看论文，但从图表上看，研究都做得非常细致，连修复对象的一小片烧焦的木板，一小块剥落的灰皮，都要做不少试验、分析。到 1998 年，已经有 89 个毕业生，目前在读的有 120 人。再说教师，因为是第一所科学院办的第一个专业，所以起初没有

▲ 普鲁金教授主持修复的新耶路撒冷修道院

专职教师，到别的院校请来兼课，美术史，宗教史，物理，化学，等等。渐渐的，这些人对文物修复越来越有兴趣，就全身心投入，成了专职的了。现在有 11 位院士，26 位教授，23 位博士、副教授，还有一些长期从事文物建筑修复的技术人员。

　　普鲁金院长说，不论教师还是学生，到这里来，爱好和愿望是第一位的。我们访问那天正是星期六公休日，见到每个工作室里都坐满了人。院长说，星期六、星期天大家都照常上班，很少有人休息。他自己那天也在画一座教堂的立面图。他的工作室很小而且很简单，除了两只书橱，几张图桌和高凳，什么家具也没有了，但墙上却全是图，没有一丝空隙。图全是他自己画的，在精细的铅笔稿上作淡淡的、薄薄的古典水墨渲染。70 多岁的人了，画这样的图真不容易。我们对他非凡的功力表示敬意，他说："干了一辈子了，现在走路、吃饭都想工作，连睡觉做梦都想。"从府邸出来，他陪我们在院子里参观，高大的树木上沙沙地响着雨声，但各处

▲ 普鲁金教授主持修复的华西里大教堂成为俄罗斯的象征

▲ 普鲁金教授主持修复的苏斯达里商业廊

都有些学生，三三两两，有的画写生，有的测绘教堂。普鲁金教授看着他们说："我已经老了，至多还有三年五载，现在最大的心愿，是把我 50 多年的经验全教给他们，让他们接好班。"语调深沉，有几分忧郁，更含着希望。每一个为一项事业奉献了毕生精力和智慧的人，到了晚年，都会有这样的心愿。这心愿里含着他对这项事业最后的、最深沉的爱，因此最能打动人心。凡一切对人类有益的事业，都是靠这股力量一代又一代地传承下来的。50 年前，巴拉诺夫斯基在新耶路撒冷修道院的废墟前向年轻的普鲁金交代任务

的时候，就是用这股力量打动了他的心。现在，轮到他嘱咐年轻人了。

第二天是星期日，普鲁金把患病的老妻留在家里，驾车陪我们去参观新耶路撒冷修道院。虽然走起路来已经老态龙钟，他还是把我们带来带去，边走边讲，唯恐漏掉些什么，还跟我们一起数台阶的踏步，都是 33 级，正是耶稣基督上十字架时的年龄。最后，走了许多了，穿过很大的花园去看当年建造这修道院的尼康大主教住宅。离住宅大约七八十米远，有一道小河，河上架着石拱桥。站在桥上，他指一指住宅说："怎么样，这样看看满意了吗？"听到他气喘吁吁，我们赶紧说："可以了，可以了。"在一座密林里的餐馆吃了午饭，没有休息，下午，他又带我们参观 17 世纪的莎维诺·斯杰洛善夫斯基修道院。他显然很累了，上台阶都要一手扶住膝盖，但还是脚步蹒跚地追着我们讲解，一个一个拉住我们，指点哪一个角落拍摄哪一个画面最好。他熟悉这座修道院，热爱它，因而也爱一切爱它的人。直到天色很晚，我们才离开修道院，刚刚迈出门坎，恰巧钟塔上大大小小的钟奏起了清亮的音乐。老人家告诉我们，有一句俄罗斯谚语："客人要出门，打钟为留客。"我们都不免有点儿惆怅，为了将离开这可爱的修道院，为了将离开这位可爱的、我们十分敬重的老学者，也为了将结束这样一次充满历史感、充满学术气息，也充满了对文化的共同珍爱所产生的真诚的情谊的游历。

回程的半路上，老人家的车子向左一拐，匆匆去看病中的老妻了。第二天，他托韩林

飞带来一句话："和朋友离别，没有握手，很抱歉。"

正如普鲁金院士 1998 年和我们说过的，过了五年，2003 年 11 月，院士在寓所中无疾而终，平静地离开了这个世界，离开了他所喜爱的建筑遗产保护与修复事业……但他所教育的众多学生，众多和他一样喜爱修复与文物建筑保护事业的年轻人，特别是世界上第一个专业修复科学研究院，将不仅为俄罗斯，也为全世界建筑遗产的保护留下一笔丰富的财富。

谨以此序纪念他以及他所为之奋斗一生的建筑遗产修复与保护事业！

清华大学教授

著名建筑历史与评论家

陈志华

2009 年 11 月于北京

前　言

在现代社会条件下，对保护和利用建筑的历史珍品提出了新的问题。保护建筑及城市遗产的问题，必须与新的城市建设中历史城市的需要直接相联系。

现代科学技术的发展，为在邻近历史古城的区域里建设新的大型高层建筑提供了可能性。但是最近几年，在一些历史形成的环境中建造新建筑的例子，与历史建筑环境非常不协调，甚至产生了一些负面作用，促使建筑师重新思考今后如何改善现代建筑的创作。

今天，这类建筑创作实践的一个基本问题是：如何在修复的基础上克服现存历史环境的狭隘性与片面性，以促进历史城市的发展，而细致的修复是保证新老建筑相协调并且创造完善的城市建筑艺术研究的基础。

在历史环境中的新建筑的创作，与专家们保护历史遗产的想法经常产生矛盾，有关单体古建筑与历史城市生活的许多基本思想观点及其利益也经常相互碰撞。所以，最基本的工作是提出具体可行的建议，以保护并日益完善周围的建筑历史环境。

最近十几年，产生了"建筑的历史环境"这一概念。出于对历史建筑遗产的关心，我们得出了符合逻辑的结论，那就是应改变历史建筑保护的方法，不应仅仅从事单一的古建筑的修复，将其转变为历史环境中的"现实纪念品"；而应在大范围内修复完整的历史街区或历史城市的某一局部。历史建筑巨匠所创作的建筑作品，应被完整地、严丝合缝地镶嵌在其周围的建筑环境中。当然，如果我们在建筑方案设计图上看到的仅仅是建筑的某一方面，那么在现实中摆在人们面前的则是在三维空间中的建筑形体，进入视觉的是建筑及其周围的所有环境，这些环境与建筑一起存在于其历史范畴中。

与其周围建筑具有相似体量比例的建筑设计，对于其周围的环境有着良好的影响。而所有不协调的、突兀的建筑——几何形体或者景观围合（可能是建筑单体或建筑群），常常引起人们感觉方面的刺激及不舒适感。

一些城市建设者支持有关在历史建筑中建设新建筑时的对比反差的正确节奏这种思想。这种方法被称为"反差的作用"，最近几年被较多地采用。这种方法使令人满意的、完整的建筑遗产得到了修复。这些建筑遗产

▲ 莫斯科克里姆林宫的建筑历史环境

◀ 建筑形式的多样化——莫斯科红场瓦西里福音大教堂

为本国、本民族创造了一定的物质基础。这种方法在国内、国外的修复实践中可以找到。

"反差的作用"并不总是能取得所需的正面的效果,恰恰相反,正面的效果常来自体量的、规模的以及视觉的和谐。在现代建筑中用该方法将现代建筑加入到已存的建筑环境中,希望通过不同节奏的建筑对比而取得协调——这种成功的例子并不多见。

事实强调修复研究工作、理论实践工作的必要性,这些都是针对历史的城市规划概念、建筑的历史环境等问题的。

今天所提出的这些问题与大规模的创造城市历史风貌迫切相关,必须保护大型的国家的物质基础,甚至可以采用现代建筑中的某些原则作指导。

▲ 建筑和谐的形式——古老的罗斯托夫城的城堡建筑

▲ 莫斯科郊区的扬西夫 · 瓦拉格拉姆修道院
其轮廓线变化既多样又统一，是俄罗斯建筑艺术的杰作

我们所讨论的问题的基础是我们社会的需求，它是现代生活环境及生活条件形成的基础，是现代人类所获得的、古典建筑传统的各界及其全部发展。

带有形式主义的现代方法是不适合的，盲目地复制以前的建筑风貌，甚至不保护建筑遗产的相互关系。它需要对古代经典建筑作品进行深层次的思考，同时研究民族建筑的发展规律，建立区域性历史建筑的原则及其地方特点。修复专业人员及现代建筑师们不仅应具有古代建筑巨匠的精华，如17世纪、18世纪的城市规划原则及其建筑手法，不同类型的建筑设计的平面规划原则；而且应将其深入消化，使其有机地融入现代建筑的创作中。需了解其在美学方面的一些规律性联系。最后，今天的建筑环境——现代城市规划的首要元素，是为满足人们的需要并为人们所接受的。

事实上，建筑创作协调性方面的一些优良原则，保留并将长期保留在城市规划的基本方法中。

在特定环境中人的生活直接联系于其生活活动过程及其生活保障，而生活保障体系与其建筑条件是不可分割的。新老建筑的结合问题，一般在大多数情况下，新建筑的设计在与已有的老建筑相联系上，应持尊重的态度。单体建筑的创作，应尽量融入到其已有的具体历史时期的建筑环境之中，尽管这些新的建筑形式与老建筑有所不同。历史上比较著名的一个成功例子是：在热各拉斯城的 Д.乌合托姆斯基钟楼的设计及其建设。

在莫斯科这类建筑成功的例子是克里姆林宫。A.B.舒舍夫创作的一些建筑精品，特别是红场上的列宁墓，成为红场中协调建筑历史环境不可分割的一部分。另外一些成功的例子是20世纪50年代，在古老的莫斯科城市规划传统的基础上，建设的一些高层建筑。很明显，这些建筑物建筑地点及其建筑轮廓，完好地补充并发展了莫斯科的城市轮廓，成为首都全景的名胜之一。俄罗斯建筑的特点在许多方面表现为其自身的协调性，甚至表现在建筑形体空间在保护建筑群一体性前提下的建筑建造及其发展方面。在俄罗斯城市中具有许多类似的实例。在确定地区的建筑创作中，赋予其地方特点及自身特色。

对于这类建筑也可以举出一些现代作品的例子。如在西伯利亚大石油城托巴尔斯，有预见地保护古老的历史城市核心，并在邻近建设必要的现代工业及住宅建筑的工业区。在西伯利亚托木斯克城特别杰出的贡献是：在保护非常漂亮的历史木建筑代表的同时，进行新的现代建筑的建设。

在首都历史建筑的实践中，也有许多值得学习研究的地方。如特维尔林荫道上莫斯科帝国风格的建筑环境、尼科斯基大门旁的著名教堂、普希金广场及普希金纪念碑，这部分建筑历史环境终结于另一个林荫道，反映了莫斯科建筑传统的自身特点。

建筑历史环境是长期逐渐形成的。历史的事实证实了14~20世纪所有的研究学者的成果。修复事业途径的逐渐改变经历了漫长时期，刚开始时修复仅仅是加高、加固历史建筑形体（如苏斯洛夫、热别林、科托夫等学者的实践），然后转移到创作性修复（如利赫捷尔、波别兰采夫、格拉巴勒等的实践）。

许多现代的修复专家在研究古建筑结构加固及延长其寿命的同时，创造性地理解了工程结构上古建筑保护的基础，积累了大量的修复经验，逐渐将其归纳并过渡到创建修复方法学及理论方面的结论上，逐步深入到对建筑遗产的预测方面。

许多问题应得到思考，如历史城市的规划、历史城市的修复、新老建筑的结合、功能的现代化更新、建筑古迹修复步骤的确定、完成修复与重建工作的理论基础及选择等。本书俄罗斯部分，笔者侧重于一些必要的理论总结，在一定程度上归纳了建筑遗产及历史环境的保护问题，归纳了大量的实践并分析了它们与理论上及方法学上的联系。

作为图片资料，本书提供了一些国内、国外修复实践的范例，特别是波兰的大量实践资料。本书的俄罗斯部分着重思考了与修复有关的理论观点及概念，同时以波兰学者

▲ 扬西夫·瓦拉格拉姆修道院角楼上的几何图案

▲ 莫斯科一条古老街道的远景

▲ 建于19世纪中叶的莫斯科特维尔林荫道上富有个性的建筑物

▲ 扬西夫 · 瓦拉格拉姆修道院角楼修复后的形式

▲ 建筑的雄伟与壮丽
则维尼格勒城撒维诺 · 斯特拉仁夫斯基修道院的
主教堂

的实践经验归纳总结修复与重建理论。

　　本书的理论部分是建立在归纳大量实践
积累的基础上的，将其条理化并总结成符合
逻辑的系统。希望它能对今后更多的有关修
复、重建及建筑历史环境问题的工作从整体
上有所帮助。

　　对于完善建筑遗产的世界观及方法论，
则必须对现有的一些建筑修复方面的词汇加
以重新定义。首先是"纪念碑，古迹"这个
概念，"纪念碑，古迹"这个词在现代的意
思是为纪念某人或某事，一次创作的并不改
变的构筑物。然而今天"建筑的纪念碑"或
"建筑古迹"这个词，却是活生生的有机体，
它带着新的不可分割的现代功能闯入到我们
现代的城市规划活动中。以前历史时期所创
作的建筑作品，在现代城市规划与建筑中应
被正确地称为"建筑遗产"。

　　从"城市规划，城市建筑的古迹或纪念

▲ 17 世纪典型的建筑元素的形式
撒维诺 · 斯特拉仁夫斯基修道院教堂庭院入口

碑"这个概念，可以看出有以下的一些改变，
因为它也许是可被逐字逐句地理解为"有关
城市规划或城市建设的纪念"。城市也许是由
一个个不变的构筑物构成的，但城市是有生

▲ 阿斯坦根诺宫殿博物馆的主立面

▲ 老阿尔巴特——莫斯科第一条步行街

▲ 老阿尔巴特的新景象

命力的，一步一步逐渐有机地发展的。这个词应正确地改为"城市规划或城市建设的历史"。

最近几年，在理论及设计方案的实践中使历史城市的修复得到了发展，使其发生正确的改变。不修复其周围的历史环境或景观环境，仅仅修复单体的建筑古迹，这明显是不成功的。在历史城市中新的建筑物的正面效果应是：应用历史城市规划的传统方法，使新区与历史街区充满生命力地相互融合。

今天不需要再证明：苏兹达利、卡斯特拉姆、罗斯托夫、列宁格勒的历史城市中心，莫斯科、基辅、诺夫哥罗特、雅罗斯拉夫、圣马利克、埃里温、第比利斯或其他的一些历史城市——是完整的系统，其规划及建筑是有机的、一体的。

由此得出：对于修复历史城市必须通过历史城市规划的方法这一正确结论。在理论工作、学术文章、会议争论中得出了一些正确的结论和论据，它们是在有关的修复中需特别对待的确定的历史核心；最合适的新功能；城市规划方面新的进展；与历史区域相结合，重现城市原貌等。

苏联的建筑历史环境问题及建筑遗产保

护问题是一个完整的有机体，将它们放在一种固定的模式中是不可能的。在本书俄罗斯部分与波兰部分中，应用的分析实例多来自俄罗斯与波兰的古老建筑的集中地区。这些地区积累了大量的修复实践经验，从中可以归纳并将其条理化，经分析得到确定的方法学及规律性理论的基础。

笔者深深感谢所有与建筑历史文化保护相关的各国家部门和社会的修复组织，从它们丰富的实践中，诞生了笔者许多新的观点和思想，希望各国民族建筑遗产的保护及整个修复事业得到更多、更广泛的支持。

О.И.普鲁金

上 篇

历史环境中的建筑

第一章
国内外关于历史建筑修复的理论及其概念

第一节　18世纪末19世纪初西欧修复的理论概念及修复专家

系统地研究建筑修复的概念、特点及其发展，应将古迹建筑修复与保护的历史看做两个阶段。第一阶段与西欧建筑价值的保护相联系，并同时考虑其相互间的联系及影响；第二阶段是俄罗斯古建筑的修复历史。毫无疑问，不能减少其在具体的历史阶段下确定的相互关系。但是其自身的社会学及美学观点源于民族自身的文化特点，具有不同的民族根源并反映本民族建筑师的专业天赋。不排除欧洲在本民族的土壤中，在其民族传统下的修复实践的相互矛盾。所以，可暂不考虑独立于俄罗斯建筑历史及修复历史以外的欧洲18~19世纪的修复理论及实践，因为其国内在许多方面的古迹保护与修复问题的观点是相互交织的。

研究欧洲古迹修复的历史，不能不注意到，官方政府组织及专业修复组织对古建筑深入细致保护的关注，特别是在18世纪末19世纪初的法国。欧洲最著名的政府官方的古迹建筑保护组织系统是1830年成立的历史建筑总检查院，它成为以后许多古迹保护研究机构的榜样。

总检查院第一任组织者及领导者之一是Л.维特埃，其后长期任此职位的是法国著名作家普罗士别拉·莫里艾米，他在古迹建筑的价值体现、保护以及修复事业的发展中影响较大。他对那时在法国的边远地区及远离首都的农村所进行的修复工作提出了许多正确的专业建议，曾经开拓并展示了建筑古迹广阔的社会价值。

文献和史实说明，许多著名的修复专家及古迹爱好者，在古迹建筑保护及修复事业最开始的阶段就出现了许多不同的观点，并在古建筑评价和修复方法上各持己见。苏联著名的建筑理论家Е.В.米哈依洛夫斯基比较准确地概括了该时期各种修复流派的实质。他在《古迹建筑修复》一书中写道："建筑师们以修复某建筑为由，进行哥德式和罗马式建筑设计的练习，他们甚至在没有古建筑的地方漫无目的地修建塔楼和尖顶，这在那个时代是经常的，甚至可以说是太经常、太普遍的事了。这种做法可能和保护与修复历史建筑古迹毫无共同之处，其修复方法也没有科学性。"E.B.米哈依洛夫斯基对此的解释为，19世纪前的古建筑修复只是以恢复其纪念意义为目的，因为那时不大考虑古建筑的社会意义。

然而在19世纪浪漫主义时期，情况已发生了变化。据E.B.米哈依洛夫斯基所述，18世纪末和整个19世纪的修复工作都是以恢复古建筑的艺术意义为主要目的的。他将当时对古建筑的新观点称为"艺术的修复"，仅仅由于那时修复专家在古建筑艺术美学方面的追求，至于他们所做出的成绩并不令人满意。基于这种观念，对整个修复事业发展的最初阶段（19世纪初至20世纪前10年），E.B.米哈依洛夫斯基引入了"艺术的修复阶段"这一术语，今天看来它具有一定的讽刺意味。

由于这个时期的开始阶段是欧洲艺术处于浪漫主义盛行的阶段，所以建筑史学家E.B.米哈依洛夫斯基将19世纪前半期的修复称为浪漫主义修复时期。他解释道："在浪漫主义时期，古建筑的社会意义中仍含有很大程度的纪念成分。当时恢复古建筑的艺术特色仅仅是为了加强其纪念意义。而'艺术的修复'后期则将恢复古建筑的艺术特色作为基本目的……"作者注意到，在19世纪巩固"浪漫主义"流派的某些修复工作中，一些古建筑被拆掉重建，修复专家经常在很大程度上改善了"哥德式风格"。当然，这种倾向受到了许多专家特别是19世纪英国艺术学家约翰·辽斯肯的抨击。

19世纪建筑史发展中有过许多风格的变化，在后来的几个阶段中，对珍贵的古建筑遗产的修复方法及理论发生了很大转变。但应强调一个延续近一个世纪的特点：那就是修复的主要注意力集中在一些特别重要的、个别的、史书记载具有很高艺术价值的建筑物。

在描绘18世纪以后古迹建筑修复的历史进程时，E.B.米哈依洛夫斯基写道："大约在19世纪中叶，欧洲几乎所有国家都进入了'艺术的修复'时期的下一个阶段——风格修复阶段，这个阶段一直持续到19世纪末。从浪漫主义修复时期修复工作的结果来看，我们不得不承认，那时的修复工作给古建筑带来了很大破坏。许多在19世纪以前还保留有真实的历史面貌的古建筑在经历了修复后变成了新时期的作品。"可能这种旧屋新建的做法以前也曾有过，但在19世纪出于对古建筑普遍的关心，改建现象变得普遍了，就连一些非常著名的历史建筑也未能幸免。

19世纪欧洲建筑修复的方法各异，规模也不等。每次修复工作都从修复者的主观看法出发，这些观点后来被理论家们归纳总结成十分确定的修复风格及修复方法。

爱国主义的热情和对历史遗产保护的热心刺激产生了修复创作的各个流派。

如上所述，19世纪以前的修复无异于翻新。旧建筑变成了新的，原有的风格特色及建筑轮廓被保存下来，但新建筑也有了新的功能用途，通常近似于原用途。这种方法被称为"置换法"。

后来修复规模的扩大，对建筑遗产的重新估价，重新改变了修复专家们对历史建筑作品的看法。修复专家们的工作主要转到历史建筑现状的保护及加固上来。"置换法"转变为"实验法"。

浪漫主义掀起的发扬民族传统文化的热潮，使人们对古建筑的建筑艺术美学价值有了新的认识。然而由于其在理论上、方法学上及艺术史等领域缺乏必要的研究，修复工作的规律性及方法选择的自由度很大。当时的修复者们经常在创新，有时甚至没有什么准确的方法，只是建筑单体自由的组合。这样就产生了浪漫主义时期修复的主要方法——"编纂法"。

编纂法与修复的原则根本矛盾。建筑修复专家不能像建筑师那样可以任意地创造新的建筑作品。然而，虽然新建筑引入旧成分不会产生太大的不良影响，但古建筑引入新成分在某种程度上会使古建筑"走样"，真正有价值的建筑局部会遭到破坏。这正如约翰·辽斯肯所称的"历史建筑物所能承受的最大破坏"。

毫无疑问，在提出这个观点并将不破坏原样的修复定义为"绝对修复"时，约翰·辽斯肯是正确的。但众所周知，建筑材料的寿命是有限的。历史建筑确定的结构会逐渐老化直至最终坍塌。不同材料的寿命不同，因此不是总能完全维持原来的样子。正因为如此，修复方法才具有多样性。关心建筑强度的建筑师与关心建筑美学价值的艺术家对修复的理解也不同。

生活总是客观的，只是修复专家和理论家们的观点在随着所积累的经验及变化的物质文化条件而不断完善。

经过19世纪各修复流派多年的探索、纠正、发现、验证，最终由浪漫主义演进到风格主义的修复。这个修复流派的特点是在修复前确定该建筑的风格。风格修复所采用的科学方法，体现了很高的艺术性。

风格主义还认为不能单纯地从建筑历史及逻辑判断出发修复古建筑。风格主义当时在法国最具代表性，并很快传遍了整个欧洲。

一般认为风格主义的奠基人是19世纪法国著名的建筑学家维阿利·勒·邱克。作为建筑理论的权威之一，他对世界各时期建筑的论证和评价作出了很大贡献，在古建筑的修复与保护方面也做出了不少努力。在他的专著中也可以看出那个时期他在理论及实践上对新流派的形成所起的作用。

历史遗产不再重复出现，我们应将它保留下来作为过去历史的见证。

然而修复工作中借用科学的方法并不是19世纪的专利，"风格修复"在欧洲国家十分盛行。法国之后最具科学方法修复的代表是意大利的许多城市，那里所进行的古建筑修复极其重视其最初的风格，十分鲜明地反映了"风格修复"的特点。分析对比19世纪欧洲与俄罗斯某些修复流派的类同及相异之处后，E.B.米哈依洛夫斯基得出了如下结论："正如我们所指出的那样，风格主义与浪漫主义时期的修复有许多共同之处。虽然恢复建筑美观的外貌在浪漫主义看来只是作为恢复其纪念意义的手段，而对风格主义来说却是其主要目的，但两种流派都在千方百计地力图恢复历史建筑的艺术特色。所以19世纪这两种流派的修复共同存在，甚至到19世纪末还有单独的浪漫主义修复出现。"

E.B.米哈依洛夫斯基认为浪漫主义与风格主义的较大区别在于，浪漫主义采用编纂法，而风格主义则采用了科学的方法。随意地编纂则变成了类似建筑的考察及选择，自由的创作变成了有根有据的设计和对历史风格整体方面及局部精益求精的模仿。维阿利·勒·邱克所强调的抓住历史风格特色，理解并论证其建筑形式绝非偶然。

风格主义者采用的主要是"合成法"，其实质在于抓住建筑风格的所有本质意义，从整体上修复古建筑，因此合成修复法有时也被称为整体的修复。

E.B.米哈依洛夫斯基写道："与编纂法不同，合成法首先要考察、研究该建筑鼎盛时期的建筑原形，找到原建筑设计师构思的出发点、规律性，最后依照类似的建筑作品手法将其被破坏的或现在已根本不存在而符合当时风格特点的局部补充完善。大量地采用类比的手法是合成法特有的不可回避的特点之一。虽然表面上看来采用类比手法来修复古建筑无可非议，但合成法仍有很多的不足，因为它在一定程度上不得不改变建筑的原貌而将它变成当时风格的典型代表。"

西欧19世纪修复实践的发展，其理论上的探索、总结，以及各时期修复观念的形成，必然地影响了俄罗斯当时的及以后的修复思想的发展。修复的浪潮也波及俄国的那些古旧的、值得专家们重视和注意的历史建筑。19世纪末20世纪初俄罗斯爱国主义者对保护祖国建筑历史遗产事业的关注也为俄罗斯建筑史添写了光辉的一页。

在为数不多的专家们热情的不懈努力之下，许多著名的俄罗斯建筑得以完整保存下来。所形成的各种修复方法的一个共同的目标是——保护珍贵的历史建筑，恢复其建筑艺术形式，避免古迹建筑及其局部遭受不同程度的破坏。这个时期修复工作明确的原则是——修复必须有助于历史建筑的保存，并要符合原设计者最初的建筑创作构思。

由于19世纪末20世纪初不可能重建与原作类似或具有更高艺术价值的建筑，那时的修复工作主要以保护、再现，有时稍加补充为目的。俄罗斯的修复专家们没有自己独立的个人作品，通常他们只努力保护前辈们的作品，他们以此为己任，为民族文化事业而努力着。

对民族文化遗产的偏爱还促成了俄罗斯专门的修复学校的创立，它吸收借鉴了西欧最合理的修复理论及实践经验，同时保存了本民族对自己的历史建筑古迹独特的感情。修复学校也逐渐成为俄罗斯自己的、独立的古建筑保护机构。

第二节　19世纪末20世纪初俄罗斯古建筑保护的历史观念

19世纪末20世纪初俄罗斯历史建筑的修复实践及其理论的发展与当时的社会历史背景密切相联。19世纪末20世纪初的几十年中，由于种种原因，全世界的古建筑修复仅仅局限于那些罕见的、有代表性的、一流的或代表着一定历史意义的建筑历史作品（如苏斯洛夫、苏丹诺夫、巴科雷什肯等建筑师的作品）。大众化的建筑—城市规划作品、民族木建筑、民居、历史城市规划、城市建设遗址等都不能引起当时修复界的重视。在19~20世纪，古建筑修复还是建筑史上的新生事物。古建筑修复不仅明确、概括和发展了历史建筑的历史特点，而且把古建筑物质的及美学方面的保护作为一个主要目的而结合在一起。

从事修复工作的人员来自一定的社会阶层，宣传的也是个别阶层的文化，其代表人物都是一些著名的建筑师、理论家、建筑历史学家、大作家及有志于此事业的知识分子，所以他们都将注意力集中在一些著名的历史建筑上了。

古建筑修复在很久以前就有了，在俄罗斯建筑发展的历史中这样的例子不难找到。

在分析俄罗斯建筑发展史时，不难发现其活跃的动态。原建筑不断地被改建，毁掉的建筑或建筑局部被不断地重建。新的工程技术计算方法所产生的新的建筑方法总能在建筑学及其艺术—美学中有所体现。

古基辅公国、弗拉基米尔—苏兹达利以及新城地区的主要教堂建筑，起先的结构较简单，时隔几十年后，在它们的东、西、北三面增建了回廊，上面加盖了圆顶，最后它们变成了多殿、多顶的历史建筑作品。

艺高胆大的俄罗斯建筑师们将古建筑变成了新式的建筑经典，受到了以后历史时期的高度评价。

古建筑品质的改变是由当时上层建筑所决定的社会条件影响的。11~12世纪俄罗斯添建和改建古建筑的倾向在15~16世纪又重新出现了。大规模的改建主要是那些带十字架

和圆顶的古教堂，因为扩建这种教堂不破坏原有的拱顶结构，相反会对结构起一定的加固作用。例如莫斯科郊区古基辅公国的主教堂、弗拉基米尔的乌斯宾斯基教堂、莫斯科克里姆林宫的甘娅根宁修道院的教堂、布拉格维泽斯基教堂等。

如果抛开以前俄罗斯古建筑修复中古建筑比例的改变以及其彻底的改建，将它们进行分析和科学系统化，就可以得出这样的结论：教堂的建筑美学及其工程改建对后来被定义为"修复"的学科产生了很重要的影响。的确，那时对古建筑最初的设计中的建筑工程的某些改变，恰恰符合现在"改建"（指重结构改造）的概念。

无疑，修复是保护民族文化遗产的有效形式。对弗拉基米尔、苏兹达利、新城、巴斯科夫和莫斯科等地教堂的扩建成为以后各种修复流派百家争鸣的先决条件。和谐地改变原有的建筑局部或其整体，这种做法应该被看做是更广义的修复类型中的一种。木制建筑的修复要复杂一些。由于俄罗斯大众化的建筑主要是木制结构的建筑，而木结构建筑的寿命又很短，使我们难以找到修复它们的确切的历史资料。现代研究工作者也是不久以前才对木制古建筑产生兴趣的。所以追溯修复的历史根源只能参考那些保存至今的11~15世纪的有代表性的石制建筑，而且那些保存下来的更早期的建筑都是经过明显改建的。应该提到的是，某些早期修复是由于建筑拱顶等结构经常塌毁而迫不得已进行的。例如1410年的弗拉基米尔—苏兹达利公国的尤里叶夫—保尔斯克地区的该阿乐也夫斯基

教堂、莫斯科克里姆林宫的乌斯宾斯基教堂（15 世纪）、新耶路撒里姆斯基修道院的礼拜教堂的穹形石顶盖（1723 年）都是由于坍塌而修复的。这些都是最早的古建筑修复实例。

这样就形成了晚于俄罗斯建筑史几百年或几十年的俄罗斯古建筑修复史，它独立发展，逐渐成为建筑史中确定的一个部分。规模不断扩大的古建筑修复工作预示着新概念——"建筑历史环境"概念的出现与形成。

第三节　19 世纪末 20 世纪初俄罗斯修复专家的理论根据及思想基础

在分析古建筑保护方法论的形成及其历史发展时，特别是 11~15 世纪教堂的修复上，应注意到人们很早就对古建筑的保护开始关注。在这里可以看到修复建筑局部时所表现出的职业特点及其分寸。值得一提的是，修复前后的比例及尺度完全对应，新旧部分结合有整体的和谐感，其建筑形象风格上的处理方法有时甚至使现代建筑家都难辨真伪。对古建筑及其进化发展进行逻辑分析所得出的结论常常成为现代修复理论的科学基础。19 世纪西欧修复基础思想的发展对俄罗斯爱国的修复专家在某些修复问题及其方向性上有一定的影响。但这些思想并没有被完全照搬照抄，它们被批判地接受，对防止较大失误起到了一定的作用。

Ｐ.Ｐ.巴科雷什肯院士写道："大量修复古建筑失败的教训，使专家们得出结论，应尽量避免'修复'而只小心地作些维修。"正因为如此，Ｐ.Ｐ.巴科雷什肯将自己的虽不很深厚但内容丰富且有价值的建筑修复专著并不称为"修复"而只称为《对古建筑及其艺术维修问题的一些简要建议》。

Ｐ.Ｐ.巴科雷什肯院士特别偏爱的科学考察方法是对古建筑的实物研究。在本书稍后我们会看到，该方法成为现代修复实践中的主要考察方法，但并不是唯一的方法。可以想象在当时的科技发展水平下还不可能广泛地采用现代科技手段进行客观考察。在巴科雷什肯院士推崇的实物考察中十分强调从许多建筑的年代层上得出确凿的科学论据。他警告说："最晚的年代层也不容忽视，因为在它们的帮助下经常可以判断出古建筑的历史及其改建年代，并且这样的考察者不会被后人看成是肤浅的。不要忘记，大多数年代层都值得研究并应得到保护。只有年代层在技术上、科学上或美学方面对建筑物造成很大妨碍时才可以将它们除去。"

应该说，Ｐ.Ｐ.巴科雷什肯院士关于建筑局部维修的主要原则及实例的著作至今仍是古建筑修复理论与实践的奠基之作。在 20 世纪初的科技发展水平下，作者所推出的修复原则及方法是很值得称赞的。可能以后的修复思想对考察方法及修复实践进行了一定的校正。尽管当时的考察者及修复者都比较保守和缺乏创造性，现代修复实践的经验表明，在各种各样的修复活动中必须更多地采用现代科技手段。20 世纪科技的发展、生产力的提高，广泛促进了各学科之间的交流及联系。现代修复专家已经能成功地应用新材料和新结构。比如苏兹达利的阿拉黑也列依斯基市场就采用了钢筋混凝土拱顶（建筑师为 A.Д.瓦拉根诺夫）。在古建筑全面客观的研究中使用某些实用科学方法是有一定的前景的，只有这样，修复的理论及其方法的基础才更可信。

P.P.巴科雷什肯院士的观点、基础思想及其结构反映了当时俄罗斯爱国的建筑学家阶层的观点。最大限度地保护古建筑是由 19 世纪末就产生的对古建筑积极对待的总趋势所决定的，这种趋势促进了建筑学中折中的仿俄罗斯流派的形成。最大限度地保持建筑原样，深入研究建筑年代层，惟恐损失古建筑真实的局部——这就是 P.P.巴科雷什肯以及一些俄罗斯十月革命前的修复专家及学者的基础思想的实质。

十月革命前的俄罗斯著名学者，B.B.苏斯洛夫院士在古俄罗斯建筑考证研究方面做了大量的工作，也参与了许多古建筑的测绘工作，并参加了许多针对保护或恢复古建筑原貌而进行的设计，对许多历史建筑进行了细致的考证发掘。对修复专家们全部创作活动的具体分析可以帮助我们更好地理解他的学术观点并具体地使用它。这与其他的研究学者的工作一起构成了修复理论的根基。

在分析 19 世纪末修复科学方法论的形成及其发展时，还应提到 1892 年俄国第一届建筑师大会上有关对古迹建筑年代层评价的一些建议。在会上，Г.И.科托夫院士对此发表了专门讲话。应该承认许多年代层的价值，但大多数情况下它们与原建筑并不合拍。只有在某些时期由于客观实用或其他原因而形成的年代层才有意义。类似添建的建筑只能

相对地评价其美学艺术价值，因为不同时期的审美观点是不同的。

应注意的是，现在许多专业流派评价古建筑的标准是不同的。比如弗拉基米尔和苏兹达利很推崇 11~13 世纪的建筑，莫斯科的重点则放在 15~17 世纪，而列宁格勒则偏爱彼得一世前期的建筑作品。当然，各地对后来时期的很有意义、代表性极强的作品也很重视。由此可见，在评价古建筑美学价值时应尊重大师们的创作手法，没有充足的理由就不能轻易贬低后来添建部分建筑的价值。一切保留下来的古迹对了解过去文化都是有价值的。古建筑的评价标准应有深入的全面的根据。

Г.И.科托夫院士这样描写古建筑的保护问题："我在古建筑修复上提出的问题涉及那些不如原建筑年代久远，但多少仍具有一定的历史和艺术价值的添建部分。我认为那些即使是 18 世纪添建的局部也应保留，不应完全地将古建筑修复至原形。把后来添建部分毁掉用以恢复建筑原样，还不如将这些恢复方案画在一面墙上更明智些，因为它们在俄罗斯建筑史上也有一定的意义。"

尽管已有了许多建筑史方面的书籍，但感觉上总想有一本更全面系统地讲述从古至今建筑史的科学巨著。B.B.苏斯洛夫院士在考察古俄罗斯建筑上作出了很大贡献。早在 1883 年这位"一流的艺术家"在保护古建筑的创作方面就做出了自己的选择。他特别致力于古俄罗斯村镇上木制建筑的发掘研究。那时 B.B.苏斯洛夫院士写道："……很想继续我的工作，研究那些至今仍鲜为人知的木

制建筑，在沃洛格达州和阿尔汉格尔斯克州，它们的数量越来越少了……"

В.В.苏斯洛夫院士的构思及其观点反映在他的许多研究工作中、古建筑修复设计图上、水彩画上和对古俄罗斯建筑丰富的想象上。

Н.В.苏丹诺夫院士在19世纪末修复科学方法的形成上起了重要作用。在他的科学结论总结中指出，修复古建筑前必须进行仔细全面的考察，必须在实物考证和历史文献资料的基础上得到全部的资料。在今天看来，这就是科学修复法中的综合分析。Н.В.苏丹诺夫在确定合理的修复时间上的研究也卓有成效。最佳的修复时期在过去、现在都经常引起学术界的争论。Н.В.苏丹诺夫认为，最佳修复日期不一定要与原建筑建造日期重合。

А.М.巴夫里诺夫院士也为19世纪末年轻的修复学科作出了自己的贡献。他认为修复必须依据历史图文资料，并仔细研究建筑年代层。巴夫里诺夫院士较偏向于修复建筑最初的原貌。

作为古建筑保护的一种形式，19世纪末20世纪初俄罗斯革命前的修复活动可以总结如下：19世纪开始形成修复的原则和方法。由于19世纪末20世纪初俄罗斯修复工作者对民族文化，特别是对古俄罗斯文化产生了浓厚的兴趣，他们之中也出现了自己的流派，他们的工作主要以保留建筑及其某些局部为目的。虽然建筑师、艺术家、研究学者、科学家、社会活动家对修复的观点及方法都不尽相同，但他们一起成为弘扬民族文化的一股力量。他们中主要代表是 Р.Р.巴科雷什肯、В.В.苏斯洛夫、А.М.巴夫里诺夫、Н.В.苏丹诺夫、Г.И.科托夫等。正是他们不懈的努力为修复的科学方法建立了基础。

第四节　苏联前数十年的修复科学与实践

苏维埃政权建立头几年的文献中就可以看出法令的人道和列宁同志在保护文化遗产方面的远见卓识。回想当时人民挨饿、经济崩溃的惨状，很难相信在残酷的斗争中还实行了保护古迹的措施。1917年11月3日，А.В.路那查尔斯基就号召人民起来保护古迹。彼得格勒工人士兵代表大会当时的宣传稿在今天看来仍具有迫切的进步意义：

> 公民们！一块砖也不要动，把古建筑、遗址、旧物品、旧文化都保留下来！——这都是你们的历史，你们的骄傲！请记住，这就是新民族艺术成长的土壤。
>
> 工人士兵代表大会执行委员会

保护文化遗产的组织和有关立法问题由人民教育委员会负责。刚刚成立的彼得格勒博物馆及文物保护协会、莫斯科的文物保护委员会都开始了行动。1922年苏联人民教育委员会内成立了科学中心、科学—艺术部门以及博物馆管理总局。负责文物保护、研究和宣传工作的许多组织都加入了这些机构。例如俄罗斯物质文明史科学院，国家建筑中心修复所，中心地方志局，莫斯科、彼得格勒的展览馆、旅游学院，全国的博物馆等。

地方上组织了附属教育局的展览、文物、民俗、自然景观保护委员会。应当指出,这套文物保护系统是历史上第一次建立的。它们的建立有着重要的意义,因为没有良好的组织协调系统,一个学科的理论基础是很难形成和完善发展的。

1926年,苏联科学院院士И.格拉巴勒在一篇言简意赅的文章中这样描述了俄罗斯修复事业的发展过程:

> 1918年6月10日,在人民教育委员会博物馆及文物保护事物所内成立了全俄修复委员会。8年来它曾多次更名:从"全俄文物古迹发掘委员会"到"全俄修复事业委员会",1924年又更名为"国家中心建筑修复所"……8年来没有一年在修复方法、理论及其实践上没有成效。早在1918年,修复委员会就针对革命前俄国专家的错误推出了全新的方法。在与西方隔绝多年的情况下,俄国只有摸索着前进,现在看来,我们的路线是正确的,我们得出的结论得到了西欧博物馆学及考古界权威的认同。

И.格拉巴勒院士认为这个机构的主要任务是保护文化艺术古迹。他把保护工作分成两个方面:

(1)"以发掘国家艺术等产品为目的",对古建筑、绘画、雕塑作品以及装饰、实用艺术作品进行登记和分类研究。

(2)"用维修、修复以及预防损坏坍塌的办法对古建筑进行纯粹的保护"。

当然,这个时期主要修复的是古迹艺术——绘画及雕塑作品。相比之下对建筑的修复则要少得多。

直到20世纪40年代古建筑的修复事业仍发展缓慢,整修的主要是个别罕见的、具有特殊意义的建筑。因为新的社会制度把主要精力都投入到大工业区和民用设施的建设上了。

第五节　1940~1970年苏联修复专家的理论观念

由于第二次世界大战期间许多城市和村镇被毁坏,俄罗斯20世纪40年代末的修复工作大大增加了。战争给民族文化事业和国民经济带来了不可弥补的损失。在俄罗斯领土上近万座古建筑受损或彻底被毁。特别严重的是列宁格勒、巴斯科夫、斯摩棱斯克、新城以及其他的一些地区。侵略者将许多文物古迹作为火力点、兵营、马厩和监狱。新城地区涅列吉兹山上的斯巴斯教堂是12世纪绘画艺术的纪念碑,虽然周围并无任何军事目标,但还是被法西斯分子用大炮轰毁了——敌人妄图切断我们民族文化的根脉。

侵略者刚刚开始撤退,苏联政府就采取紧急措施以尽量弥补文物建筑古迹受到的破坏。1942年成立了文物清点与保护委员会,这个组织在1942~1943年间清点了古建筑遭受的损失(在被占领土上)。

前方卫国战争的炮火还未停息,国内外罕见的被毁坏古建筑的修复工作就已经开始了。他们采取了一系列有计划的修复措施,

▲ 斯巴索—别列阿波仁斯基教堂
12 世纪（1152 年建）修复后的形象，现在它的功能是博物馆

成立了专门的设计施工单位——修复所。先后在新城成立了科学修复所，接着是列宁格勒、弗拉基米尔、雅拉斯拉夫。俄罗斯修复所成为很大的修复单位，它在莫斯科、斯摩棱斯克、高尔基城、沃洛格达等地都有自己的基地。中心科学修复所是全苏修复工作的主导中间力量。

修复所的任务是尽快将罕见的和一般意义的历史建筑恢复成战前的形态。

战后俄罗斯修复工作的特点是工作规模庞大，理论和方法上力图推出修复的新意向。在努力尽快修复损坏的古建筑过程中，修复工作者们打下了稳固的新的科学理论基础。在列宁格勒城内和近郊修复工作又多又复杂，在那里新的理论得到了成功的发展。新城地区修复所是列宁格勒方面的分支机构，它最初是受列宁格勒修复专家领导的。他们成功地制订出各种工作方法，在古建筑内部设施复原、外部雕塑装饰、镶嵌、硬木加工、镀金、实用艺术品的修复等方面，都体现出了惊人的技巧和高超的手法。

在仔细研究古代建筑巨匠的创作手法和施工技巧的基础上，修复专家们用古代的技术将许多建筑艺术作品恢复了原样。

应该看到，列宁格勒修复工作的首要任务是将被毁坏的建筑物修复，同时寻找修复工作的科学依据，然后经论证在科学方法的指导下将建筑物恢复原样（特别是彼得时期的建筑）。战后维修与利用现代技术方法加固古建筑的大量工作也应归于修复的实践中，虽然其目的并不在于恢复建筑原貌。

战后初期修复实践的一个突出特点是，修复设计者独立进行设计并在专家学术研讨会上予以论证。大多数修复专家都认为当时所进行的修复时期要与原修复时期重合（即恢复到当时的时代特点），结果许多有价值的晚期年代层都被除去了。显然这种做法随着时间的推移会被重新认识，可能还会被看做是修复史中的失误。在由于战争原因损毁的古建筑修复完以后，修复工作还涉及一些由于年久失修而自然损坏的历史建筑。

苏联部长会议在 1948 年 10 月 14 日颁布的《关于改善文物古迹保护措施的决议》成为修复事业中的一件大事。决议制定了基本法规及组织措施，苏联部长会议附属的建筑委员会主席批准了《国家保护级建筑的清点、登记及维修办法》，该办法以拟定"发掘与

▲ 莫斯科圣诞修道院的主教堂（1505 年建）
经修复展示了其最初的建筑形式

▲ 俄罗斯雄伟壮丽的古代木建筑杰作
基什镇的新生教堂（1614 年）

清点古建筑制度"为目的，规定了占有、使用古迹建筑的条件及有关维修和修复的细则。这些文件成为保护与修复古建筑问题系统化的开端。

文物保护事业的下一步是 1954 年在格阿克签署的《关于武装冲突中文物古迹的保护》的国际条约。

俄联邦部长会议以及其他的加盟共和国政府根据具体情况在以后几年里发展了苏联部长会议关于建筑古迹保护的决议。1957 年开始实行《俄罗斯联邦关于改善保护与维修古建筑的决议》，后于 1960 年 8 月 30 日起执行《俄罗斯联邦关于进一步加强保护与维修古建筑的决议》。这些文件中批准了国家级保护建筑古迹的名单并制订了详细的保护措施。

1966 年 4 月 24 日起开始实行《俄罗斯联邦关于文物古迹建筑保护的现状及其改善办法的决定》，其中制定了进一步完善文物古迹清点、保护与宣传的指导性路线。

决议中最重要的决定是在俄联邦文化部系统中设立国家文物古迹保护检查局。这些组织在文物保护系统中是必不可少的。虽然文物保护机构不是总能采取必要的措施，但总之，多年来对古建筑的轻视和虚无主义的态度，占用文物建筑作为仓库或进行生产活动等受到了严格的监督。监督机构应从国家级扩展到地区级、城市级或区级。

在修正评价文物古迹的相对客观主义和部分主观主义时，应力图保留任何一处文物古迹建筑，因为不管怎样努力地修复及复原，

▲ 基什镇庇护教堂

▲ 科洛明庄园的瓦什涅舍尼雅教堂（1531年）

时间上的真实性、建筑的特色、原施工方法及古建筑的年代层都是无法再现的。

20世纪40~60年代俄罗斯修复科学发展的特点是：主要修复方向为被毁坏的历史建筑，有选择地用了维修及修复的一些方法将年久失修的罕见古建筑复原至原建筑时期。经过改建及添建的古建筑例外（如建于16世纪的圣·瓦西里福音大教堂，在1955年的修复过程中将17世纪后添建和改建的部分仍保留了下来）。

战后首先修复的目标是俄罗斯早期（12~17世纪）的古建筑——克里姆林宫古建筑群。有趣的是，不同地区评价古迹建筑的标准不同。在历史悠久地区评价最高的是那些地方名胜——引以自豪的最古老建筑。如前面提到的弗拉基米尔地区偏爱12世纪的古建筑，而那些16~18世纪建造的古建筑就

略感冷落了。巴斯科夫和新城的修复专家对16~17世纪的历史建筑研究较深，而很少注意19世纪的有意趣的作品。列宁格勒与有代表性的19世纪末的建筑相比，17世纪初的古建筑更有价值。通常早期的古建筑作品（15~16世纪）都被除去了晚期年代层（19世纪）而恢复最初的面貌。建筑师 Л.А.达维德主持设计修复的莫斯科特里范教堂就是其中一例。

总的来说，这个时期的特点是探索、选择研究方向、完善设计、考证和修复古建筑的方法。

自然修复流派形成和发展阶段的确定无法精确到年，但过渡性的十年还是可以确定的。

20世纪70年代的突出特点是：修复工作增多；修复施工系统的进一步完善；修复工作从个别罕见的建筑扩展到一般性建筑；单

▲ 科洛明庄园瓦什涅舍尼雅教堂底层通廊的局部

▲ 梁赞城 17 世纪的欧利卡教堂
窗框及屋檐的细部装饰

目标修复——对个别建筑进行有选择的修复。40~60 年代经常只修复建筑的立面,以后的修复则以保障其实用功能条件为目的,这就是很鲜明的区别。这些条件是由修复发展起来并由古建筑保护组织提出的,特别是在选择"最佳"历史建筑时,或多或少地应注意古迹建筑的一般性代表。

这个时期有许多关于古迹修复研究方向、古建筑评价和古建筑师创作构思研究的文章(如 П.Н.马克西莫夫、Е.В.米哈依洛夫斯基、Л.А.达维德、С.С.巴德雅波利斯基、Е.М.科拉瓦耶娃等)。

这个时期开始注重历史文献考证和修复前的实物考察研究。

20 世纪 70 年代修复工作规模的扩大,积累了一定的理论成果。古迹维修和修复工作遵循 60 年代的原则,在修复成本提高的情况下对具有中等历史价值的古建筑只作了有限的维修。但由于一些古迹建筑技术状态欠佳,建筑结构不稳固,仅仅进行维修保养是远远不够的。

维修、修复工作进行时对历史建筑新结构的发现、古建筑趣闻的考证,这些都极大地鼓舞着修复专家将历史古建筑修复至其原建时期或最体现其风格特点的时期。

20 世纪 60~70 年代中期,人们对木制古建筑的兴趣大大提高,虽然早些时候科学家对木制古建筑的某些方面也有很深的研究(如 И.В.马特维斯基、Б.В.格涅道夫斯基、А.В.阿巴洛夫尼科夫和 В.П.阿拉芬斯基)。在当时及以后的几个时期分别创建了木建筑博物馆,这是一种保护最有价值的木制建筑的很合理的形式。诚然,理论研究者对类似博物馆的成立和发展的看法不一。一些专家

▲ 莫斯科特列冯教堂

▲ 莫斯科的大巴洛克
　修复后的乌波磊教堂的斯巴撒教堂

▼ 莫斯科热雅及亚建筑群中的建筑之一

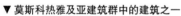

▲ 修复后的乌波磊教堂底层外廊局部

▲ 修复后的乌波磊教堂的入口装饰细部

认为，木制古建筑应保留在原址上，因为如将它们移到别处就会破坏原来与之有机相关的自然和历史建筑环境。另一些专家则认为，将木制建筑集中时提前进行总体布局设计，使它们按一定的秩序排列起来，这样虽然环境是人工的，但对古建筑的考察研究则更为方便。

在后几十年内维修和修复流派的形成过程中，1964 年的"威尼斯宪章"也起了一定的影响作用，其中的许多结论是在欧洲和苏联修复专家几十年的经验基础上得出的。

20 世纪 70 年代俄罗斯古建筑保护的方向由单目标修复逐渐转移到综合的多目标修复，更多的注意力集中在历史名城局部的改造上，形成了建筑历史环境的概念及研究课题。综观 20 世纪 40~70 年代俄罗斯修复事业的发展，可以将这一时期俄罗斯维修与修复古建筑的科学理论及方法论的基础思想归纳为以下几点：

古建筑各部分的真实性——最大限度地恢复各局部的原貌，保留原建筑结构，保留最有意义的局部改造。原建筑部分确认的可靠性，应以文献及实物考证的可信度为基础。

完整性——建筑构图及艺术美学形象方面的复原。

比例关系——被修复的建筑及其局部与周围的城市建筑的协调。

与建筑自然景观的联系——被修复的古建筑、建筑群、历史街道、街区和城市与建筑历史环境及自然景观环境的和谐统一。

修复至原修建时期——力图将古建筑或其局部修复成该历史建筑最初的原始面貌。

修复至"最佳"时期——将古建筑修复至其建筑美学价值最高的时期。

已消失的建筑的完全复原——也称新建，按保留下来的尺度和文物资料复原历史建筑

▲ 建筑立面的外貌比例
　　立面设计的尺度及其相互关系均符合"黄金分割"——从下层到上层的尺度、窗的比例等
莫斯科弗利波教堂，建筑师 M.Ф.卡热科夫

▲ 斯塔拉—格鲁特温斯基修道院城堡角楼之一
　　砌砖与白石元素的结合

（如米哈依洛夫村、夏宫、格林卡庄园、伊斯特拉教堂的屋顶及其穹形顶盖、莫斯科凯旋门等）。

　　彻底修复——主要针对那些不太罕见的具有中等价值的古建筑。

　　内部装修的修复——在具有较可信的考证资料并且必要的情况下，将历史建筑内部装修恢复原貌（夏宫、明什科夫宫等）。当缺乏历史资料时内部装修可以用新方案修复，但它不应与总体建筑风貌相矛盾。

　　木制建筑博物馆——在自然的、人工的两种环境中保护木建筑，将最有代表性的木制建筑在人工环境中保护起来。

▲ 萨马拉城古老的历史建筑

所有以上修复、改造文物建筑的工作都遵照1949年通过的《古建筑保护法案》中的办法进行。

这些决定修复工作科学方法的基础思想确定了具体条件和必须的一系列科学考证、设计工作。它们是：

测量和立体摄影测量；建筑修复材料的实验室分析；建筑材料及其结构的超声波分析；利用X射线、红外线和紫外线对绘画进行分析；在修复设计和施工中加入建筑设计、工程物理和化学等专业技术；大地测量摄影研究用以改善地形地貌；建设卫生工程设施（供水、排水、电力能源系统、供暖、通风等）；专门的经济与投资预算工作；尽可能地应用现代计算技术；用电渗透方法干燥墙壁；采用各种原木加固方法；维修建筑结构采用现代材料——金属、钢筋混凝土等（如格林卡庄园、穆拉诺娃庄园等）；维修中采用不破坏古建筑历史年代断面的工具打磨旧材料（包括白石）。

第六节　现代东欧有关修复的理论观点及其流派（原民主德国、匈牙利、保加利亚、捷克斯洛伐克）

中欧国家建筑艺术的杰出代表是许多很出色的、古老的、具有世界影响的古迹建筑，这些建筑代表了这些国家伟大的建筑艺术成就。历史并不是将所有的建筑师的名字延续到今天的，所以我们将许多无名的建筑作品看做是大众的建筑，它们代表着以前人民群众的创造能力和智慧。修复这些古老的建筑则是将爱国主义的态度体现在自己的民族文化之中。中欧许多国家所进行的建筑与文物古迹的修复与重建工作是整个世界潮流中的一个部分，这些工作的目的是为了追溯源头，保护和广泛地宣传这些建筑艺术作品。

与上述问题有关的建筑遗产的保护问题代表着每个国家建筑历史的一个完整部分，并且它本身具有确定的专业性，这种专业性表现在古迹建筑和普通的历史建筑的修复、设计、制图及其他创造性的工作方面。

许多年的修复实践、国际会议文件、科学论证会等证实单个建筑古迹以及整个历史城市街区的修复问题，在欧洲许多国家具有相似的基本原理及类似的解决问题的途径。这就是其规律性。

在古俄罗斯与欧洲许多国家的城市中建筑材料是一致的。这些材料主要是不同类型的天然石材、烧土砖、木材及金属材料等。在建筑的结构方式及其类型中它们具有一定的历史条件的限制。

在漫长的历史长河中，建筑及其建筑材料经历了坚固性及可靠性的考验，经受了大气湿度不同的物理、化学的作用。这些因素是普遍存在的，只是在不同的国家有着不同强度的气候条件而已。所以摆在所有修复专家面前的问题是：研究以前的建筑材料的坚固性及其结构，寻找加固的方法及材料的可替代物，这种可替代物应在强度与可靠性方

▲ 柏林。民族宫建筑的立面，新建筑反映出老建筑

面类似于原材料。

关于保护文化历史遗产的国际性及地区性的原则及其基础，使得修复专家研究历史城市的规划系统，是从特定城市的性质及其影响地区历史形成的原则中反映出来的。这也就是研究这些城市及其独立的建筑遗产的历史形态起源，它们像一些规则一样，具有公共区域、历史—民族的规划基础。所以现代的修复专家们如果知道了在此区域历史城市形成的规划基础，那么确定和采用正确的修复方法也就不困难了。

修复专家们采用什么样的修复原则和基础呢？在中欧和苏联波罗地海的许多加盟共和国的历史城市中，采用了很早以前就确定下来的并在以后得到广泛流传的城市规划建设模式，它们的基础几乎是一样的，那就是在纵横交错的窄小的街道中体积不大的建筑保持统一的建筑立面。甚至由于新旧建筑更替而建设的新的住宅建筑，仍保持老建筑的体量、高度及同样街道的总体高度。在历史

▲ 柏林。所修复的教堂上部的局部

▲ 德累斯顿城艾利贝河岸边上的轮廓线

城市的总体规划中仍配合支持这种尺度关系，用新旧建筑的配合来保护街道的总体规划。

一般情况下，在平面规划中保留了建筑庭院及其相关的服务设施，这些服务设施是根据建筑物的功能及建筑的体量而建造的。单独的房屋及其服务设施的建设系统与街道两侧的建筑高度、街道的宽度紧密相关。这很明显地符合西欧历史城市建设的基础。除此之外，所有建筑的细部及其正立面在体量上、规模上，都在一定程度上与街道系统相互联系。

了解这些相互关系并且在外景研究的同时，感受到不同建筑在系统美学上及其艺术上的价值，就可以很好地帮助现代修复专家们恢复完整的历史建筑的最初风貌。

许多历史建筑反映了当时社会—政治、材料—经济的基础，到现在保留下来的一些建筑及其基础的功能不再满足现今的需要了，它们需要在功能上给予重新考虑。但是历史

建筑的大多数仍保留着自己原有的功能。原民主德国保护及修复的经验表明：不大的房屋最初是为了居住，直到今天仍作为住宅而存在着。一般情况下很多建筑的首层都是用于商贸的。在德累斯顿、托尔高、迈森这些城市的步行街中，所有建筑的一层都是商店。另外大多数的宗教建筑仍然继续着自己最初的功能。

许多社会主义国家在改变其社会基础的同时，也改变了许多庄园及宫殿建筑群的功能。一般这些宫殿及庄园建筑都成了博物馆，作为大家的休闲场所，或作为疗养院等。它们成为群众教育和娱乐的设施。分析建筑群新的功能的同时，下一步应有根据地确定建筑的新意义，无论如何也不能破坏杰出建筑及其周围附属物的价值。古建筑新的功能创造了肯定的前提：这就是在使用中保护建筑结构、建筑材料及建筑所有的整体。原民主德国同行的经验得到了公认。原民主德国古

▲ 迈森城的历史街道

▲ 德累斯顿城修复后内庭院立面的拱廊

▲ 格尔利茨城的比特利哥拉赫教堂正在修复教堂的顶部

老的历史城市中如诗似画的窄小街道，低层小住宅建筑无不具有自己的风格。像城市中心一样，城市传统的规划组织体系形成了一系列主要的、次要的广场——如豪伍普特马拉克特广场、弗列依什马拉克特广场等。

在古城中没有办法改变的是历史城市的规模，这个规模与当时的城市规划结构、交通条件、人口、街道的宽度以及建筑的高度等相关联。这些具有中世纪特点的规划布局也是今天欧洲许多历史古城规划的系统基础，对于修复专家、城市规划师来说是一个难题。

如果从现有的结果来看，就保护城市风貌、建筑外观形态来说，我们认为原民主德国是比较成功的。首先应考虑在历史的前提下保护城市规划的历史基础，在遵循历史规划系统的基础上合理地修复部分古建筑。与

▲ 德累斯顿城文化宫建筑的外观

▲ 德累斯顿城文化宫左边的历史建筑局部

此同时，不能排除在历史环境中建设新建筑，尽管这些新建筑是由新的建筑材料、结构及新的图纸设计而成的，但应在风格上与历史建筑融为一体。例如格尔利茨。类似的在历史城区中建设新建筑的例子在原民主德国并不少见。

在现代城市规划建设中应考虑现代的人口规模,保证大多数居民之间的广泛交流。德累斯顿城的单体建筑、商场、电影院成功地解决了该城新区的建筑—空间的协调问题。显而易见,在开放的空间中建设新建筑要比在历史城市中建设新建筑简单得多,后者难就难在要保证新建筑与历史建筑在距离、规模、建筑风格等方面的协调统一。

在特定的情况下建立最佳的人的尺度与建筑尺度之间的相互关系,帮助建筑师从专业方面理解:建筑的形体—空间环境,这包括规模上的相互空间关系,建筑立面的相互协调,现代新功能对古建筑的保障作用。可以这样认为,在建筑德累斯顿古城现代中心的过程中全都考虑到了这些因素,特别是在建设巴拉斯特文化宫这个建筑中。

德累斯顿——原民主德国南部的大城市之一,这个城市在修复与保护事业上,在现代修复的方法学上采用了许多很现代的观点,这里的保护工作采用以下方法:修复历史街区,修复古老的街道,综合性地解决历史环境中的建筑保护问题;单体古迹建筑的修复,将新旧建筑创造性地相结合,给旧建筑赋予新的功能,是摆在世界各国建筑学家、修复学家、建筑理论研究家及建筑历史学家面前的课题。德累斯顿的大部分历史建筑都保留了其当初的社会功能——住宅。最后,在这个历史古城中很成功地解决了如何得体地在住宅之间、在开放的景观地段、广场上建设新的大型的高层建筑问题。

除了保护历史建筑遗产这个任务之外,现代修复工作还具有其他的目的,其中包括重视历史古迹的价值,展示能工巧匠的创造性才华,表现现代人对自己原民族历史的热爱。

从学术角度来看,原民主德国所进行的修复理论与实践很有系统性,亦包括在此修复过程中的方法。例如在大部分的历史城市中,在分析其历史的、历史城市规划的街道因素的价值意义后,所进行的修复及保护历史城市结构、韵律、古街区的高度、形体、立面等。街道和广场的规模也应得到保护。而在历史街区中的新住宅或公共建筑的建造无论是保守的或激进的行动都应经过深思熟虑,这样新老建筑才有可能较完美地结合在一起。例如德累斯顿、托尔高、迈森等城通过整修历史街区、街道、保护周围建筑的历史环境而采取的整体性的修复措施。

应特别注意在德累斯顿城历史中心区服务性建筑的建设,在该城中心的巴拉斯特文化宫是一个较醒目的巨大的新建筑,其主要立面面向阿尔特马拉克特城市广场。这个广场是为了在文化宫举行活动时的停车场。文化宫建筑的立面采用现代结构形式,装有大面积的玻璃幕墙。该建筑设计的成功之处在于:合理的总体规模;建筑高度的确定与周围老建筑的高度及总体体积相联系。该建筑的最主要特点是:审视新建筑的主立面,由广场中心到街道开阔空间的衔接,很明显地展示了周围古建筑的线条轮廓。这就是当初设计该文化宫时考虑的基础,甚至不用看该建筑的室内设计,就可以体会到建筑师们的创造性成就。

▲ 德累斯顿城文化宫右边的历史建筑

▼ 格尔利茨城历史街道的局部

　　最近几年，在德累斯顿古城中心的别浮莱温卡什特拉斯街的一些古建筑的功能发生了改变。在这条不太长的步行街两侧布满了各种商店，它们占据着该街两侧低层住宅的底层的一部分。住宅的出入口甚至商店货物的出入口都与文化宫立面在同一方向，在该街中心轴地带已建成了一些休息椅、绿化带，它们都蔽荫在浓密大树的树冠下。舒适的街道提供这些方便的选择，与街道的宽度、商业及居住建筑的高度密切相关，不是很宽的别浮莱温卡什特拉斯街即是这样。建设高层建筑对于该街的居民从视觉感受方面会带来负面效果。成功地找到了已修复的古建筑新的功能。古建筑的底层许多已成了小饭店、咖啡店。一些咖啡店采用开放式的建设，与饭店空间相衔接，部分地恢复了 19 世纪的一些风貌，但是仅仅通过这些建筑的方法是不

▲ 德累斯顿城别浮莱温卡什特拉斯街
在历史环境中的新建筑

▲ 别浮莱温卡什特拉斯街建筑的古典局部

可能完全达到以上效果的。在德累斯顿这类南方的城市中，日照变化是特别显著的，这里的平均气温要比欧洲北部城市的气温高得多。这也给室外开放的餐饮点的组织设计创造了一个较好的条件。综上所述，别浮莱温卡什特拉斯街可以归为从建筑到经济视点出发利用古建筑较成功的例子之一。

分析这些街区新老建筑结合的特点，可以得出不同寻常的建筑—城市规划建设的方法，这些方法也许可以为别的国家历史城市的修复提供参考。在新的商业建筑群与已修复的老建筑之间，存在着一个建筑横断面，那就是其空间的反差。这种不明显的效果是视觉无法感受的，只有专业人员在新老建筑空间的结合上，可以确定其存在，这样的空间停顿以及进一步的空间协调在德列甘该斯

▲ 别浮莱温卡什特拉斯街经修复后建筑的一层

给勒教堂与老建筑之间被创造出来。这些例子中规模与街道的宽度、建筑物的高度之间的相互关系，给已修复的建筑确定新的功能

▲ 托尔高城中心广场上的建筑

意义，沿街咖啡店的开放空间建设，特别是在南方城市新老建筑之间体量与空间之间的联系——所有这些对于单体建筑的修复以及在历史城市范围内的保护修复工作都可以作为参考建议。

与欧洲其他城市一样，德累斯顿古城中心特定的建筑城市规划条件下的新建筑，也可以有其他的体量及建筑立面处理的方法。最近几年在古城建成了一些平淡的方盒形建筑，这些建筑只具有类同的立面、方形窗，并不具备建筑独自的特点，不具备新老建筑立面细部设计的过渡及这种过渡的意图。

在老建筑功能改变时应注意这些老的公共建筑、住宅建筑的室内设计，采用正确的细部处理手法，保证用现代化的高质量的工程技术手段来完成新老建筑的和谐。

中世纪古城托尔高城历史街道的修复是一个较成功的例子。这些老街的横断面由许多具有不同立面的一、二层的不大的房屋组成。建筑群具有三角形的屋顶，由阁楼相隔而形成的屋顶断续的轮廓。新建成的建筑也根据此特点，形成了历史街道的立面。不太宽的车行道在某种情况下明显地限制着交通服务的可能。

原民主德国的专家们在修复工作过程中，一般来讲，他们借助于综合的方法，首先考虑必要数量的研究工作，用以从整体上证明每幢历史建筑及街道。在托尔高城的测绘工作中曾应用了大量的照片：首先从街道的一个方向，然后再从其他方向进行拍摄。与此同时进行的工作是对底层平面进行设计或赋予其新的功能,这就是引进现代的商店、咖啡屋、不同的商业服务功能。部分建筑的修复工作首先从一个方面开始,然后一个接一个地进行。类似的循环性的修复工作可以更经济,更节省时间、机器及材料的运输。除此之外,工人们在一个固定的工作面界限内进行工作,可以较容易地控制他们的工作。建筑材料的集中堆放也给经济地进行修复工作创造了条件。托尔高城的修复工作具有最基本的修复特点:由部分建筑的修复过渡到完整地修复历史街区。

另一个离德累斯顿不远的历史城市迈森,在这里进行的修复工作具有古迹修复最典型的观念及方法,该城历史中心的修复主要由以下几个步骤组成。

第一阶段的修复工作是在1971~1976年进行的,是从整体上修复弗列依什马拉克特街区,城市主要广场豪伍普特马拉克特广场是在1978~1981年修复的,而在1985年完成全部历史城市总平面的修复工作。由步行街阿拉依肯什特拉斯组成的城市历史中心的修复早在1974年就采用了原民主德国较普遍推崇的修复方法,特别是部分借鉴托尔高城历史街区修复的经验,对于单体住宅建筑的修复原则和目的则是:赋予其底层现代的功能,并重新还原历史街区最初的平面和立面。

在城市历史规划系统中最重要的一个地方就是拉温斯特拉斯街,它开始于迈森城最主要的城市广场。在这条街上被毁坏的建筑由新的住宅建筑所取代。新建筑的高度等于其周围历史建筑的高度,以便使新建筑的体量与老的建筑和谐地结合在一起。

从城市中心广场开始来完成历史街区的修复,在建筑与建筑之间所围合的庭院空间中建设新的居住建筑,这些居住建筑与周围的历史建筑在高度上相等同。开放及重新设计内部庭院:绿化布置,区域美化,广场的硬质铺地,等等。在临庭院的立面阳台上用观赏植物来美化创造宜人的居住环境。以上方法使新建筑与周围历史和谐结合。

在迈森城综合的修复经验具有专业的正面效果,甚至在新的建设工作中具有良好的经济价值。

原民主德国对于单体古迹的修复——单体庄园(如马利兹布拉格、拉曼那吾城堡)、一些历史街道上的古建筑(如格尔利茨城、法利布拉格城、德累斯顿城)进行了较显著的修复、整修工作。

单体建筑的修复代表着修复及保护历史建筑及古迹过程中许多通用的方法。

离德累斯顿城不远坐落着马利兹布拉格古城堡建筑群,该城堡较好地保护了建筑与自然景观的历史和谐。该城堡的主建筑处于良好的保护状态,所以这些单体建筑的修复应深入到高质量中去,应以必要的技术手段来支持这些修复工作。保护及恢复这些建筑的内墙及屋顶的室内装饰及其观赏性细部。在修复过程中最重要的环节就是保护建筑屋顶最初的起伏状态,甚至恢复这些屋顶,保护阁楼以及层与层之间的屋顶。原本的窗洞也得到了保护。用现代的喷涂技术重新粉刷建筑立面,采用建筑原来的金黄色调,创造出历史建筑立面的丰富色彩变化。

在后几年的德累斯顿历史中心修复中，进行了大量的在专业技术指导下的成效显著的工作。除了普遍的工程技术手段的加固外，还进行了许多建筑艺术细部的恢复，如宫殿内部的立面。已恢复的和正在进行的许多建筑的修复表明了这些建筑成果极高的艺术价值。一些大的相互关系，如创造令人信服的空间节奏：在庭院的底层布置一些背景，在其二层用一些小节奏处理成对出现的窗户，必要的艺术装饰，展示给观众总体的、出色的建筑艺术。应该在色彩对比中，而不是用鲜艳的壁画式的色彩变化来追求感官上与正面的建筑色彩相协调。

宫殿建筑的立面具有极高的建筑—美学及艺术—情感价值，这完全取决于形成它的建筑的、艺术的、色彩的及情感方面的作用条件。在宫殿建筑的修复中首先应决定恢复其多彩多姿的立面，这是因为恢复建筑的形式与和谐的色彩恢复相配合创造出修复的正面效果，并且可以完整地恢复建筑最初的形态。这与完整的科学性恢复工作是一致的。

在原民主德国南部城市格尔利茨城保留的历史建筑作品里，其历史规划的基础采用中世纪城市建设模式，其特点是古老的窄小街道，城市建筑与广场相结合。城市中心是三个五层的楼屋，其主立面全部面向历史街道。建筑的一层都是商业服务设施，其高度较高。每一幢建筑都具有自己独特的建筑立面、自身的规模及节奏，与周围建筑相区别，但它们并不与周围的建筑相抵触。从整体上看除了几幢相对较高的个别建筑外，该街道具有较一致的高度。节奏，不同的建筑特点，

屋顶的起伏变化，建筑高度的超群，这些构成了该建筑群立面的艺术观赏元素。最近几年，在著名的 Б.科利马教授的指导下，该城历史中心进行了大规模的修复工作，恢复和创造了这些建筑的室内装饰，用有层次的图画叠盖确定了立面及建筑室内色彩的最初状态。其最重要的成果是重新恢复了许多彩色壁画，借助于现存的建筑立面的断面，找到了城市建设总体上的和谐音节。

格尔利茨城中心的另一个古建筑是比特利哥拉赫教堂，该教堂在历史上经历了许多次的修复和整修，教堂修复最重要的一个阶段是其明显的结构改造，如建筑高出层的部分就是由水泥加固的。今天如果没有专家们的特意解释，视觉上根本无法从结构、体积及细部上区别出后来整修部分最初的建成状态与保护后的状态之间的差异。

最近几年对于古迹建筑进行综合性修复的基础建立在细部及立面恢复上。现在所进行的保护工作的基础应首先考虑历史建筑的合理因素，这是因为以前的建筑艺术处理手法是不可能改变的，这些合理的因素是保护中世纪古建筑最初外貌的基础。

在格尔利茨城进行的古迹建筑的修复，借助于这种方法来恢复古迹建筑的最初外貌，那就是首先根据历史建筑城市规划的、历史的、建筑美学的、艺术情绪的价值及形成这些价值的各种因素，对历史建筑进行分类。在该城进行的古迹修复工作具有很高的专业水平。

在原民主德国，像在其他的一些国家一样，进行了广泛的大规模的历史古迹的修复

▲ 迈森城历史古城的总体轮廓线

▲ 德累斯顿城别浮莱温卡什特拉斯街新老建筑之间的
空间设计

及预防工作，以保护古迹的外观、结构，以
及某些部位和它的建筑材料，因为这些古迹
处于不良的保护状态，需要全部或部分修复。

从德累斯顿市中心广场阿尔特马拉克特
的一面到街的另一头，坐落着克拉依兹科勒
赫马戏场，这个马戏场有一个高耸的钟塔，
其西立面正对着广场。1981 年进行了该马戏
场的立面修复。主要修复了脱落的或受到不
同程度损坏的·（如裂纹、剥落、风化）部分
石头材料，新的自然石材完全地与当初石头
的尺寸和外形相吻合。进行大规模的建筑损
失细部的复原，这样可以保留古迹建筑的外
貌。

最近几年在麦依森城主教堂的修复中采
用了类似的方法。其修复的主要目的就是复

▲ 马利兹布拉格城堡修复后的立面局部

▲ 德累斯顿宫殿建筑立面上层的细部

原其被毁坏的建筑材料、部分结构，甚至包括不明显的建筑细部。其主体建筑按照它最初的形式被保护下来。

　　该教堂伟大的建筑成就在于：其高耸入云的、哥德式浪漫的尖顶轮廓，及其典型的中世纪建筑元素，突起于多山的丘陵地带，醒目地高耸于周围的自然景观之中，并且像贡品一样提供给创造它的人民。所以修复工作并不触及其中世纪的建筑风格及其地基结构，仅仅从方法上考虑选择正确的修复指南，以在保护建筑规律性方面支持历史建筑。这种大规模修复活动的代表是一些庄园古迹景观建筑的修复。在此情况下修复工作的原则被许多论点所支持。理解、顺应古迹建筑设计者的最初构思及修复工作人员的整体性经验，确保了高质量修复工作的完成。

　　最近几年在 X. 汉德列拉教授指导下对拉曼那吾城堡及马列什捷因修道院进行了大规模的修复。拉曼那吾城堡由带有主楼及其辅助设施的、非常完美的有规律的花园式建筑群组成。其中心主楼是一个两层带阁楼的建筑。这幢建筑完全是巴洛克风格的，至今其所有的形式及细部仍保存完好。当然在此情况下仍需要进行必要的修复预防工作。有经验的修复专家根据科学的论证，证实修复工作是必需的，甚至对于任何一个历史古迹文化建筑来说，需要修复人员在第一程序中予以关注。

　　对于拉曼那吾城堡的修复主要是其部分建筑细部，恢复其已失去的原有的装饰细部及其立面色彩。以前的建筑色彩由黄—金黄色及白色组成。该建筑面向花园立面的檐口装饰及壁柱装饰具有很强的巴洛克装饰细部风格。该建筑群是所有的巴洛克风格的建筑

▲ 德累斯顿宫殿建筑立面下层的部分

▲ 德累斯顿修复后的宫殿内部拱廊

精华，被修复专家们完整地保护下来，完全符合并呼应于主建筑的特点——这就是巴洛克式的拉曼那吾宫殿。

拉曼那吾宫殿修复的原则可以归结为：用科学的修复方法达到古迹建筑最初的状态。现在该宫殿是作为博物馆而使用的，在使用中更好地保护了该优秀建筑遗产。但是在一些其他地方以自己的技术基础新建成的一些餐厅、饮品店则应被认为是临时性的，对于细心地保护历史建筑则是不正确的。这些餐厅、饮品店的功能应更多地借用该宫殿区域内的一些老的附属建筑来完成。

另一个在德累斯顿城郊的古迹建筑群是马列什捷因修道院。在此也采用了类似的古建筑保护方法。该修道院的主建筑现在仍作为修道院使用，较好地保持了其最初的形式。所以修复工作以修道院主建筑为出发点，所

有的建筑都围绕该出发点进行必要的整修和预先检测。根据科学的论证复原了该建筑的色彩，红白两色。

几乎所有的城堡建筑都坐落在风景如画的自然环境中。什达勒宾古城堡是欧洲中世纪城堡建筑的代表。其建筑主体建在一处悬崖上，研究人员第一次涉及地区建筑是在12~13世纪。什达勒宾古城堡建于17~18世纪，其间充满了丰富的、具有特色的先决条件。

众所周知，建筑室内的创造应考虑与当地居民特定的生活条件相适应。从外观上看，该城堡建筑的体量设计、构图形态及其建筑的局部保存了自身的艺术价值，具有中世纪城堡建筑的典型风格。应朝着表现及支持古迹建筑最初的形态方向进行修复工作。修复工作应体现创造该城堡建筑能工巧匠的高超

▲ 格尔利茨城历史街道的局部

▲ 格尔利茨城的历史街道立面建筑的体量与节奏

技艺，并以其最初的建筑形态为依据，保证古城堡新的功能。现在该古城堡成为博物馆，对旅游者开放。从专家们的视点出发，注意修复了该建筑层与层之间的拱形装饰、室内装饰，其中包括许多装饰细部。从整体上修复历史古迹可以作为全面恢复古迹建筑最初形态的指南。

最近在德累斯顿城进行的最显著的修复活动是其主歌剧院——则姆比拉剧院的修复。这个剧院位于艾利贝河一岸的历史城市中心，是由19世纪著名的艺术理论家高特弗利德·则姆比拉设计的。受到了历史上许多建筑学家的赞美及历史长河的洗礼，歌剧院面临着适当修复的方案选择。

在战争年代被严重毁坏的建筑，许多年后几乎不可能重建。但最近进行的大量研究

表明，有必要科学地修复、重建具有独特风格的、著名的历史建筑作品。

则姆比拉剧院是一座典型的剧场建筑，其侧立面面对着艾利贝河，而它的主立面则面向德累斯顿城市广场。在广场另一侧与它相毗邻的是著名的德累斯顿城画廊——兹维尼格勒，它主要的风格是城市教堂。19世纪末建成的该剧院自然不能适应现代剧院建筑及现代演出艺术的需求。很明显，重新创造建筑的、艺术的、装饰的前提是保护及恢复原有的壁画细部，甚至恢复剧院当初的接待区、休息区及贵宾专用区。尽管对于这些，今天的修复专家遇到了不少困难。并且需补充添置一些必要的剧场设施，以必要的新建筑空间来赋予该剧院现代剧场建筑的功能。所以需要在老剧院西立面边上建新的补充的建筑空间。综上所述，修复工作的分类可以给全面地修复历史建筑最初的形态提供较好的方法，并且古建筑与必要的现代建筑空间

▲ 格尔利茨城历史街道中高起的建筑立面

▲ 麦依森主教堂哥德式建筑的代表——丰富的情绪感染力和表现力

的完满结合，并不破坏历史建筑的总体价值。

众所周知，摆在建筑师面前的工作：依靠于特定的历史条件、特定时代的风格以及特定的社会环境所创造的建筑，这些建筑具有准确的表象及具体的功能。在现代条件下，古迹建筑合适的新的功能被认为是保护推延其不可改变的建筑体型的基础之一。赋予古迹建筑新的功能这个问题在今天显得特别迫切，在许多国家有关该问题进行的各种大量的讨论、争论、报告会并不是偶然的。专家们基本上有着共同的观点，那就是：对于现有的历史古建筑，必须使其具备有用的社会功能。

长期保护这些建筑最好的条件是：仍保留其当初的功能（居住功能、商贸功能、社会公共的功能）。如果需要改变古迹或古建筑群的使用目的，对于它们而言这些应成为适应长期保护建筑美学的、工程结构的条件，使它们仍然是那个时代建筑艺术的代表。一般情况下，古建筑可以成为文化展示、博物馆、公共建筑、公共服务设施、住宅等。在其内可以设置医疗保健的、旅游的组织。建议不利用古建筑（除历史上的工业建筑外）进行生产性目的的使用，这将严重破坏古建筑的制度条件及其展示场所。

下面请看几个使用老住宅建筑的例子。

▲ 拉曼那吾城堡经修复的建筑立面

在德累斯顿城拿依什达德特及劳什维兹住宅区成功地将该历史街道上的一些二、三层房屋改造成住宅建筑。在一些建筑的底层改造成商店或门诊部。在艾利贝河边的一幢庄园建筑则被作为少年宫使用。在河的对岸高低起伏的丘陵上则布设了一些博览特点的建筑，以便于散步休息。这些非常有趣的建筑—空间综合体以前被俄罗斯著名的文学家屠格涅夫称为"欧洲的阳台"，而今天则成为当地居民及许多旅游者的休憩场所。博物馆建筑巨大的形体，其清晰的线条与远景建筑的尖顶、拱顶，在天幕的映衬下组成了一幅和谐的建筑—空间构图。

在这里的修复难题是：如何在整体地保护建筑立面的坚固性及自然建筑石材的条件下，清除石建筑上的黑色污迹。

已论证的建筑遗产的重建、修复原则在欧洲许多国家基本上是一致的。其关注的焦点集中在如何在现代的使用过程中更多地、更长久地保护古迹建筑及其细部元素。在匈牙利进行的古迹修复工作完全符合这些原则。在该国的九个城市中进行了不少历史建筑的修复。其各式各样的居民建筑组成了民族建筑博物馆。在匈牙利，修复专家及建筑师对于在历史街区建设新建筑提出了尖锐的问题。像其他许多国家一样，在匈牙利对于历史城市中心的修复同样有支持者，亦有反对者。

一些参加历史街区修复的建筑师持极端

▲ 德累斯顿新的文化宫建筑与古建筑的结合

▲ 马列什捷因修道院立面局部的修复

的观点，他们认为古迹在质量上成为现代建筑创新的阻碍。他们希望将古建筑集中于城市固定的博物馆式的街区中。这些建筑师并不慎重地接受古迹建筑的历史价值这一事实，他们认为历史建筑像一些历史纪念品一样，仅仅表现其情绪的作用。

亦存在着另一种危险，它并不形成某种概念，它从根本上不呼应于设计者现实的、社会的利益，它破坏了构成历史建筑的正确环境，制造了建筑环境之间从规模、节奏到风格上的矛盾。匈牙利建筑师米科劳斯·哈拉列对此非常正确地说道："如果因为现代新建筑而使全世界的历史城市风貌丢失，而引起反对现代新建筑，这并不因为它们是现代建筑，而仅仅因为它们丢掉了'人道'。"

众所周知，新老建筑之间存在的最大、最令人不安的问题是新旧建筑的不协调，破坏性地建设历史结构。米科劳斯·哈拉列继续说道："新建筑不意味着可以脱离任何限制的完全自由，无区别地插入建筑环境中，自视为现代建筑，用反对的语言与周围的建筑相对峙，这在本质上是完全错误的。对于我们当今时代的建筑而言，尊重周围的建筑环境，与之相呼应，这是最基本的要求。"

完全自然的社会波动，使布达佩斯格列勒特山区在历史建筑中建设新建筑发生了变化。正如匈牙利建筑师格勒所说，所有有关在历史建筑中建设大型新建筑的讨论都应法律化。离此不远，甚至在历史街区中建设了新的高层住宅建筑，尽管它的设计采用了现代形式，但仍与建筑历史环境相协调。但坚决反对在历史环境中建设新建筑而影响历史建筑外貌的连续性。匈牙利在历史城市规划体系中保护了巨大的历史中心，在这些历史中心完全地修复了一部分古迹建筑，创造了具有考古意义的露天博物馆。

分析论证更多的欧洲古迹建筑保护的性质、方法及其实例时，不能不考察一下捷克的修复专家及其实践。对于其他国家的实例而言，捷克的修复实践更具趣味性和学术价值。最成功的一个例子是在布拉格瓦兹拉夫斯基广场上的建筑群的立面，它是由各个时期不同性质、风格的建筑紧密地与新建筑立面相融合而成的。新建筑的体量高度低于其周围的古建筑，而它的主立面几乎全都是玻璃幕墙，虽然在已知的城市规划实践的许多

范例中，玻璃幕墙式立面与历史建筑相结合的效果并不太理想。但它却在这种情况下，根据历史街区的基础，大胆而成功地采用玻璃幕墙与周围古建筑相协调，而没有引起许多反感情绪，这正是该建筑设计的高明之处。可以这样理解，许多城市玻璃幕墙建筑的映象具有一样的无凹凸变化的平面效果，而在瓦兹拉夫斯基广场新建筑的玻璃幕墙则借助于如同医学整容术般的手段——突出了周围古建筑的装饰效果及墙面线条的起伏变化。尽管同样是玻璃幕墙，但经其立面美容的古建筑形体，仍可以使现代建筑与历史环境完满地协调起来。

在捷克斯洛伐克将自己的注意力放在同时进行历史街区的古建筑修复。这种方法经常在省会城市及一些大的居民区使用。它们的规模允许从整体上在短时间内研究所有的历史街区，准备必要的文献资料，设置修复脚手架，并直接从街道的一个立面开始进行所有街道的修复工作，然后过渡到街的另一个立面的修复，这样可以节省运输及装配脚手架的时间。这种方法同样可以转移到其他的街区中。

在建筑古迹修复中较大的一个问题是如何再生在第二次世界大战中被炸毁的城市。波兰人民证明，再次关注自己民族文化传统在历史城市建筑中的表象及其本质，可以重返城市建筑者最初的构思，借以创造社会生活的正常运转。波兰人民重建、修复了上千座古迹建筑，十几个历史城市。

修复巧匠们针对修复华沙古马亚斯达，重建科拉克夫、塔伦、戈旦斯克等大型古建

筑进行了较高层次的讨论。

在科拉克夫瓦伟勒城堡的考古发现，引起了专家们的重视。波兰修复专家们的实践具有许多不同方面的现代修复方法，它们源于细节的研究、测绘、分析；结束于新的功能定义，如将一部分历史建筑转变成博物馆。

欧洲许多城市，在历史环境中新建筑的建设，适当地重视历史建筑的风貌方面具有一致性。修复工作的一个原则性问题是：如何在符合历史古迹历史的、艺术的成就的前提下，找出新老建筑空间—时间上的相互关系，使新老建筑更容易被人接受，它甚至涉及在修复中现代建筑材料的使用问题。特别表现在修复已失去的建筑细部，甚至在原址上修复建筑倒塌的部分，因为这些对于从整体上表现建筑的功能尤为必要。新的建筑材料不仅在内部结构修复中可以使用，而且在外观细部的修复中亦可使用。在原民主德国、匈牙利、意大利的修复实践比较正确。

在所有国家的古迹建筑修复中的一个严肃的问题是：如何赋予历史古迹建筑新的功能，这是古迹建筑继续生存的一个重要的条件。在欧洲许多城市的古建筑具有较广泛的功能，而在实际使用中却完全不同。较常见的功能选择是采用建筑最初的功能。这是完全正确的，因为建筑的最初方案直接考虑了其功能用途，如住宅的、文化的、行政的、贸易的功能等。一般情况下，丢弃建筑的最初功能，赋予它新的现代功能，也完全符合古建筑的保护原则。

结论是，欧洲国家对建筑遗产保护问题具有类似的立场，这里的修复与其他地区的修复是完全等效的。修复工作的理论和概念是将恢复古迹建筑、古迹建筑局部及其良好的关系置于建筑的历史环境之中。

与19世纪欧洲及俄罗斯相比，关于古迹建筑关系问题的不同的解决方案，在20世纪上半叶获得了广泛实践的可能。很遗憾的是，欧洲许多修复专家们的理论精华保留下来的并不多，并没有完成修复工作理论系统的法制化，在古迹建筑的修复或重建工作中允许有许多边界确定的可能性，在其之后是经济可行性的论证，修复工作提高了历史古迹建筑在现代社会中的地位。提起修复工作的理论和实践，必须记住奥地利理论家弗拉德列关于建筑古迹价值体系的评价理论，原民主德国米勒杰关于城市规划的历史问题及建筑功能的演进理论，波兰雷玛舍夫斯基、巴路索维奇广泛的修复实践以及意大利弗列奇教授的修复工作等。

第二章
修复的规律性理论

第一节　修复与改建的理论基础

现代修复事业是现实的尖锐问题，它所处的新层次，以及现实中各种各样形式的修复，需要详细的理论分析及其深入的理论传播。历史的和实践的修复精华往往浓缩于一些单独的修复范例和许多年的传统之中，是大量的创建修复理论的基础。修复的许多理论和方法的基础是：确定与现代建筑的相互关系，在适应历史环境的条件下解决一些问题，修复古老城市的中心。

前几世纪修复专家们不同的工作，其创造性的范例，其理论阐述，其方法论系统以及修复行动演进的理论和实践，都成为现代修复科学及实践积极的组成因素。例如：成型的有组织的大规模专家们的局部修复行为，以及修复概念真正进入人们的头脑之中，这些都源于 19 世纪甚至更早一些。

研究已存在的状态、规律、原则、工作的程序，以及典型的例子，寻找不同类型建筑建造的规律性，归纳出对于我们今天建筑有参考价值的建议。

由以上归纳出的对于修复理论基础较重要的一些主要概念，应成为修复过程中的方法论系统。

可能对于修复前期的一些状态特点存在着一些争论，但是客观地找出其存在的基础及必要性，对于修复科学的发展则是无可争议的。

“方法学”这个词在《苏联大百科全书》中的一个解释是“方法的总和”。所以，现代修复过程的分类，建立在分析研究的基础上：确定所采用的方法，及建筑空间形体的限制手段，得出修复的最终结论。

在现代修复过程中，建立在历史街区修复基础上的单个建筑的修复，并不完全依靠于修复科学的数据，它往往也被这样的或那样的官方组织的兴趣所左右，这并不少见。

排除类似的功利主义倾向或官方意志的有效途径是：根据体量及边界确定的原则及方法有计划地实现修复的目的，只根据古建筑科学的含义客观地选择其修复的基础，而这个科学的含义指的是确定历史建筑准确的价值系统。建筑遗产的价值系统及其数据的建立，可以提供给我们更多的、更客观的理论科学解释。

历史建筑价值体系及其数据的分类具有一定的历史性，相互借鉴了其他国家研究人员的成果（如弗拉德列、李格勒、米哈依洛夫斯基、巴德雅波利斯基、达维德等研究人员）。

现代修复过程的方法学可能是下一个价值体系及其数据的创立。它可以确定在历史环境中的作为古建筑的老建筑的意义及其价值。

保护与修复过程中科学的方法基础在于：

因为方法学——不是别的东西而是确定的方法的总和——源于现代修复工作的特点，当然依靠于建筑遗产修复的客体及其最终结果。在其自身的结构中，修复工作及其方法所确定的方向是，完成确定的质量系统的分类，对于其规律性的问题做出回答。

一个经常性的问题是，为什么是修复活动而不是别的行动？对于人类的今天和未来它具有什么样的价值呢？关于整修建筑而引发的不正确的、荒谬的行为并不少见，其目的仅仅是将其转移到别的时期或别的建筑形体中去。

古建筑确定的意义、数据及其价值在哪里呢？难道基础的引导作用仅仅表现为：在单一的系统中重复其规律性，确立其确定的学术分析程序吗？问题需要得到解答，而在修复工作中所有的固定的被添加的建筑形体，更多地接近到与该题目有关的各种结论中，这些结论是将研究观点投入到古建筑修复的方法学基础中的成果。

无可争议，今天对建筑遗产的保护投入更多的关心是完全必要的，在现代世界中应更多地确定古建筑物质方面及精神方面的价值。

今天古迹文化的保护已转变为国民经济的一个方面了。这增加了保护—修复工作的内容，扩展了修复工作组织系统，将修复专家及古迹爱好者纳入到国家的、社会的组织中，从事历史建筑价值的保护工作。几百年来建筑历史的发展从世界范围内改变了修复工作的内涵，修复工作经历了理论评价后的改变及价值意义的重新确定。众所周知，像建筑修复的方法依赖于科学技术的成就一样，修复途径的改变同样依赖于修复工作的生产工艺水平。修复范围的确定依靠于综合分析的结果，明显地扩展了学术—方法学的基础、范畴及评价范围，并且使单方案的、非普遍意义的方法扩展应用到复杂的、综合建筑群的修复中成为可能，甚至可以将其方法更进一步推广到城市局部及城市系统的修复中。现代意义的修复已由以前的单体建筑的修复，扩展到城市形体空间及城市规划平面结构的修复中来了。但是在各种紧迫原因作用下完成的一些大规模的修复实践，往往采用了一些落后的理论思想，所形成的修复途径及其方法可以被理解为在保护—修复方法的选择上的个人主义的表现。在此情况下，修复工作所形成的方法，所确定的研究系统，所设计的方案及其过程都可以被理解为"真空的理论"。

在一些国家，如意大利、英国、法国通过创建保护建筑遗产的专业学院、专业部门进行了大量的修复工作。我们的社会主义制度为古迹文化价值的保护提供了可靠的保障，其途径包括建立在科学理论基础上的，将保护事业纳入国民经济任务中，将古迹修复转变到国民经济的独立部门中。

在一些社会主义国家如原民主德国、波兰、匈牙利、捷克斯洛伐克、保加利亚等国进行了大量民族文化古迹的保护工作。古老的城堡、宫殿由于具有并反映出其考古学的、建筑学的内涵而得到了修复，它们中的一些成为了博物馆（如科拉克夫城的瓦伟勒城堡）；带有老房子的历史街道的整体性修复（如原民主德国德累斯顿城、格尔利茨城；波兰塔伦城的卡毕勒尼克街）；体形—空间富有成就的构图，保证新老建筑完满地结合（如华沙、布达佩斯）；古老的历史建筑的保护（如德累斯顿城则姆比拉剧院，匈牙利阿伯拉斯基的古建筑）。这些例子仅仅是在第二次世界大战中被毁坏的后来被修复的具有历史价值的古迹中的一部分。在保护及古迹修复中的一些落后的理论和修复方法被注入新内容，甚至拓展到其他领域。如果在 19 世纪上半叶，修复仅仅局限于部分建筑的修复，主要是石建筑的修复，那么今天各种各样的古建筑、建筑群、群众的民族的建筑精华都可以得到修复。

已发表的许多科学技术的、研究性的文章，展示了不同国家古建筑修复的途径，可以通过它们选择适当的修复方法。很高兴的是，最近几年出现了许多对修复科学和修复方法有益的主张，使修复发展的方向得到了确定，即将形成真正的修复。

第二节　保护与修复的条件系统

用现代的方法总结历史事件的产生的时代意义所得出的评价、数据、结论，在每一个具体的历史时期具有不少的共同之处，这就是其规律性。因为当时确定的观念控制着人们的视点、品味及理论。针对这一个或那一个观点相对较近的学术所代表的及其关系确定了当时作品、项目、物品的价值特点。

历史建筑的评价标准在它的不同时代是不相同的，就像这一个或那一个学者或者他针对不同时代、不同意义的观点所持的学术态度一样，在近两千年世界文化历史发展中具有明确的界标。

归纳起来，修复自身范围的确定基于上一次的实践，必然转向较复杂的趋势中，除了实践型的修复专家以外，存在着符合自身理论及概念的修复理论家队伍。为了找出修复理论的规律性及其趋势，需要丰富的修复实践，这是因为实践是创造任何领域科学的基础。

在许多权威的领导下，在多年的修复实践过程中积累了大量的规律性经验。完全可以证实，深入研究古建筑使修复方案适合现实需要、符合修复规律性理论及方法，这样就可以进行古建筑正确的修复。

实践证实，具有历史权威的观点及历史事实的一些共同的论点，是组成有意义的历史建筑修复的必要的证明的基础。这也是为什么 1964 年"威尼斯宪章"处于流放状态的原因。它不能也永远不能成为所有国家的修复基础。在确定的科学文化情况下"宪章"被接受，对于以后的远景则无法确定其方向，自然无法预测修复多年后的变化：最后 20 年（1964~1987 年）的变化。

欧洲国家广泛的修复实践（如波兰、原

民主德国、捷克斯洛伐克等），特别是俄罗斯在最近几十年的实践中创造了许多可能性，尽管也有一定的预测成分，然而所进行的修复的理论基础具有足够可靠的论证。

现在确定的修复规律性系统被叠加在建筑遗产的修复工作上。

它针对以下情况：

- 完全地保护建筑环境；
- 保护每个历史城市局部的历史特点；
- 历史街道立面的保护；
- 在历史环境中放置新建筑的可行性，新老建筑之间完满的建筑—美学关系；
- 在历史环境的立面中排除新的不协调的建筑；
- 老建筑完整的、必要的功能，对每一个历史建筑赋予确定的功能；
- 用现代工程方法保证在历史环境中居住，保证公用及良好的建设条件；
- 老建筑合理的经营使用，及其必要的修复；
- 在历史建筑部分的修复前提下长久地保护其细部；
- 在修复或移动建筑古迹形态的前提下使用新的建筑材料。

第三节　修复、整理和保护
工作原则的依据范畴

对于部分建筑的修复、整理和保护工作的最终结果可归纳为：保护或恢复其建筑—艺术的风貌。修复、整理和保护工作最终目标的条件是：赋予历史建筑现代的功能。任

何生产过程都需依据必要的科学理论指导。修复及其他保护工作的分类确定原则是：与周围建筑及规划环境相互关系的正确性、长久性，其价值及规模关系的合理性。

像古建筑部分的修复一样，伴随修复意义及形体的增长，修复范围确定的数量同样可以增加，对于历史建筑群同样可行。每一个建筑都具有自己的特点，具有思想的意义。这包括：

- 正确性——建筑部分及其细部最初的状态更多的、更长久的完整保护。最大限度地保护建筑细部及建筑结构的最初状态。最大限度地永久保护历史建筑作品。
- 长久性——基础的概念源于档案的长久性及实物研究。历史的、城市规划的、建筑的可靠性是古建筑作品恢复的依据。
- 整体性——恢复建筑构图的整体性及历史建筑的建筑—美学风貌。
- 规模上的相互关系——修复的建筑细部与城市规划之间的相互关系及相互结合。
- 与周围建筑及规划环境的相互关系——在周围的建筑历史或环境中和谐地、一体地恢复古建筑，包括历史建筑群或其某一部分，历史街道，历史街区，历史城市。

第四节　建筑遗产的价值
及其评价系统

历史及文化古迹，在建筑作品中就是以建筑历史的、艺术的、美学的、物质材料的成就来服务于、关心于社会。就像其创作的特点或者其质量范畴服务于某一段时间的生

活中一样，这些古迹的历史成果及其艺术成就的量定就是它的价值。而且在不同的时期内，这些历史古迹的价值可以因影响它们的各种需要不同而发生改变。例如：有些时期所创造的建筑并不具备历史的或科学修复的价值。但是在某些确定的条件下，由于周围建筑或者城市规划系统等的改变，可以改变城市规划或部分建筑甚至整个古城区的价值。由于与历史事件或历史人物相关，历史建筑具有极高的价值，这种现象并不少见。

现代概念的"古建筑"具有以下几个意义，这些意义是由一系列相关的元素所确定的。其中包括："内在的价值"——属于其自身的纪念意义（如历史的、建筑美学的成果，结构的特点等）；"外在的价值"——主要指城市规划的环境，这些古建筑在其周围环境中所受的支持（如建筑的历史的环境，城市规划的价值，自然植被的或景观环境的价值等）。

所有这些"内在的"或"外在的"价值，在当今社会中最主要的目的就是保护古建筑。可以在科学分类的基础上对历史建筑进行定性，在大规模民族修复实践的基础上，在科学研究的支持下完成历史古迹的修复。

国外的一些学者设置了整套价值体系的分类标准，如奥地利的 B.弗拉德列教授的体系：

1. 历史的价值：（1）科学的价值；（2）情绪的价值。

2. 艺术的价值：（1）艺术历史的价值（最初形态的概念，假设的样子，最初形态的复原等等）；（2）艺术质量的价值；（3）艺

术作品本身的价值，它由两方面的因素组成——古迹自身建筑形态的直接作用，与古迹相关的艺术作品的间接作用，如壁画、雕塑、博物馆内的展品等。

3. 功能主义的价值：为旅游者或别的其他目的而使用，如作为音乐厅、晚会场所等。

B.弗拉德列教授所建立的价值体系，是在归纳研究历史结果的相互作用及作者自己研究的基础上作出的（我开始进行价值系统的设置，但针对概念本身，我将重新补充和修复——这是该学者自己的语言表达）。

分析其他学者关于价值体系的理论，B.弗拉德列教授写道："在没有完全论证这些方法和理论的情况下，一般来说，我们不应该绕过它们，尽管遵守秩序与规则从某种角度来说并不必要。"

当然，在修复事业不长的历史中已知的就有不少理论争论。例如：在 19 世纪末 20 世纪初时，艺术史首先成为一所新的战斗的学校，同时开始替代历史的有记录的视觉方式，通过艺术作品内涵的解释方法开始革命性的思维，这些内涵源于这些艺术作品及其与公共艺术间的相互联系，这些观念同样曾在古迹修复中被采用。在古建筑确定的价值评估中，历史的视点起着重要的作用，古迹建筑的历史价值及其历史的产生在历史视点中被予以尊重。作为艺术作品的古建筑的意义被理解为它所表现的整体的及准确的艺术风格。所以应通过唯一的较好的方法来恢复古建筑可视的正确的风格。

欧洲学者的总体概念及其系统，源于其本民族修复专家的实践。E.B.米哈依洛夫斯

基写道："古建筑公共价值的精华可概括为以下四个方面的需要：古建筑的真实性及其长久性（在一些情况或其他的范畴内古建筑是历史物质文明的例证）；可信性（社会文化的纪念碑，历史建筑的纪念碑，记忆）；代表性（特别的有意义的记忆）；比较少的一种情况是：当古建筑被现代社会所重新定义时，并不仅仅因为它是艺术历史的纪念碑，更因其艺术作品本身，在此情况下的修复应满足于它完整的艺术价值及艺术要求。"接着他更详细地写道："前三种需要——相互独立的互相作用，所以针对它们的修复方法应该是确定的（但方案不是唯一的）、最主要的一个。第四方面的需要与前一、二种需要之间并无直接的关系，但可与第三方面的需要相结合。"

现有的修复方法还并不完善，我们还没有建立准确的修复方法系统，甚至还没有全面确定这些方法系统的价值。

在古建筑保护与修复领域，历史上的或现代的实践及规律性状态的基础是，将古建筑的价值系统确立于以下分类中：

1. 历史的价值（历史真实性的确定）；

2. 城市规划的价值（与历史城市规划布局及建筑设计相关的历史城市规划因素）；

3. 建筑美学的价值（展示及确定建筑—美学的形态）；

4. 艺术情绪的价值（接受艺术—情绪的相互作用）；

5. 科学修复的价值（对于修复科学有价值的一层一层叠加的修复方法及建议）；

6. 功能的价值（将现代的功能赋予最终修复的状态）。

所有的价值组成了具体确定的论据，一些建筑可能具有特定的时期内几种价值论据，如前所述，价值的数量及形态也可能随建筑所存在的时间流逝而改变。

一　历史的价值

一些古建筑的价值以特定的历史事件、历史人物、实事为基础。

历史价值的范畴如下：

● 历史建筑参与到历史事件中；

● 历史事件的可靠性与正确性；

● 建筑地点与历史事件相联系；

● 进入到历史价值之中的有意义的地点与环境；

● 建筑元素的历史意义；

● 历史价值系统，范畴的数量依赖于与其相适应的古建筑历史意义的论据及其学术上的意义（历史与文化）。

下一步应考虑的是，区别于历史古迹，本身具有专业特点的古建筑。并且如果建筑形体含有建筑纪念碑的特点，而历史古迹同时也具有该特点，但相比较而言，历史古迹并不拥有建筑纪念碑的品质。与此同时，古建筑可以含有其自身的历史价值，在这一情况下历史价值的标准重叠于其本身之上。

历史建筑参与到历史事件中。将历史事件与建筑古迹（历史与文化）结合起来评价，因为许多历史事件发生于此房子、此建筑或此地点中。

历史事件的可靠性与正确性。这是用准确的文件来验证与历史事件相联系的古建筑，完成与这个古建筑、这个地点或这个环境相

▲ 历史环境中的住宅建筑

▼ 伊万诺夫城。一条与革命事件相关的历史街道

▲ 伊万诺夫城。与革命事件相关、处于历史环境中的一幢建筑

联系的历史真实性的验证。用明显的例子来验证历史事件发生的准确历史时间、地点及其真实性——在 1812 年俄罗斯卫国战争及 1941~1945 年第二次世界大战中有纪念意义的标志。

建筑地点与历史事件相联系。这指的是与确定的历史事件相联系的房屋建筑、历史环境；通过保护自然景观、建筑环境来纪念某一历史行动或某一历史时刻。

这可以是与某一历史人物诞生、生活、工作相关的房屋或某一地点。保护与修复自然景观中的历史建筑，将其恢复到著名历史人物存在时的形状。

这些典型的例子是一些伟大作家的庄园，如在雅斯内·巴列恩的托尔斯泰庄园，在雅拉斯拉夫城边上科拉比赫小镇上的尼克莱索夫庄园，以及在穆拉诺夫的丘特夫庄园博物馆等。

进入到历史价值之中的有意义的地点与环境。这个范畴与上一个比较相近。在那种情况下，当古建筑（历史的、文化的）与发生在其中的或某一地点的历史事件相联系时，任何关于古迹历史价值的（正确性）都是不可能改变的。古建筑，甚至更多的历史古迹具有特定的社会历史事件的意义，这些历史事件曾发生于这些建筑中。如果将这些建筑

▲ 莫斯科森林街坐落在一处商店内的地下印刷厂

转移到其他的地方，那么则失去了它的历史价值，这些历史价值与发生在这些建筑或这个地点的真实的历史活动紧密联系。例如：某些著名的活动家、作家生活、讲演的某些建筑位置的随便移动，将会使其失去历史价值。历史的地点、环境、事件是不能移动其位置的。伊万诺夫城革命家的秘密接头地点、革命家的住宅、城市的历史街区与发生在这里的革命历史事件一起得到了保护。

我们可以看到，在一些绘画中画着莫斯科烈斯内街道上古老的建筑，历史建筑古迹——以前的阿尔汉格尔斯克庄园，阿斯坦根诺庄园，等等。

建筑元素的历史意义。建筑元素是确定建筑风格特点或者建筑历史时期的重要因素。城市规划布局模式、室内装修与设计、建筑专业性的构图总是反映着特定的历史时期的风格，并不具有重复前一个时期风格的趋势，这就是其独特性。古老的建筑局部或建筑细部，对于古建筑具有历史的价值，也是历史学家考证的信息，历史学家正是根据这些信息客观地确定社会历史或建筑时期。带有这种信息评价一些建筑就不难了，例如宗教建筑一般都具有祭礼的、"洋葱头"形的顶，拱形的细部；窗框设计在 12 世纪、17 世纪、18 世纪等是不同的；在不同时期建筑具有不同的入口及窗洞。所以不假思索地大量地长久地保护建筑元素，这样才可以更好地反映历史的准确性及创作者的独创性。

历史价值偶然改变的可能性。在修复实践中所进行的确定的城市规划行动，历史城市主要风貌的恢复，甚至恢复组成它的自然景观环境，或者展示古建筑最初的环境形态（将一些民族建筑修复成博物馆）等，都可以引起古建筑或其环境历史可信性的改变。所有与这些改变有关的活动都应在细心的科学论证的基础上，在专家们的建议下进行。一些民族古建筑被当做展品一样形成一组一组的博物馆，而并不与其特定的社会、政治或其他的事件相联系，这样就会失去与周围历史环境相联系的自身的历史意义。民族的功利主义行为，使其失去了具体的、地区的、民族的以及社会的特性。民族古迹的一部分是木建筑，它具有自己特定的建筑作品思想，可以划分成艺术的、美学的或其他方面的性质，任何一座建筑都具有这样的性质。将木

▲ 大罗斯托夫城的城堡

建筑从它特定的有机环境中移位，可以保护其结构的艺术细部的历史真实性，这些艺术细部包括木房屋的装饰、檐饰、装饰面板、窗户、门、屋顶等。

二 城市规划的价值

城市规划的价值指的是与建筑体相联系的、建筑历史的规划系统，建筑所处的历史环境，其基础是组成它的范围，赋予其建筑古迹性质的城市规划特色，以及与此同时的建筑—形体空间系统元素的划分。将单体建筑与建筑群体（要塞、庄园等）的协调结合作为规律性的分类，自然地出现在建筑历史中。古建筑价值的总和汇集成其城市规划的价值，属于杰出的综合古迹的范畴。

▲ 托木斯克城的住宅的窗饰（19世纪末20世纪初）

▲ 科隆内城的尼格莱·巴撒斯基教堂的窗饰（17世纪）

▲ 莫斯科郊区的杨西夫 · 瓦拉格拉姆修道院
莫斯科郊区著名的古迹之一

▼ 莫斯科哈马夫尼克的尼格莱教堂，17 世纪的古建筑

▲ 大罗斯托夫城城堡的钟楼
不同高度建筑形体的完美结合

城市规划的价值范畴属于：

● 规划体系的历史价值；

● 在历史城市中建筑—空间构成的规模和比例；

● 在建筑历史环境保护中古建筑的意义（建筑的构图、艺术的色彩）；

● 不同时期与不同风格的建筑结合形成的城市全景轮廓。

规划体系的历史价值。 众所周知，早期的历史遗产成了历史城市主要建筑物（政权的、文化的）布置的基础，它也是居住建筑布局、各种主要的次要的贸易广场、农庄及手工村庄等布局的基础。最后阶段所形成的布局的秩序形成了城市规划，成为了历史的城市规划体系。例如：在18世纪，俄罗斯历史城市的城市规划布局的价值体现在俄罗斯许多古城的几何形城市体系中，特意地创造笔直的街道网。任何一个历史的城市规划体系都代表着特定的城市规划价值的标准。

有趣的例子是三个历史城市的规划：列宁格勒、特维尔、博戈罗季茨克的第五次规划，18世纪末科隆内城及其他一些城市有规律的城市规划。

在历史城市中建筑—空间构成的规模和比例。 现存的城市规划的价值因素是：与古建筑体形空间逐步协调的周围建筑的历史环境，或将现代的新建筑与其周围的建筑历史环境相融合。合适的规模及比例的标准应考虑当初历史建筑规模与比例的正确性，建筑完美的尺度所产生的正面的视觉效果，与周围已建成的建筑及其环境合理地按规模的结合。必须考虑立面的几何关系、比例在建筑群中与建筑体形结合的正面效果，而当将新建筑设置到历史环境中时，必须采用古代建筑巨匠经时间考验的建筑的比例关系（1∶2、1∶3等）。例如：与大型的教堂建筑群相毗邻的建筑垂直高度的正面效果（莫斯科克里姆林宫、扎戈尔斯克的特洛伊—谢尔吉耶夫男大寺院、莫斯科新处女公墓等）。另一个特点是在平面规划布局中根据其相互关系设计毗邻建筑，并点出其三维空间性质、形体性。用丰富装饰、有许多花纹的建筑细部强化建筑形体，创造建筑作品完整的艺术性。

在建筑历史环境保护中古建筑的意义（建筑的构图、艺术的色彩）。建筑综合体的完整性，代表着在古城市历史环境保护的确定元素及其建筑本身的构图。因此，古建筑任何的意义都应被列入与建筑历史环境相联系的古建筑的构图中，其不可分割的细部元素所代表的意义同样要列入历史建筑的正确构图中。背离这些确定的构图原则，不用考察它们的建造时间，它们肯定破坏了历史建筑群的协调性。任何在历史构图中的古建筑在这些情况下是不能在没有更新、通过许多分析确定、审定其历史的、城市规划的、建筑的、功能的或其他因素的前提下，被拆除或销毁。

不同时期与不同风格的建筑相结合形成的城市全景轮廓。历史城市的全景及其轮廓以及历史城市结构代表着必要的城市规划价值的条件。在单体建筑或历史城市的总体修复中必须保护已形成的城市轮廓。在遵守历史城市的规律性比例前提下可以达到修复城市轮廓的目的，应考虑单体建筑之间比例的

▲ 扎戈尔斯克城。特洛伊—谢尔吉耶夫城堡角楼角楼突起轮廓的代表

改变。建筑群或城市的轮廓，其基础是历史条件相互作用形成的建筑几何形式（屋顶的形式、钟塔的外形、建筑的高低起伏）。

作为例证的是许多古建筑的轮廓，如俄罗斯一些城市的轮廓以饱满的情绪见证了其建筑艺术的极高品位，特别是一些中、小历史城市。全景形象清楚地描绘了这些城市的轮廓，教堂钟楼高高的尖顶，要塞平静的塔影，公共住宅建筑波浪式的起伏。

三　建筑美学的价值

这种类型的价值考虑具有很高建筑美学品质的建筑作品，有时将它们提高到作为确定建筑古迹的标准。建筑或建筑群落其自身

▲ 莫斯科。彼得罗夫斯克古街的轮廓线
　其高点重音为大彼得修道院的钟楼

确定的形态反映其建筑风格或建筑时期，这
种确定的形态指的是建筑结构方面的、装饰
细部方面的或者是区别于别的建筑独特的建
筑品质，属于世界或本民族范围内的建筑古
迹。建筑或建筑群自身所拥有的一个或几个
特别的品质，组成了建筑—美学价值的评定
标准。

建筑美学价值的标准包括：

- 建筑时期；
- 所属的建筑时代及建筑风格（确定的

建筑风格）；

- 在本国或世界建筑史中的地位及意义；
- 建筑—工程结构方面的特色；
- 建筑—艺术元素方面的特色。

建筑时期。在建筑史的确定中提供给建
筑作品确定的次序，通过其风格及时代反映
了社会对建筑的态度。正是古建筑的价值及
其特点促使现代人修复确定时代的建筑古迹。
在建筑历史中，建筑作品的建造时期与杰出
或重要的时代相呼应。将建筑修复到最初

▲ 莫斯科郊区杨西夫 · 瓦拉格拉姆修道院的教堂
典型的 17 世纪俄罗斯建筑代表

时期状态，对于划分建筑时代具有科学意义，体现了确定历史时期的建筑—美学价值，反映了建筑作品建造时的方式、兴趣及其技术过程，代表着特定历史时期建筑材料的发展水平。12 世纪建造的白石教堂是一个典型的例子。这样的例子还有 17 世纪在弗拉基米尔—苏兹达利建造的雅拉斯达夫斯基砖教堂，19 世纪中期富丽堂皇的巴洛克建筑，18 世纪末 19 世纪初的古典主义风格建筑。

所属的建筑时代及建筑风格（确定的建筑风格）。 现有的资料标准与上述的建筑时期紧密相联，并通过建筑风格补充了确定的建筑—历史时期这一概念。建筑风格是将古建筑修复到最初的时代，展示其风格特点，细部装饰元素，建筑时代最原本的代表。

深刻地理解建筑风格特点可以帮助修复专家更好地完成修复过程，在修复进程中得到更多关于建筑历史时期的补充信息。

在本国或世界建筑史中的地位及意义。 古建筑修复必需的条件是展示建筑美学的品质。建筑意义及修复工作的完成加强了建筑的品质，提供了修复工作的基础及修复结束的根据，将其列入世界的或本国的建筑古迹之中。

▲ 梁赞城。城堡的窗框装饰

▲ 雅拉斯拉夫城某典型的 17 世纪的教堂建筑局部

　　有时由于在历史建筑的不同时期，大量的改建和添建，使古建筑失去了其最初的形态及其建筑—美学方面最初的意义。

　　1955~1957 年莫斯科红场上的瓦西里福音大教堂的修复工作是这种综合关系最典型的范例之一。该教堂是世界建筑的精品，具有非常清晰的，同时具有建筑、工程及科学—修复的价值。教堂最初的外貌有另外几种说法：教堂头部的形状是其他样子的，大概是盔形的，围绕该教堂的是大众游乐场，而在 17 世纪末教堂的顶被改建，教堂也成了画廊了。

　　在 16 世纪末，瓦西里福音大教堂曾被用彩色砖墙大量地装饰，画廊建筑被赋予画境似的华丽装饰。这仅仅是众多历史阶段的一部分，在瓦西里福音大教堂 400 多年的历史中不知经历了多少形式的改变。

　　在修复过程中进行了大量的历史考古的、外景的研究，它们既具有可以看见的特征，也具有工具的特征。当考虑许多年历史所形

▲ 莫斯科城郊普希金镇尼格莱教堂
典型的 17、18 世纪俄罗斯建筑风格

▲ 大罗斯托夫城郊的某教堂 17 世纪的钟楼

▲ 雅拉斯拉夫城伊利雅 · 普罗洛卡教堂
建筑主体顶部的装饰

▲ 雅拉斯拉夫某教堂的砖花雕饰

成的建筑遗产时，应保护其最本质的元素及恢复随历史时间流逝而失去的古建筑细部。结果接受了建筑修复折中的学术建议，该教堂建筑表达了与世界历史建筑杰作名称相符的特定品质。

　　建筑—工程结构方面的特色。建筑遗产工程结构方面的独一无二的特点是建筑价值分类标准之一，它是建筑封顶及重建的首要次序和条件。在 12~13 世纪，甚至是 16~17 世纪的拱顶建筑结构系统，其杰出的工程结构特点、工业化组装对于建筑的创造极其有益（如莫斯科马涅什养马场留下的许多木结构建筑），还有砖—木建筑楼板结构系统（如列宁格勒明什科夫宫殿）。

　　建筑—艺术元素方面的特色。历史建筑作品经常保持着独具特色的建筑细部或装饰元素（砖的、白石的）。特别的装饰花纹、窗及出入口的砖的外框，经常出现在 17 世纪建筑古迹中，所有这些丰富的砖的装饰都代表着建筑—美学价值的一类。

　　立面的雕塑、装饰都属于建筑的艺术—美学价值范畴，任何一个建筑作品，像以前的例子一样，可以具有一种或几种价值，与许多的价值标准相呼应，更准确地代表其品

▲ 莫斯科。普金卡的福音教堂——和谐的建筑形式

质意义。

　　其例证是苏兹达利城斯巴撒—叶夫菲米也夫修道院入口塔楼的砖的立面装饰及其系列的 17 世纪宗教建筑。在雅拉斯拉夫 17 世纪的巴拉斯特宫殿，兹维尼格勒的斯维诺—斯特拉瑞夫斯基修道院以及许多的人文建筑，它们是俄罗斯中部所保护的 17 世纪的富丽堂皇的宅邸的一部分。

四　艺术—情感的价值

　　这种价值属于这类古建筑，在其自身的建筑形象中具有艺术的因素，对于人们的情感接受有着正面的影响作用。其艺术手法表现在：不同形体——雕塑的及艺术形象的起伏，建筑花饰（单色的或彩色的），建筑片断的不同形象以及建筑细部（如莫斯科明什科夫塔楼、杜波罗维斯的教堂）。

▲ 莫斯科郊区。兹维尼格勒的斯维诺—斯特拉瑞夫斯基修道院入口建筑装饰的细部

　　艺术—美学价值的标准指的是：
- 古建筑对人情感的影响；
- 艺术的雕塑装饰手法的作用；
- 建筑形体的色彩；
- 建筑形体的装饰。

建筑或建筑群可以同时具有几个这样的标准。

　　古建筑对人情感的影响。古建筑及古建筑群从整体有益于人的心理，呼应于人的情感作用标准。用完整的建筑构图观点来观察建筑或建筑群的社会形象，其所属的社会进

▲ 科隆内城。入口与窗的花饰

▲ 莫斯科郊区。杨西夫 · 瓦拉格拉姆修道院城堡外
墙的体形性与轮廓线

▲ 杨西夫 · 瓦拉格拉姆修道院角楼的装饰细部

◀ 杨西夫 · 瓦拉格拉姆修道院入口的装饰设计

▲ 角楼装饰的几何比例

▲ 扎戈尔斯克角楼白色的基座及其装饰与顶部红砖塔
顶的结合

程与建筑形体及其艺术的装饰元素相联系。

艺术的雕塑装饰手法的作用。在建筑中现有的彩色的或单色的雕塑装饰、半浮雕或浮雕图像见证着艺术—美学价值的标准。这种图像包括各种各样的单色装饰的浅浮雕，补充或涂饰成两种或几种颜色，画像或植物图案的装饰。特别显著的例子是 18 世纪中期的建筑（巴洛克风格）以及 18 世纪末、19 世纪中期俄罗斯古典主义的建筑。

建筑形体的色彩。补充及完善展示建筑意义的手法是其建筑形体的色彩设计。对于修复特定历史时期建筑的最初状态来说，其立面的总体色彩设计，及其细部单独的色彩代表着必要的科学修复的条件。对于建筑色彩设计对人心理的艺术—情感的影响作用，历史提供了大量的例证。俄罗斯建筑以其独特的色彩品质，不同色彩的完满结合，几乎在每一个历史时期都拥有自己的传统。

16 世纪莫斯科瓦西里福音大教堂富丽的色彩设计给人们留下了深刻印象，以后在 17 世纪曾重新粉刷了该教堂。18 世纪俄罗斯巴洛克建筑，蓝—白相间及红—白相配合的建筑色彩，以及 18 世纪末 19 世纪初莫斯科的一些私邸建筑及一些宗教建筑多采用白—黄及白—红相结合的色彩。

建筑形体的装饰。建筑装饰设计的手法及其特点就是建筑立面的、平直墙上的及建筑形体上装饰之间的相互联系。建筑装饰的

▲ 扎戈尔斯克城乌斯宾斯基教堂
　其教堂顶部的最初形象已被改变，保护下来的是修复后的顶部

表现手法经常是不同的，它们可以是建筑的、结构的或艺术的装饰手法。明显的例子是瓦西里福音大教堂的立面装饰。主要是三角形石头的装饰物，装饰柱，椭圆形的石装饰元素，陶瓷的球顶，树叶形的装饰，金属镀金的螺旋形的圆顶，以及在它下边的金属环，圆顶塔楼上装饰花边，等等。

五　科学—修复的价值

　　这种类型价值的产生与修复、修缮、重建工作相联系。由于修复工作的完成是从研究开始的，结束于必然的功能结果。修复工作导致了必要的展示，建筑单体组成结构的形成，产生生动逼真的加建的、重建的部分，它们都是用许多修复方法而得到的结果。

　　根据修复时期及修复工作的类型，科学的讨论及分类组成了科学—修复价值的划分。

　　科学—修复价值包括：

　● 加建的建筑形态系统；

　● 古迹最初形态的改变；

　● 对于古建筑的修复时期；

　● 修复所产生的意义、价值及其负面的反作用。

　　建筑可以同时具有以上的几种价值。

　　加建的建筑形态系统。在多年进行的建筑修复的过程中，其目的是保护建筑自身体系，它的部分细部装饰，改变建筑的外貌。修复改变了建筑最初的或最后所设计的体系，

▲ 莫斯科某教堂。历史上曾被多次修复，保留下的仅是最终的形象

▲ 扎戈尔斯克城。在修复乌斯宾斯基教堂时展示了其
立面壁画

▲ 莫斯科斯维拉斯科夫宫殿
经探测分析后展示以前修复时的抹灰

并与它们一起形成了加建的建筑形态系统。建筑经修复后可能具有正面的或反面的学术评价，确定建筑加建部分的形式及意义，甚至保护或拆除它们的必要性都是由古迹修复的权威机构或修复专家所决定的。

古建筑最初的形态可以在多方面被改变，纯功能的重新设置亦可改变它。它涉及城堡、修道院或民用建筑的特点，因为经常可以看到在修道院附近产生了许多互相挤在一起的小棚子、小亭子或其他各种各样的小房子，占据了其附近场所，改变了古建筑综合体的完整构图。

这个价值类型的例子与已说过的在城堡、修道院附近的辅助建筑有关。它们可以是许多17世纪的建筑——在该时期进行了大量的古建筑加建活动（如莫斯科瓦西里福音大教堂等）。

关于建筑加建部分形态的次序性应在修复之前进行讨论，然后与所有的修复工作一起同时进行学术研究、综合的分析，这种研究分析不仅包括历史资料档案，而且包括通过手工的或仪器的手段所获得的信息。

古迹最初形态的改变。古迹最初形态的改变完成于其最后的建造年代，它甚至代表着确定的历史建筑的、工程的或美学的意义。

例如，具有圆顶的教堂——莫斯科瓦西里福音大教堂，现在已完全失去了其16世纪时的最初形态了。完成于16世纪后期的用其他建筑材料修建的教堂圆顶，被载入了建筑历史史册。而现在要将其修复到最初16世纪的状态也是完全不必要的。将其现在封闭的无窗的走廊改建成其16世纪时开放式的透空围廊则是完全不合理的。

同样的改变最初建筑形态的例子是在扎戈尔斯克城乌斯宾斯基教堂，它也应该得到保护，因为它们都已被历史所承认并代表着许多代人民的劳动智慧，甚至与它们直接联系的室内的许多装饰壁画、雕塑等同样也应得到保护。类似的建筑—历史情况的特点对于其他的古建筑同样适合（如斯维诺—斯特拉瑞夫斯基修道院的教堂圆顶）。

对于古建筑的修复时期。建筑修复所完成的各个时期应该用科学的论据加以评价论证，就像发现特定的历史时期的建筑设计、风格、形式、特点一样。除此之外，古建筑的修复展示了当时人的艺术品位，符合建筑历史发展时期的工程技术的可能性。

修复时代保护了建筑最初的细部、局部形式，甚至创造了确定建筑体系的条件，将现在的概念相互协调于建筑历史发展的章节中。

可以举出许多这样的例子，如许多17世纪的民用建筑。这种成排的小建筑，既是独立的个体，又成组地分布在修道院附近（如莫斯科斯维拉斯科夫小建筑群）。大量的手工制作的最初的窗框花饰、主入口与入口装饰的改变、飞檐组成了古迹修复或重建的特点。根据现在的修复技术可以确定以前曾进行过修复的年代。

修复所产生的意义、价值及其负面的反作用。不同时代所进行的修复被现代人以是否保持了或破坏了古迹原貌这一标准来评价，应保护并表现古建筑艺术的风貌。修复的明确目的就是保护古建筑的体系结构。

建筑历史曾描绘过一些倒塌的建筑结构元素。经常所见的是建筑顶部的倒塌，这些屋顶本应封闭其内部建筑空间。倒塌的原因可能是当时修建时对力学承重估计不足，或黏接材料失去了作用。所以在莫斯科克里姆林宫的乌斯宾斯基教堂刚开始建时其顶部就倒塌了。1753年所进行的新耶路撒里姆斯基修道院的修复，曾改变了其圆顶的尺寸和形式，以便能够长期地保护教堂中部。

六　功能的价值

古建筑或建筑群这种类型的价值指的是建筑实体在它存在的所有时期中所完成的特定的具体功能。古建筑的功能价值可以由于社会的或经济条件的改变而改变，因为拥有它的主人或其他原因而转变。

众所周知，为了更好地从整体上保护建筑材料、结构或建筑元素，应将古建筑投入到使用当中。作为古建筑或建筑群的保护应选择适合于它的功能价值。

功能价值的类型包括以下方面：

● 建筑功能最初的意义；

● 完成建筑现代功能的可能性；

● 功能行为的目的；

● 在不同的功能目标下作为形体意义的古建筑；

● 建筑自身的表现（古建筑本身就是一个博览馆）。

▲ 莫斯科。哈马夫尼克的尼格莱教堂——其最初的功能是宗教建筑

　　建筑功能最初的意义。任何建筑的建造都具有完全明确的功能意义，这种功能意义确定了建筑的设计，从建筑的功能意义中确定了建筑的类型。一些建筑保持了其最初的功能（经常是宗教建筑），而其中的一部分则转变成了博物馆（阿斯坦根诺、库斯科娃等建筑），这种转变保护了"凝固在历史长河中的"建筑最初的功能布局。

　　完成建筑现代功能的可能性。确定古建筑的现代功能应考虑根据其布局体系的原则，

▲ 莫斯科。斯巴拉塔科夫街的教堂

▲ 科隆内城。尼格莱—巴撒斯基教堂
修复后成为完全的博物馆

然后赋予它适当的新功能。所有的功能添加或改变都不能引起古建筑部分或全部的破坏。允许古建筑部分功能的改变，而不破坏古建筑的外貌及体系的特点。专家或古建保护权威机构可以确定类似的特性。

功能行为的目的。 在修复过程最开始的阶段就应确定适合古建的新功能，并完成必要的为新的功能使用而准备的工作。

在不同功能目的下作为形体意义的古建筑。 在最初的建造中每幢建筑都被设计者赋予了具体的功能（如宗教的、公共的或民用的功能）。

在社会条件或其他条件的改变下，建筑功能也深深改变。

在修复工作开始之前，就应选择适合于该古建筑的新的功能，以便更好地保护其建筑形象。

一种较普遍的趋势是赋予古建筑博览功能或其他的文化游览功能。但这种新功能同时具有正面的及反面的作用。例如，在晚上不能排除对建筑的破坏。

在历史的住宅建筑修复中，最好的保护就是采用其最初的功能——居住功能，但应增加现代生活的舒适性条件。这种古建筑完全能够保护其最初的功能意义，及其极高的工程条件水平，保证居住。

建筑自身的表现（古建筑本身就是一个

▲ 弗拉基米尔城。作为博物馆功能的德米特罗夫斯基教堂

▲ 托木斯克城。历史环境中的住宅建筑。其室内经改造已装备上了最佳的舒适生活设施

博物馆）。可将古建筑的功能分成两类：

用新的功能赋予古建筑自身的同时，在其中布设博览展品；

建筑或建筑本身就是一个博览馆（特别是木建筑博物馆）。

在这两种情况中建筑的功能价值都被考虑了。

第一类情况预计可以尽可能多地使用历史建筑，除了刻意地将其改变成博览的或文化—游览单位。

第二类情况将单体古建筑作为历史文化的展品，以展示它们不同寻常的、极高的建筑艺术价值。应设置必要的博物馆监测设施以保证其适合于当展品之用（例如：苏兹达里城的西部博物馆，诺夫格罗德的历史—建筑综合体等）。

舒适的水平。赋予古建筑现代的新功能，其必要的条件是舒适性，它应该用添加的必要的工程手段来保证。

第五节　建筑修复的方法

各种类型的保存、修复、修缮工作应不断完善与改进。它必须是一种动态的发展，以当代科学—技术成果为保障，使修复过程在一定数量及质量上有所突破。

建筑遗产修复的方法体系，反映着现代修复事业的科学—实践水平，它是指导修复过程方向性的基础，在此基础上完成一定的修复工作量及修复的最终成果。

在保护工作中（指重建、修缮、修复），其工作的确定依靠于历史建筑的意义，及其质量价值的评定。

建筑的修复方法是建立在确定的知识规律性基础上的，形成了阶梯状的修复方法系统（见表2-1）。

表 2-1   阶梯状修复方法系统
（根据所修复的建筑体量及修复的最终成果分类）

单体古建筑	局部修复法	古建筑局部、单体建筑结构的修复
	折中的方法	在保护最终的改建或增建部分价值的前提下的修复
	整体性恢复法	根据历史建筑最初的形态，或科学—最佳地选择类似的形态，在确定历史价值的基础上完全地恢复历史建筑
古建筑群	建筑位移法	完全地保护或修复单体古建筑，而改变其周围的历史环境
	民族建筑博物馆的创建法	在修复与修整历史建筑过程中保护历史建筑，这种修复过程就是将古建筑放置在与其艺术环境的创造相关联的结构体系中
城市的局部	历史街区及建筑群的修复方法	在历史所形成的古建筑群中保护古建筑
	保护周围的建筑—历史环境法	研究历史空间环境及其所受的物理、化学、生物和其他因素的影响，同时保护古建筑
	历史城市的修复法	在城市系统中保护古建筑，保护历史环境与现代功能下的修复相结合

根据修复方法的种类，修复工作量的增加，可形成以下体系：单体建筑的修复→建筑群体的修复→城市局部的修复。

局部修复法： 该方法的修复预先注意到单体古建筑的局部或单体建筑结构的修复完成及其他类型的保护工作。通常，所修复的是古建筑最初形态的一个部分。最近几十年这种修复最典型的例子是：别斯科夫斯基要塞钟塔的木结构，伊赛夫—伏尔加拉姆斯基、科洛明斯基以及其他一些城堡及修道院的综合建筑。

折中的方法： 应在保护不同时期添建或重建的建筑基础上考虑所要完成的修复或其他保护工作，因为这些添建的或重建的建筑完成于有意义的历史时期或其本身具有较高的价值。在这种修复工作下的方法更具合理性。

在这种情况下，修复者修复方案的构思基础是与历史相联系的、有科学道理的折中，保护当时建筑最初的原本面貌及紧随其后的古建筑，尽管这些建筑的局部具有一定的变化性。

▲ 兹维尼格勒。斯维诺—斯特拉瑞夫斯基修道院的教堂。局部修复法，恢复的仅仅是被覆盖的抹灰，建筑的其他部分都没有改变

▲ 兹维尼格勒。局部修复法的例子，城堡角楼顶的修复

▲ 兹维尼格勒。修复后的城堡角楼恢复了其最初建设时的形式

▲ 莫斯科福音教堂局部修复法，恢复了最初的建筑顶部形式

　　比较典型的例子是 16 世纪的一个重要的有趣的古建筑，那就是莫斯科瓦西里福音大教堂。这个杰出建筑多次的改造使之具有多种修复方向性的特点，反映了重要的历史时期的建筑情况。其教堂的外貌，最初形成于 16 世纪，在 17 世纪、18 世纪曾进行了有机的改造，甚至其最终添建部分的价值，仍具

▲ 莫斯科红场的瓦西里福音大教堂的修复
　折中的修复方法

▲ 莫斯科凯旋门。整体修复法的代表

▲ 莫斯科建筑位移法——移动后的情况

▲苏兹达利。商贸交易廊的恢复，整体修复法

▲ 莫斯科建筑位移法——移动前的古建筑

有各个时期自身的特点，这是不容置疑的。

整体性恢复法： 该保护方法在古建筑最初面貌或在有科学依据的最佳的历史时期中预见古建筑完整的形态。这种推论是根据历史建筑的历史价值，及与之相关的历史事件而进行的（其产生的时间，其历史意义，历史事件本身）。

对于古建筑而言，其最佳的历史时期也许就是它的"生平"，在这一时期历史建筑具有丰富建筑的历史的或社会的信息。将古

▲ 苏兹达利木建筑博物馆。建筑就像博物馆中的展品一样

▲ 苏兹达利木建筑博物馆。像博物馆里的展品一样的住宅建筑

建筑修复到它最佳的历史时期，应具有明显的该时期历史建筑的特点。最典型的例子是：古俄罗斯弗拉基米尔—苏兹达利的历史建筑修复，拉斯托夫的古建筑以及莫斯科早期的建筑。

建筑位移法：其方法是在改变建筑历史环境下完成单体古建筑的修复。这种修复方法经常将历史建筑古迹转移到历史城市中，在这样或那样的条件下满足城市规划的布局，接受新的社会使命。

最近几年，在莫斯科普希金广场的修复时就移动了一些历史建筑，《劳动报》编辑部曾坐落在该历史建筑中。必要的准备工作完成后建筑被放置在轨道上，沿着高尔基大街

的红线被移动了 60 米。整个移动过程的完成不过几个小时。一些建筑改变了其建筑基址，然而却保护了其自身的建筑结构价值并在街区中重新出现。古建筑的环境，尽管局部或全部丧失其确定的界限，但其存在的主体却没有改变。

民族建筑博物馆的创建法：该方法在修复过程中完整地（或部分地）保护了古建筑，将古建筑放置到与其相关联的体系中，放置到艺术地创造的建筑及自然景观环境中。这种修复方法成功地保护了某些木建筑古迹，因为这些木建筑的强度在其原址上由于这样或那样的原因已没有可能保护其最初创作的条件，保护其建筑历史的或自然景观的环境了。这些建筑单体或它们的同类建筑群被放置在新的地区，确定的总体规划中。类似的建筑城市规划以及历史的形成物，被赋予了

▲ 卡斯特拉姆某住宅
　其建筑的最初立面被后来的抹灰层所覆盖

不同的功能品质，经常是博物馆的性质，得到了木建筑博物馆这个称号。由于政府的城市建设需要，历史地区的改造（如建水电站）在这种情况下必须将古建筑或建筑群转移到其他地方。

　　历史街区的修复方法（街道、建筑群）：这种方法主要针对历史城市规划体系中历史的街道、街区、建筑群，或在其中的历史单体建筑而进行的修复，在进行历史街道中单体的或群体的历史建筑修复时，应注意到与它们毗邻的一些建筑，虽然这些建筑的艺术价值并不高，但它影响着整个历史建筑区的轮廓、规模，应将整个街道或历史城市建筑

的区域当做一个完整的城市历史局部来看待。在修复建筑的或历史的综合体——城堡、修道院或宅邸时应与其一定历史时期所形成的建筑一起来考虑，将建筑综合体、建筑群看做是一个完整的历史建筑古迹（甚至古建筑个体），而这些建筑群中的建筑个体应当做是这个完整的古建筑某一局部或细部。在科学论证的前提下必然完成历史建筑的补充，尽可能地将它们恢复到最初的面貌及位置上。功能性地修复历史街道、街区及建筑群应尽量长期地保护它们，通常赋予它们居住的、文化的、旅游博览的功能意义。

　　该修复方法最具代表性的例子就是列宁

▲ 现场研究法。莫斯科斯维拉斯科夫宫殿
展示其窗顶部位的砖砌图案

格勒历史街区的修复。这里所进行的修复以
充分利用街区的住宅建筑为目的，重新规划
设计了住宅平面，组织了优质的建设及庭院
内部空地的绿化。

该修复方法不允许赋予古建筑生产性功
能，以避免其遭受结构的或风貌的损坏，甚
至在转折时期杜绝其消亡的危险。

保护周围的建筑历史环境法： 这种方法
是在考虑古建筑首要因素（建筑历史的、城
市规划的、建筑美学的、历史的、艺术美学
的因素，还有轮廓的、规模形体的组合）的
前提下进行的。这些首要因素以其自身的次
序促成了保护修复工作的进行。从专业角度
理解次要的因素——物理的、化学的、生物
的因素也同样影响着古建筑的材料及其工程

结构。

历史城市的修复法： 建筑历史环境的保
护涉及从历史街区到大的历史城市的形成物
的范围，它们都属于在历史城市体系中所完
成的修复。该方法指出了在城市体系中保护
古建筑（建筑群），同时在现代功能下的古建
筑修复并不改变历史的环境。

第六节　建筑修复的
最佳理论模式

从许多历史建筑、建筑综合体、建筑群
的修复实践中，我们归纳总结出了一定的修
复理论模式——修复的总体设计。

修复理论模式的基础建立在历史建筑
（建筑群、综合体、街道、街区、城市）的质
量价值上。

修复总体规划的这种价值即是古建筑历
史的、城市规划的、建筑学的、艺术—美学
的、科学修复的功能价值的总和。

理论模式的基础应建立在预先全面的研
究基础上：科学研究工作不同方面的计划；
对建筑作品的特点的修复及其平面设计的自
然修复（对历史建筑建筑美学的外貌及其功
能的完善）。

除了必要的总体修复的图纸外，还应提
出一些经济数据，评定修复工作费用的扩大
及确定修复的时间和修复的步骤。

第七节　修复过程的方法论

修复过程的完成就是从整体上保护古建

筑建筑历史文化等方面的价值，这些价值是由不同的单独的历史时期组合而形成的。

修复工作就是由修复的、修复—修整或复原等工作组成的，它具有确定的目的性、计划及规划。建筑修复工作的编制指的是：

●研究体系的完成（研究方法）；

●选择建筑修复的方法；

●完成科学研究的总体设计（设计方法及时期）；

●完成历史建筑的修复、修复—修整或复原工作（修复中的技术与方法）；

●获得功能的结果。

古建筑修复的任务划分为：

●选择保护工作的类型（修复、修整、复原）及其进行的目的；

●确定建筑修复的方法及其依据；

●在修复工作完成后，确定修复功能的最终结果及其依据（展示历史建筑并鉴定专业修复设施及其方法）；

除此之外，在古建筑修复的任务中还应指出：

●政府或其他行政部门在执行修复方法及修复实施中的决定；

●修复设计的阶段性；

●方案的手法及其数量；

●其建筑设计及城市规划的基础，建筑工程结构的特点，其周围的自然景观环境，应以保护周围建筑历史的环境为目标；

●提出工厂制造修复所需建筑材料的建议；

●提出由现代建筑材料维修历史建筑结构的建议，这些建议应根据历史建筑的地方

性及其自身的材料特点而定；

●有关修复次序协调中的建议；

●修复方案基本组成的附录：修复保护区，立面色彩，历史建筑的最初平面、立面、室内等；

●修复工作计划的时间顺序，其组织的基础；

●在历史建筑专业功能特点下协调修复工作的需要。

研究体系。研究工作进行于修复、修缮以及复原工作的全部过程中。研究工作量及其长期性决定于修复设计者在专家指导委员会的指导下而进行的工作，这种专家委员会的指导主要是针对所要进行的修复类型而定的。而在某些必要的情况下专家委员会对于研究结论的正确性应进行论证。

研究工作开始应对修复的各个阶段作出预测，它们应持续进行于修复过程的各个独立的环节中，贯穿于整个修复系统中并且完成于修复工作的结束。

研究体系由室内研究及现场研究组成。

●室内研究工作主要指的是考证所得到的有关历史资料，从这些历史资料中研究历史建筑，这些历史资料主要来源于文献档案、图书馆以及其他一些资料来源。

历史—文献、图书馆资料（源于部分所收藏的资料）的应用主要针对：

确定历史建筑的建造日期、修缮次数以及改建部分的基本类型；

确定设计者的姓名及主要建造者；

弄清楚历史时期、历史建筑改造的情况及有关古建筑的历史演变过程。

作为一些补充的方法，应考证古建筑的最初面貌形象，这些考证是在现存的这样或那样的图纸基础上进行的，如古建筑的线描画（想象画）——或与其类似的一些方法。

由于许多古建筑，特别是17~18世纪的古建筑，具有相似的平面规划设计原则，细部以及建筑立面的类似构图元素，所以在进行修复、整修性修复及复原工作时允许在一些情况下，将所丧失或残缺的建筑细部元素在保护当时建筑类似形象面貌的基础上进行填补。

所修补的元素应事先根据现存的细部或文献资料为参考而进行图纸绘制。为了检查细部的准确性，较有说服力的是制作一些模型，这些模型主要由一些辅助的材料（胶合板、轻结构材料、油纸、板衬、金属等）制成，应将这些模型放置在古建筑的相应位置以便更好地、更精确地确定所失去的古建筑细部。

室内研究的目的——针对所要进行修复的对象，寻找历史的资料信息，这些资料信息是在修复具体工作中没有可能得到的。

在室内研究的结论基础上得到一些历史的启示，以便帮助修复设计者对比和参考相关的历史文献，再结合现场研究的成果，进而制定最终的修复方案。

● 现场研究方法预测所研究的效果，直接针对古建筑本身而进行。

现场研究可以说明古建筑或古建筑群不同类型的改变，以帮助研究者或修复设计者、专家们弄清楚古建筑最初的及最终的形态，它们的技术成分、工程结构等，以确定它们的寿命及建筑材料的损坏程度。

现场研究包括以下方法：

目测法（主观的方法）；工具法（客观的方法）；物理测量的方法——测量、探测、摄影。

● 目测法（主观的方法）首先应用专家的眼光从整体上审查，它的单体局部、建筑细部，甚至工程结构以及建筑（或修复）材料。

该方法所得到的评价是主观的，它主要依靠评价者的学识程度，专业研究经验——专业的修复专家。在目测法研究的基础上制定古建残缺登记表，绘制古建残缺整体或局部的部位图，目测报告，完成结构的、技术的、艺术的或其他的现状组成的记录。

● 工具法（客观的方法）应用不同的工具来确定古建工程结构状况，建筑（修复）材料，隐藏于结构或艺术层中肉眼所无法观察到的古建最初的资料信息。建议采用不同的仪器、仪表来取得并验证所得到的结果，应采用相邻的不同领域之间的工具，这些工具是论证物理的、化学的、动力学的或者其他不同特点的原则的基础。这种工具研究的方法组成了内部修复手段。这种新的学科对于我们了解结构及材料的特性，它们的质量、物理机械性、化学性质以及其他的性质及组成提供了可能性，这个方法是目测法所难以达到的。

内部修复包括以下类型的研究：

超声波研究（在超声波的帮助下进行）；

X光透视研究；

γ射线研究；

红外线分析；

全息技术研究以及其他可能的新的研究方法。

工具研究类型的数量表现出增加的趋势。它们主要的优点是：客观地显示结构及材料的状况，其结果是用仪器及准确的工具而得到的。

收集并归纳整理的结论是通过客观的现场研究的方法而得到的，这种方法为发生在古建筑上某些特性及其过程中的一些判断提供了可能性，该方法对于古建筑现状的建筑—美学及技术状况的评判具有准确的信息价值。

对于古建筑研究方法的分类是作为它的综合研究的分支。

● 物理测量的方法包括古建筑整体的或局部元素的测量。

根据所测量的准确性可以分类为：概括性示意测量，建筑的测量，建筑考古的测量。这些是根据古建筑体的不同程度而划分的。

● 总图示意性测量是在对古建筑最初阶段的考察而进行的，不需要准确的局部或细部的几何数据。

● 建筑的测量应制定并绘出较准确的测量图，具体的建筑修复方案是在它的基础上进行设计的。

● 建筑考古的测量应确定并绘出详细的几何尺寸图、裂损图、材料尺度及结构图。该测量图是古建筑局部或细部元素修复的基础，是详细研究古建筑细部元素的出发点。

● 探测法。其目的是更具体、更准确地研究古建筑局部或细部。探测法是一个局部

一个局部地、一层一层地研究单体细部及涂层的方法。探测法主要指的是：建筑的、展开的建筑层研究；展示古老涂层的艺术壁画的研究；建筑考古的、展示建筑考古的、结构柱脚的、地基泥土底层的研究。

● 摄影法。摄影测量法主要应用于单体古建筑及城市形成物，它主要是通过专业的摄影测量最终形成正规的摄影图。

修复过程中的修复设计阶段（科学研究设计）。科学研究设计是修复过程中的一个阶段。古建筑的研究，所进行的事先的现场的研究进行于整个修复、整修以及复原工作中。在修复过程中所得到的现场研究资料不断地进入到修复设计中。

修复过程中的设计部分，直接地不间断地与古建筑的研究考证相联系，它们是通过室内研究及现场研究而进行的，这种方法就叫做科学研究设计法。

根据古建筑体结构的复杂程度，根据古建筑综合体、古建筑群等"课题"确定建筑修复设计方案，确定修复设计方案的各个步骤。

科学研究方案步骤的确定取决于古建筑的体量而选择不同的修复、整修或复原工作。最初的科学研究方案应预见到：

建立历史的资料系统，以事先的科学研究的发现为基础，在修复工作进行之初进行现场实证研究；

根据主要的古建筑体的图纸资料进行修复方案的制作，如总平面、立面、局部、细部等；

完成修复的投资预算。

▲ 科隆内城。尼格莱教堂的窗被恢复到最初的形象

莫斯科。阿斯坦根诺宫。装饰细部的修复 ▶

▲ 莫斯科郊区。马拉弗诺宫殿花园内的白石雕像的修复

▲ 梁赞城堡主教堂建筑顶部的修复

对于特殊的、一些罕见的建筑古迹以及由许多建筑单体组成的建筑群体，建议应先组成一些理论模型方案再来修复这些建筑（建筑群）。

修复设计方案的进行过程是：根据所要修复的建筑体及其工程结构等准备工作图；在单体结构及细部的基础上进行最详尽的细节前期工作；根据工程图纸进行详细的预算。

●经济预算。修复的科学—研究设计方案是：确定经济的合理性，根据修复的个体形式及修复步骤完成经济预算。

所有类型的经济预算对于组织及保证单体古建筑（或建筑群体）的修复都是独立的修复设计组成部分，它提供相对应的、服务

▲ 科隆内城尼格莱教堂。窗的修复前后

于不同修复阶段的、与修复的级别相适合的可能性。

经济预算应考虑到与修复方案设计同时进行的各个独立的科学—研究设计部分。

修复作业（修复的技术工作）指的是古建筑恢复（修复）的具体行动。所有的古建筑的修复作业应以保护、修复、修整及复原的基本原则为基础。

所有的修复作业是利用各种科技设备来进行的一种独立的工作形式。重要的是，现代建筑的作业与修复作业的区别，表现在规模、工期和各种独立的工作形式等方面。

修复作业是修复行为综合的单独的形式之一，它形成了自身公共的工艺程序。通常，修复作业的过程是由专业人员进行操作的，由新的建筑技术转移到修复中的技术手段及方法具有自身特殊的形式及方向性。

修复作业的主要类型如下：

考古的工作（针对所修复的建筑而言）；土壤工作，地基基础工作（包括柱桩）；白石的工作，石材工作（包括砖石）；木材工作（细木工活的，粗木工活的，木漆的），有关材料细部的工作；陶瓷工作（瓦工的，水陶的）；玻璃工作；镀金的工作。

● 在历史文化区的建筑古迹的考古工作是由专业人员——考古专家及修复专家来完成的，这两者之间的考古工作所被允许的权力范围是相呼应的、相互配合的，并且是在政府的规定许可下进行的。

● 在历史文化古迹区的土壤工作应事先与修复设计者的竖向规划或专家们的计划相呼应，考虑到历史文化古建筑文化层随时间的改变，文化层可能会与最初的印迹发生改变（距离从几厘米到几米不等）。修复设计应

▲ 砖柱的修复

根据文化层的改变而确定。这种工作应该在专家——修复师的指导下进行。

● 地基基础工作开始于针对基础结构的研究状况，主要是确定地基基础的坚固性及继续使用的可能性，以及对破损结构部分的加固方法等。修复专家或者是专业技术人员利用现代的科学技术成就来提供基础加固的一些可靠方法。

● 在修复行动的技术性工作中白石工作占有很大的部分。这种工作具有很多的历史研究经验，并且有很丰富的直接性的更新及加固白石材料及其结构的经验。这种类型的古建筑保护工作，基本上是由白石匠人来完成的，他们的工作是独立于公认的建筑业技术系统之外而存在的一种修复作业形式。

● 石（砖）工作的完成仅仅是修整、砖的垒砌，以及不同时期的砖的局部（如薄方

砖、小砖、大号砖等）修复。石（砖）工作是由具有很高专业技术水平的匠人们完成的。

● 木材的工作包括所有与木材艺匠相关的工作，可细分为木匠的、家具的、红木硬木加工的。木材的专业化加工主要是依靠工作的类型、性质及工作量的大小而进行的——主要包括修理或者支撑原木的构架、粗木结构的墙，修整或修复层顶山花、梁架、窗户门洞或其他的木孔洞等。重要的木装饰立面、木花饰、窗门的整修与修复应由专业人员来完成——木匠及手艺细致的艺术家。重要的木装饰的整修与修复，特别是室内的木装饰、木家具艺术雕饰等，应由匠艺水平极高的艺匠用硬木来完成，特别是需要很高艺术水平的、针对极贵重木材的木材修复工作。

● 古建筑金属元素的工作主要指的是修理及修复金属连接部分：梁、金属固定物、金属框架、顶、金属饰物、金属锻铸物。

采用铜金属材料的工作被称为铜加工，采用黄铜的则称为黄铜加工。

● 陶瓷工作是独立于其他修复作业类型之外的一种艺术修复作业形式。陶瓷作业的目的是：修复及修整历史文化古迹建筑中的陶瓷局部——这些陶瓷元素是不同尺度、不同形象、不同色彩、不同图案、不同花饰形式的。修理、恢复陶瓷饰物的工作应根据古代的形式而进行，应由专业艺匠来完成。

● 玻璃作业主要是采用所有现代类型的玻璃材料来修复古建筑中的玻璃部分。玻璃的精选、确定是由修复师或者相应的专家来完成的。对于位于很高位置的玻璃窗洞（例

如宗教建筑的某些高窗）建议采用有机玻璃。对于价值较高的古建筑应采用较厚的玻璃。

● 修复中的镀金作业是一种单独的修复作业形式。它是由镀金专业技术人员针对建筑的内部、外部细部而完成的。

● 装修作业。对古建筑室内或局部立面不同形式的整修与修复作业是与恢复古建筑最初的艺术装饰元素相联系的，而这些艺术装饰元素与确定的艺术风格要相适应。对于每个具体的古建的修复的方法及途径应各具个性。

装修作业可分成抹灰涂层的、壁画的、粉刷的、雕塑装饰等。

针对最佳时期古建筑的涂层或其最初涂层恢复的选择，正如确定古建筑涂层确切的时期一样，应建立在科学论证的基础上。这是由表面层探测法来完成的，是由科学报告、文献考证、色彩复制等工作组成的。其基础是古建筑详细的测绘勘测图纸，在其上应标明所有相关的勘察结论（如墙层、以前的断面、年代层等），由此来组成古建筑最初涂层的系统总图。然后根据这些实物论证结果及历史文献资料的论证确定最终的古建筑涂层修复方案。

所有古老的抹灰及壁画层都应被加固及补充新的成分，这些都应与最初材料的物理化学性质相接近。应用不同的代用品来进行古建筑涂层的修复时，应保护古建涂层的真实性并应排除新的涂层对以前涂层的影响。

第三章
建筑历史环境

第一节　方法论及其概念

当研究国内及世界建筑时必须确定，迄今为止仍没有得到应有的独立地位的，但仍独立存在的学科——建筑遗产的修复。

众所周知，历史建筑大规模的修复，无论它们的历史意义多么重大，都是按照修复建筑师对古建筑成就的个人理解而完成的；反映了特定的时代特征，将被修复的建筑所积累的有关历史时期在建筑艺术发展中的有价值的信息传递给后代人。这些多面化的"实物"信息资料，具有科学文化的来源，从它们之中可以看出许多国家，特别是欧洲国家对建筑遗产态度的转变。

欧洲人民对于自己民族文化艺术命运的关心一刻也没有停止，特别是在 20 世纪中期达到了顶峰，朴素而凝重的建筑古迹变成了独立的一个部分，成为一些国家经济发展及科学教育的动力。

政府对单体历史建筑古迹的态度本质上的转变及修复工作规模的扩大，促使一些修复组织由单体建筑的修复过渡到整体的历史风貌的修复。

修复实践及对建筑遗产保护态度的改变导致了在古建筑保护中必须考虑其历史因素，尽管单体古迹周围的历史环境并不是同时产生的。需要对历史建筑进行必要的清点，因为在现存的城市历史建筑空间环境中必须引入现代建筑。

许多城市几乎同时碰到了类似的问题，那就是如何在最大限度地保护历史城市风貌的同时，在城市历史核心地带圆满合理地建设新建筑。工程技术使现代高层建筑成为可能，经常与历史环境发生冲突，破坏了城市规划的有机性及许多老城的和谐统一，这就需要探寻现实的可行途径，克服这一破坏，以便更好地保护建筑遗产。

这样，在修复及保护领域就为建筑历史环境概念的提出及论证创造了客观条件。这在 1975 年第六届全苏建筑师大会上再一次得到了重申。在这一次大会上再次强调了在古建筑修复中应考虑到古建筑的城市规划地位，强调历史城市规划规律性研究的必要性。在不破坏历史城市的完整性、和谐性及其历史风貌的前提下，应保证必要的条件，有选择地在城市历史环境中建设新建筑。

同时，新的概念需要方法学及理论的依据来制定原始概念的分类，这些概念可以保证决策的更易被接受。

这些问题的分析涉及主要的建筑历史环境，有时它们是城堡及修道院建筑群，以及一些城外的庄园或农村地区的古建筑，等等。

在方法学及理论概念的分析之前，必须分析建筑历史环境形成的基础。为此应该采用一些可信的历史评价标准，并且事先研究这些历史评价标准问题。

建筑与城市建设中的各种活动成为创造以前的及形成现代的建筑环境的最基本组成。

建筑空间环境及其历史文脉的形成基础是由一系列具有典型意义的建筑作品组成的，不同形式的建筑在环境的形成中总是起着或主或次的作用，这为每种类型的建筑代表提供了基本的系统意义（如表3-1所示）。

在表3-1中仅仅给出了不同类型的城市或村镇建筑分类的主要方面，以及现代修复行动现实的功能再作用的一些主要途径，以利于完整地保护建筑遗产。

站在正确完整的建筑历史环境的立场，分析历史的城市规划建设，不仅可以展示"环境"概念形成的影响因素，而且对于制定现实的、恰如其分的历史环境保护措施，在

表 3-1   各种类型建筑基本的系统意义

建筑类型系列	在城市环境中	在农村环境中	现代的作用
大型的公共建筑（城市性质或行政管理性质的建筑，如市政厅议会、州政府等建筑）	在城市中心区起着主导的正面意义的作用	建筑群的制高点	功能的更新
宗教建筑群或单体教堂	主导的正面的作用，和谐地与周围环境相适应。对于城市轮廓线创造了高的制高点（如钟楼）	高于农村地方性、低矮的建筑，成为地方建筑的制高点	包括在现代的建筑群体中，仍具有一定的功能使用作用
城堡、修道院	是一种由规模不同的、不同层次高度的建筑组成的建筑群，作用于城市建筑环境中	由各种体量及高度的建筑组成的建筑群，作用于农村居住建筑环境中	包括在现代的城市规划结构中以及所保护的历史文脉环境中
居住建筑	不同时期、不同形式、不同风格特点的建筑，在城市公共空间构图中起着部分背景的作用	经常是单一形式的、但有时也是不同风格的、具有不同装饰细部的建筑群体。起着服务于农村建筑高点的背景作用	在创造最佳的舒适的生活条件基础上的功能更新
公共建筑（剧院、火车站等）	在城市环境中较突出的历史建筑重点	在省际城市环境中是最佳的重点建筑	现代功能的作用
庄园建筑（城市的或郊区的）	城市局部的重点	建筑的重点	在现代功能作用的前提下进行保护

方法学及理论的创造上都有一定的促进作用。

这些影响因素及由它们引出的方法学概念可以归纳为表3-2，这是修复与改建理论形成的基础。

我们仅仅考察了建筑历史环境概念形成的一些主要的方法学及理论上的基础。

表3-2　建筑历史环境的影响因素及方法论概念

因素	方法论的概念	概念的组成
主要的专业性因素	历史—城市规划建设的概念	历史城市规划的总平面，城市居住区的总体规划。空间—形体构图，建筑体的组合
	建筑—美学的概念	历史城市街道的立面，建筑起伏的组织；立面造型，城市历史的轮廓线空间构成；建设及修复、改造的材料
	艺术—情感的概念	整体环境及单体建筑立面的色彩设计；浮雕、高浮雕、雕塑的装饰，金属花饰，围栏以及其他不同形式的艺术表现手法
	功能的概念	环境功能的更新。根据不同类型特点的功能分类
	改建的概念	历史街道的改建，主要的或次一级的建筑更新改造；现代的管线等功能设施的配置（工程管线的改造）；交通组织、步行街、历史街道立面的修复材料
一些公共的因素	自然—植被环境	植被与历史建筑之间的相互关系
	景观环境	自然—景观环境及历史的形成物
	化学大气的环境	雾、酸及其他形式的化学因素对建筑材料及植被环境的影响，温度—湿度的影响作用
	物理的作用	机械性的人工或自然的破坏
	声学的影响	交通噪音的影响
	生物的影响	生物因素对建筑材料及建筑结构的破坏

第二节　历史城市规划建设的概念

城市规划性质的概念在这些概念中属于主要的原则性概念：历史城市规划的总平面，城市、居住区的总体规划。

俄罗斯的城市规划建设体系，与西欧许多国家的城市一样，其主要的平面规划总是具有一定的规律性的，这主要是由于某些相类似的条件、形式或者目的，因而形成了类似的大型居住区——经常是商贸的、手工业的或者部分防御性质的。但是这种出发点并不总是一成不变的，由于世界观认识的发展，

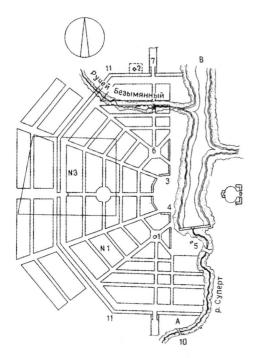

▲ 博戈罗季茨克古城的规划平面图

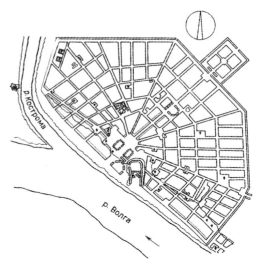

▲ 卡斯特拉姆古城的规划平面图

艺术品位的变化，这些规划总是在改变或者经历革命性的更新。这里最显著的例子是18世纪末俄罗斯城市规划平面的某些改变。

　　有意思的例子是卡斯特拉姆城扇形道路结构以及博戈罗季茨克城的街区规划，在博戈罗季茨克城中从巴布林斯克宫放射出五条大道。许多各具表现力的规划平面不仅在城市近郊可见，而且在许多城市远郊的庄园建筑中也有规划与建筑一体化的典范。广为人知的例子是公园景观建筑轴线的布设与主体建筑的结合，如阿尔汉格尔斯克城市的庄园及阿斯坦根诺的庄园。

　　我们知道，在17世纪以后特别是在18世纪，许多新建筑被建设在城市规划的边界线周围，而其设计手法却不断地延用以前的

设计手法。现代城市的规划，从以前的规划中汲取了许多科学养分。在现代社会中，建设规模的扩大，全面地采用新的建筑技术，创造了两个完全独立的条件系统，并在历史城市规划的布局中提出了各自具体的解决办法。

　　第一个条件系统是，现代人的生活条件体系，城市交通的快速发展，高层建筑建造的可行性，工程管线技术的发展，以及其他许多的功能需求迫使出现了许多宽阔的街道（完全区别于以前窄小的历史街道），这就自然而然地改变了历史规划布局。但达到此目的的途径是不同的：或者是拆毁现有的城市历史结构，或者是设计新的与现有的历史城市规划布局完全不相关的方案。其典型的代表就是莫斯科阿尔巴特街与新基洛夫大街。

　　第二个条件系统是，提出现代的城市规划布局，并以此为基础创造独立于古老的历史城市布局之外的全新的城市形象。如托博

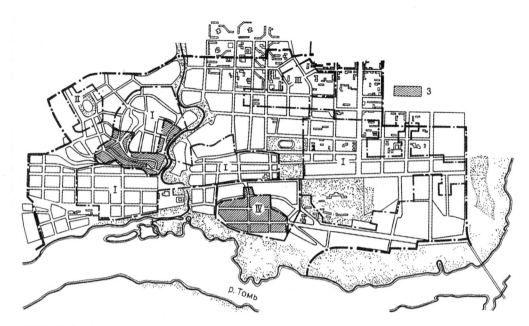

р. Томь

▲ **托木斯克城历史规划平面图。保护区系统图**（Ⅰ、Ⅱ、Ⅲ、Ⅳ为系统保护区；3为林地保护区）

尔斯克市中心，托木斯克新城规划等。用这种方法，城市古老的部分被完整地保存起来，其历史布局不发生任何改变。这样就最大限度地保护了古老的规划布局体系并且保证了其现代的功能作用。这种现代的功能保证是建立在人们继续使用这些古建筑，赋予其舒适的现代生活条件的基础上的。在这种条件下，在满足一定的实用需求及舒适的现代生活条件的基础上，可以完好地保护历史建筑的面貌，保护这些历史建筑一去不复返的美学品质。

空间形体构图：空间形体构图最重要的组成元素是建筑体量、高度、协调性等，这些因素是紧密相联、互相作用的，因此它们不能脱离城市规划布局这个问题而单独存在。

在古老的建筑群最有说服力的是，这些建筑群各建筑之间的和谐性组合几乎是在同一时期完成的，或者是在以后的一个世纪中逐渐补充的，除了城堡与修道院外。它们的创造者总是在力图追求形式的和谐及不同建筑之间的完整性，他们总是应用一些不变的专业性原理。建筑整体性的和谐也许形成于近一个世纪的时间中，在许多年的实践中被优秀的建筑师逐渐确定并完善下来。同时，许多手法的试验并没有经得起后世竞争的考验而被时代所抛弃。与此同时，许多优秀的和谐的手法在后世中被逐渐推广并普及。

在建筑历史的发展中产生了大量和谐性、比例及建筑体量、空间关系的规律性构图手法。

在城市规划布局中，许多优秀的空间形体构图的例子是一些历史街道的构图，街道

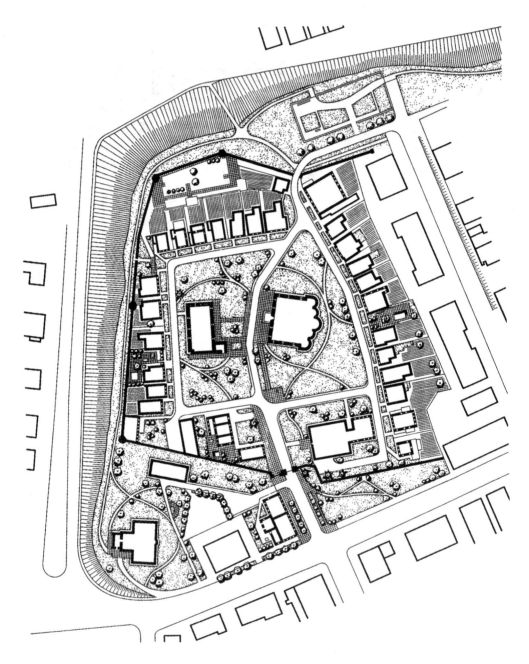

▲ 弗拉基米尔城。科雅根尼那修道院周围的历史环境

▲ 弗拉基米尔城。科雅根尼那修道院的教堂

▲ 卡斯特拉姆古城历史环境中心的消防塔

▲ 弗拉基米尔城的建筑历史环境——在科雅根尼那修道院主教堂周围的一层木屋

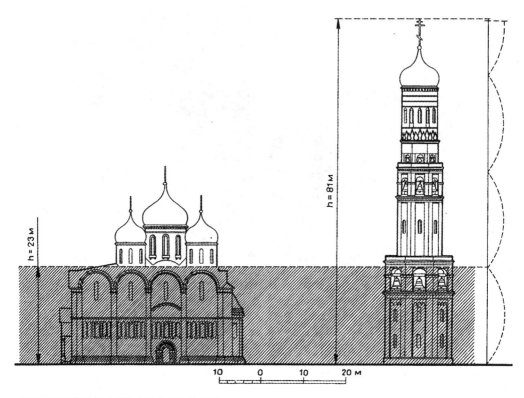

h = 23 м

h = 81 м

10   0   10   20 м

▲ 莫斯科克里姆林宫古建筑之间的相互关系图

建筑的垂直起伏的完美。例如突出的钟塔构图的重点作用，许多莫斯科历史街道中突出于普通建筑的制高点建筑。城堡或修道院建筑群中的钟塔设计并不是偶然的随意的，它不仅在建筑群构图中具有一定的作用，而且在整个城市规划布局中具有一定意义，它们具有通向城外的导向作用，特别在主要的干道上成了地方性标志。雄伟的高度，多变化的轮廓起伏，轻盈的建筑外形，适合的功能——钟楼钟声向远处的传播，这些都创造了积极的城市规划布局的重点系统。并且它们也不是单一意义的。在城市布局设计中的拐角或广场处建设的巨大体量的教堂建筑还具有明显的城市布局的标志点作用。

历史演进的结果是某些重点性建筑成为周围建筑的核心及主导，例如在卡斯特拉姆行政——贸易中心区的钟塔还具有垂直的防火瞭望塔的作用；在萨马拉城许多单一的长条形式的街道被后来建成的不同高度建筑的轮廓线所丰富。现代的研究表明，高点钟塔的空间联系及其布局与建筑师在设计主要的宗教建筑、城堡或修道院的整体构思是紧密联系的。它们之间比例关系的具体数据提供给我们数量关系的概念，这在许多古代的高点建筑中是一致的。例如莫斯科克里姆林宫的大伊凡钟塔与周围的建筑之间的比例关系为

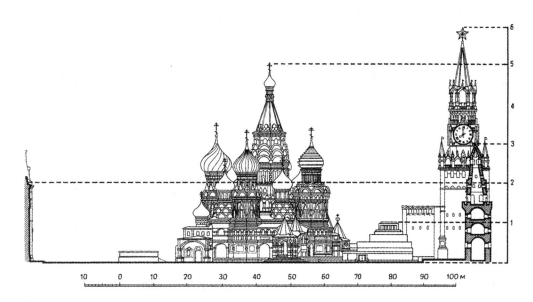

▲ 莫斯科红场列宁墓及其周围古建筑之间的高度分析图

▲ 莫斯科彼德罗夫斯克街的建筑节奏与韵律

3：1（81 米：27 米）。

　　莫斯科红场上的许多高点建筑之间也具有一些确定的相互比例关系。当时苏联的伟大建筑师 A.B. 舒舍夫很好地研究并理解了这种比例。因此，他所设计的列宁墓就如此完美地镶嵌在红场的历史环境中了。一些研

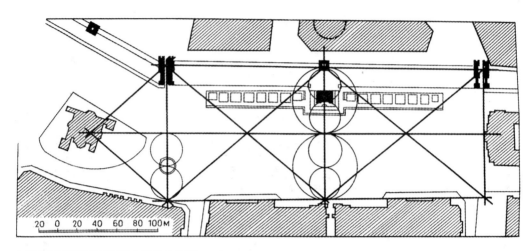

▲ 莫斯科红场的总平面的几何关系分析

究表明如果将列宁墓作为 1 个高度单位的话，那么红场上的国立百货商场的高度为 2 个高度单位，克里姆林宫谢那斯基角楼则为 3 个高度单位，另一个斯巴斯基角楼和瓦西里福音大教堂则为 6 个高度单位。当我们谈论到红场上的建筑时，必须提到这些分析所得的数据。据 H.斯塔雅诺夫绘制的这些建筑之间严格的几何比例关系图，可以清楚地看出它们之间严谨的比例关系。

古代的城堡及广场也都具有严谨的规律性比例关系，特别是扎赖斯克城堡的总体规划，其长方形外围墙之间的比例关系为 1∶3。

在许多其他的城堡及修道院建筑群中也可以看到类似的比例关系。

第三节　建筑美学的概念

像建筑—历史环境的其他概念一样，建筑美学概念的组成也是由支持它的一些概念叠加而成的。

历史街道的立面。在城市环境下历史街道的立面起着重要的作用。几乎这些街道立面的形成都是在许多年的过程中逐渐完成的，由不同形式流派的建筑逐渐积累而形成的，建立于不同时期的街道及建筑的立面从不同方面反映了民族社会生活的不同方面，不同的品位及审美思想。可能只有两条街道可以称得上是完整一体的建筑形式并在同一时期形成的，这就是列宁格勒的罗斯街和莫斯科的彼得罗夫斯克街，它们具有鲜明的风格，但并不是动态形成的历史街道的代表，因为它们几乎是在一个很短的时期内建成的。

俄罗斯历史城市的街道是多方面的，具有许多不同的性质。在它们中间存在着独立性的元素及每一个特定区域的典型特征。这些街道的等级是由低层的或多层的建筑决定的，正是这些建筑形成了该街道的立面，它们是由不同时期的建筑组合而成的。

从总体上讲，在街道两侧的建筑是由类似的高度而组成的。同时，街道建筑的高度是在一定程度上由街道的宽度所确定的，这种关系有机地联系于所有的街道空间中。环境的创造从某一方面讲是人们的自信及安逸的体现。这样的街道在历史上及在今天的莫斯科、列宁格勒以及弗拉基米尔、普斯科夫、卡斯特拉姆等城市都可见到。

另外一种景象是西欧城市中的一些历史街道立面与有限的车行道部分组成的另一种比例关系。外国建筑中的一些历史街道，是在一些确定的体系上建设起来的，这些体系总是与高度、宽度等相适应并具有自身的建筑表现特性的，一般来说，就像是区别街区建筑造型设计的一些手段一样，比较容易区分出建筑体量之间的相互关系。在历史环境中后续建设的一些建筑是根据自己的方案而完成的，无论这个历史环境是什么时期形成的，我们必须承认在建筑历史的社会中新老建筑之间和谐性的一些规律性。

制高点建筑与一般建筑的结合。在建筑空间构图时的一个很重要的因素就是考虑制高点建筑与一般建筑的相互结合问题。俄罗斯古城中不乏这样有代表性的例子。形成建筑环境的建筑，对于城市建筑构图来说，一般都具有确定的不同形象的空间形式。与单体建筑的立面设计不同，是在城市条件下需要对建筑体量群进行建筑规划设计的。无论什么风格时期的建筑单体代表，它总是具有一些直接的、主要的功能——即城市规划的功能。每一幢建筑物总是既考虑到了单体建筑的功能，又考虑到了建筑的城市规划意义及其地方性的意义。普通的低层建筑一般都是为居住服务的，而大型的建筑则是为市政府的、交易性的或公共意义的目的而建成的。因此我们就可以理解宗教建筑中的一些重点处理，比如雅拉斯拉夫的伊利亚教堂，卡洛明城堡的建筑群，拉斯托夫的城堡综合体，它们的一种主要模式就是主体建筑坐落在居住建筑中心，这些低层的居住建筑则通常成为这些公共建筑构图的背景。在莫斯科、卡斯特拉姆、卡卢加等城的历史街道中也可以见到类似的景象。这里经常可以见到笔直的街道由高点相连接，而在街道构图轴线的拐角处经常强调另一处制高点或高出其他高点的制高点（如莫斯科马克思大街的尼科特穆车尼克教堂）。以后的一些苏联建筑，特别是И.В.拉多夫斯基的建筑，就十分成功地理解了古代城市规划中的这些规律并应用了这种方法（例如斯摩梭斯克住宅的塔）。同时，该建筑师也考虑到了具体特定的城市规划的情况，在其他地点这位建筑师也在已存的建筑背景中设计建造了高点建筑（如莫斯科列宁大街的住宅建筑）。

制高点建筑具有确定的几何比例尺度，其建筑手法应符合人们正常的情感需要。

本章的目的在于提供建筑历史正面的例子，这些例子可以帮助我们在修复和改建历史城市遗迹时更好地理解它的要点及方向。

立面造型。该观点分析的中心是在历史环境中建立新建筑。20世纪后半叶在欧洲许多城市用该方法完成的许多新建筑与历史环境都很和谐。

新建筑引进了已存建筑确定的韵律节奏，与老建筑完全融为一体。除了规模、高度等因素外，很重要的一个因素是建筑立面造型

▲ 历史街道轮廓线的起伏   ▼ 历史环境中的高度重点

▲ 莫斯科斯列金斯基林荫道的建筑局部

设计。不同的建筑时期的建筑立面具有不同的特点，反映了具体时期的形式和风格。一些现代建筑师也都采用了类似的一些手法，但在汽车时代的建筑创作中有时也脱离了这些和谐性原则，甚至更严重。因此不能总是保证新老建筑框架结合具有足够的和谐性。从而可得出这样的结论，在历史环境中新的玻璃、金属或者是玻璃幕墙的建筑，其不切实际的只保证工程性的处理手法使这些新建筑失去了许多美学特征。这种反面的例子有莫斯科的"民族饭店"新楼及列宁大街上的国家标准局办公楼。

一些新的高层玻璃建筑的造型实际上破坏了建筑历史环境，其表现是非建筑的及尺度不当的处理手法（如以斯科里法索夫斯科命名的医院新楼）。对比一些历史街道，我们可以看到无论是什么时期形成的，它们之间的立面设计都不是孤立无援的或互不呼应的。

特别在一些省际城市中所形成的被民间建筑者提出的一些规律性：如建设时的谨慎性，有时表现为饱满的激情，形成了低层木建筑及石建筑的装饰风格，而不是将新老建筑生硬地相互对立起来。建筑材料的多样性为艺匠们提供了更多的可能性来选择更加符合生活需要的木材和石材。

在 18 世纪特别是 19 世纪，建设量的增加和立面造型的发展反映了建筑定制者及建筑师的愿望，而这些愿望是综合许多不同的观点而形成的，在此基础上进而取得了历史街区建筑的整体性，力图达到区域建设中城市的自身特点。

今天我们违背这些规律的做法出现了许多反面的例子，许多高层玻璃，其平板的立面，自身不可一世的高度与历史环境格格不入，甚至极大地破坏了历史环境的背景。在历史环境中建筑造型的争论促使我们寻找更加和谐的处理手段，包括采用现代的建筑结构及材料。

按照我们的观点，立面造型的有效方案之一是：不久前布拉格瓦兹拉夫斯克广场建成的一座新建筑。该建筑通过玻璃凸窗系统的设计极好地与历史街道立面的韵律相融合。结果其立面造型的体量空间取得了富有表现力的光影变化，新建筑与周围老建筑的高度相协调，和谐地进入了周围的建筑历史环境。

这样，立面造型和谐的设计成为在修复和改建中新建筑建造的必要条件。

历史城市的轮廓。在城市或居民区构图中最严肃的问题之一是建筑物的轮廓线问题，建筑物的轮廓线为城市提供了具有自身特点

▲ 莫斯科卡拉哈兹诺夫广场的建筑局部　　　　　▼ 斯摩棱斯克广场的住宅。主干线与高点建筑组成的街景

▲ 托拉什克古城的轮廓线

▲ 不同形式轮廓构图的统一。格列兹克修道院

的城市岁月。通过轮廓线区分和辨识居民区，轮廓线创造了建筑物的形象特点，唤起了人们愉悦的情感。轮廓线永远是城市和居民区的"名片"。

　　融入周围自然景观环境的轮廓线总是强调出与周围自然环境的统一性和地方性。

　　如果建筑师理解并正确计算了单体建筑与整体空间构图之间的比例与轮廓线关系，将单体建筑与城市总体轮廓线相结合，那么他们就会创造出和谐的建筑。

　　建筑中轮廓线的意义之大是不言而喻的，在许多专业文献、书籍中都作了深入的分析论证。在这些出版物的基础上本书仅强调一些基本的观点。

　　俄罗斯的建筑实践表明，许多靠近大型建筑物的建筑，总是考虑了自己与周围相邻

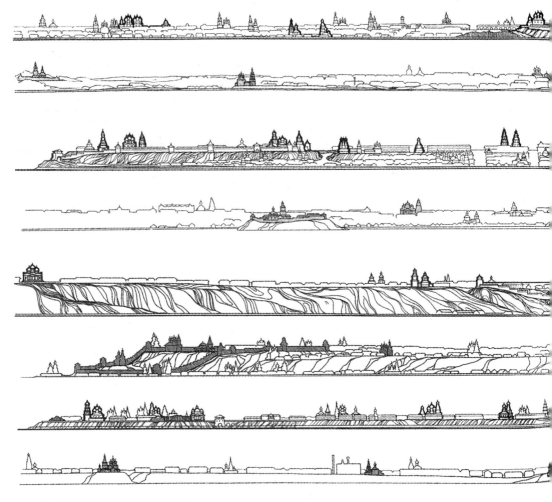

▲ 随着时间变化的历史城市的轮廓线变化
卡斯特拉姆城	18 世纪末 ~20 世纪初
喀山城	18 世纪末 ~20 世纪初
高尔基城	18 世纪末 ~20 世纪初
雅罗斯拉夫	18 世纪末 ~20 世纪初

建筑的相互关系。建筑的比例、相互关系、总体画面、高度，总是根据相邻建筑的种种指标而确定的。众所周知，后代建筑师对以前建筑设计意图的理解总是通过单体建筑的几何构图及比例而实现的。同时，随着建筑技术及结构的发展，建筑师完善了个别概念及方法。对许多历史建筑的分析有力证明了建筑高度之间存在着一定的相互关系，这种相互关系是创造建筑群之间轮廓线的构思出发点。

但是必须指出，对于比例关系问题的分析和研究结果常常是通过制图与计算这两种方法而进行的，实际上在确定的空间及自然环境中的历史城市的轮廓线，在一定程度上

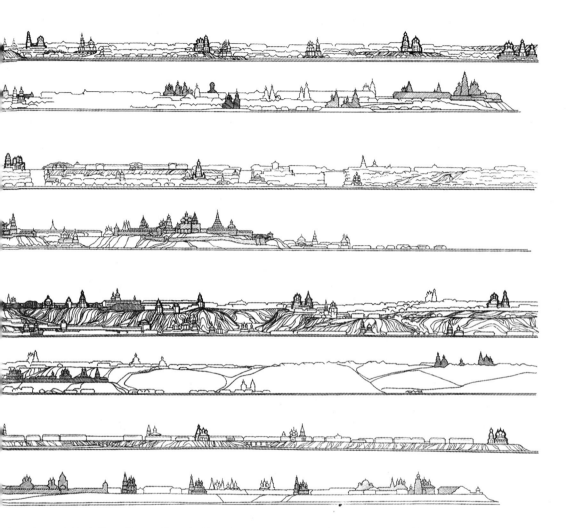

与理论的计算不符，尽管它们并没有失去一定的和谐性及美学关系。最终建筑师掌握了这种和谐性方法，他们在历史建筑群及城市轮廓的变化中成功地插建了新建筑。历史城市的轮廓线和不大的建筑空间构图所形成的一般性的建筑，首先是由功能需要确定的，然后才考虑相互关系的美学品质。典型的例子是多数宗教建筑的形体具有各种形式的钟楼起伏，在这种情况下轮廓线丰富的形式是

通过采用许多几何形体的配合而完成的，充满了建筑师的匠意。在建筑及城市建设中这种现有的建筑体系成了确定的规律性条件。

在建筑环境中的轮廓线——总是城市全景组成中不变的必需的因素。没有它，城市空间是不可思议的。雅罗斯拉夫、卡斯特拉姆、高尔基城、喀山等城市全景轮廓线的发展成了该规律有力的证明。这些历史轮廓线的分析研究是由建筑师 T.C.丘金诺娃完成

的。从以下对比中可以清楚地看出，在平直的城市轮廓线中所突出的城市高点强音。在一些时期被毁坏的高点建筑，以后又在同一地点或其他地点被恢复起来以补充轮廓线的完整性。这种做法在俄罗斯建筑史中基本上是占主流的并被建筑师代代相传。建筑群轮廓线的概念作为建筑历史环境保护的一定条件而进入了城市规划建筑史中。

空间构图轮廓线。城市的轮廓线包括城市内部的空间构图轮廓线。

与低层的、小项的建筑，与大型的建筑相融合的建筑物的高度组成了总体的建筑艺术及空间构图轮廓的情感印象。在俄罗斯建筑史中，例如城堡建筑与修道院建筑就如同城市环境或自然环境中的建筑一样考虑建筑群的轮廓。

一定的社会意识形态基础，是由物质经济的客观性而确定的，它保障了和谐性及高艺术性建筑作品及建筑景观综合体创造的必要条件，其艺术质量的主要确定指标之一是轮廓线。例如在城堡及修道院建筑群中，它的建筑主体是教堂，它是高于其他建筑物的，而按它的建筑功能来说其补充的建筑是钟楼，而钟楼一般都用较轻盈的形式以便于钟声在周围地区的传播。而僧侣住室及其他的附属建筑物则较低一些，其轮廓线及其建筑表现力较弱一点。

这样，所有的建筑物都取得了和谐性、综合整体性；在这里，建筑艺术、功能及情感等——都是深思熟虑的、正确的。

在现代建筑实践中，文化价值积累成为古建筑修复的一定条件，修复成为建筑历史真实性及延续性的手段。一定历史时期的建筑轮廓线及其比例关系被完整地保护下来，这主要依赖于这些建筑物之间经典的相互关系，这些相互关系可以很容易地与后期的建筑相融合。

针对由于种种客观原因已不存在的建筑，而这些建筑是组成并支持公共构图轮廓的必要条件，那么应有根据地将这些建筑恢复起来。这些建筑可以由现代材料建成，但是应保持其最初的形式、高度及立面装饰。例如，为了恢复新耶路撒冷修道院建筑群的公共构图，应该依据原来的形式合理地重建钟楼。又如伊阿塞夫—瓦拉科拉姆斯基修道院的钟楼，从长远的眼光看也应该恢复。在莫斯科郊区一些一级保护的建筑群中，这些重要元素的丧失是很遗憾的。

建筑、修复的材料。建筑材料对于修复古建筑或历史街道有着重要的影响。关于建筑材料在文献中一般是这样指出的：材料类型，材料特性等；而在少数研究著作中已提到了某种建筑材料（E.B.卡拉乌洛夫，A.B.弗利波夫，A.E.安特罗波夫）。这些研究显然是不够的。然而，新一代的研究者在历史进程中更广泛地、更深入地研究每一种个体建筑材料的演进，在修复中针对建筑材料技术特性的考虑应不低于新建筑设计时对建筑材料的关注。

在20世纪末修复和改建规模的扩大及21世纪初修复事业良好的前景，促进了在该领域类似科学研究的发展，如果深入了解了材料的物理特性和它在古建筑结构中的坚固性，那么修复者就可以采用更好的方法长期地保

▲ 大罗斯托夫城修道院的轮廓线

▲ 莫斯科郊区。历史的轮廓线及其正确保护

护材料的实体，并预测古建筑的寿命。

　　今天，已经可以有依据地对这些材料的坚固性极限做出科学结论，例如石灰石（白石）、砖、木材、陶瓷、金属材料、沙浆、夯土等。如果不考虑在建筑结构中材料的坚固特性，那么，就不可能保证对建筑美学真实性的保护。例如，在基什的普利阿波拉仁斯基木教堂的圆木结构，就被金属框架加固以保护其最初的原木状态。现在有一种新的概念——不同时期性及同一时期性，这些概念是仅适于修复的。通过它们可以确定已进行了的修复的时期。但是，它们的研究需在一定的辅助方法下进行，而不应破坏古建筑的涂料层及沙浆层。通过不破坏材料的特性来确定需重新修复的位置，这些方法就是超声波实验法。

　　古建筑材料质量的评价。可以通过一些大家都知道的方法在实验室或现场对古建筑材料的质量进行评价。但应更倾向于采用不破坏材料本身的、较具客观性的一些方法，主要是采用超声波诊断法、α 射线法、伦琴射线法、红外射线等方法。随着科学技术的进步，电子学、声学、物理学、化学等科学的不断发展，修复材料研究的方法将不断扩大。

在修复过程中的专家们——建筑师、工程师、结构师、物理学家、化学家应保证古建结构的稳定性，规定他们所从事工作的期限性。众所周知，随着时间的推移，古建结构中的材料会逐渐失去其最初的特性（坚固性，色彩等）。这主要是由于大气湿度的影响，或者其他的一些破坏因素。修复师应善于确定这些建筑材料的寿命，论证它们的可靠性。这样，正如修复过程是设计过程（形体设计）的反过程一样，古建筑材料的建筑过程是研究并确定材料可靠性的反过程（材料—设计—实现）。将具有很高技术水平、美学特性的新建筑材料及建筑结构应用到历史环境中的新建筑中时，必须重新认识这些新材料与古建筑材料之间的相互关系，有选择地应用这些规律，并重新制定一些新的技术标准。

在木板建筑或多层建筑的建设中，许多结构构件已不存在了。现在已较少或已变化地应用了这些古老的建筑材料——如砖、石灰石、陶瓷材料等。因为现代建筑工业化的进程对古建筑材料的应用和分类发生了改变。将现代建筑材料合理地应用到古建筑的修复和改建中将是很有意义的，这种材料被称为"修复材料"。而研究材料的历史、技术特性、材料术语，创造并确定这些修复材料的应用范围，这门学科被称为"修复材料学"。

主要的修复材料包括：白石（石灰石）；砖（大块砖，小块砖，以及其他尺度类型的砖）；陶瓷材料及其制品；原木；金（镀金）；金属（锻造或铸造的）；抹灰；沙浆；用于外立面的装饰材料；内装修材料。

● 白石（石灰石）。这种材料是（18~19世纪）古建筑广泛应用的一种建筑材料，其主要应用于墙体、饰面及一些不同的建筑元素。

● 古代的黏土砖。砖可分类成大尺度的砖（主要应用在 15~16 世纪的建筑）、小尺度砖（16~17 世纪应用较多）、薄方砖（11~12世纪应用较多）、标准砖（18~20 世纪初应用较多）。砖主要应用于承重墙及拱顶结构中。

● 陶制品。广泛地应用于 17 世纪的古建筑中，其中主要包括：陶瓦屋顶，花砖（适用于窗框、飞檐、不同断面的装饰、立面局部、室内装饰、地面装饰等）。

● 金饰——古建筑传统材料的一种形式，在修复古建时基本上都应保护这些金饰。具有一系列的方法来镀金，恢复金饰。应用的主要范围是——圆顶，十字架，不同的装饰细部。在这些镀金材料的成分和组成的基础上，专家们用现代的方法来完成古建的金饰。

● 木材料。广泛地应用于古建筑的承重结构中，特别是木住宅建筑中。应特别注意木建筑中的局部装饰（浮雕，花饰，艺术镶木的制作等）。

● 金属材料主要应用锻造的或铸造的金

属来完成建筑的或装饰的细部。

在庄园建筑的室内经常需要修复人造大理石、雕塑以及其他不同的装饰细部。

在建筑结构中所采用的修复材料，直接影响着古建的美学特性及古建筑的历史环境，这些材料自己也成为这些特性的组成部分。许多世纪的实践经验帮助建筑师精选更合理的或更合适的建筑材料，理解并擅长应用这些材料的坚固特性及艺术品质。

每一个时期都创造了同期的建筑材料或完善了已存的建筑材料，并时常改变这些材料的性质及尺寸。就拿砖的进化来说，它们基本上都是烧制而成的，然而尺度及形式有所不同，并具有不同的坚固性——例如薄方砖，以后它们又进一步演化成更小尺度的或更大尺度的砖。每种不同形式砖的砌法组成了不重复的建筑形式。很遗憾，对于一些罕见砖立面的设计则研究得很不够，如苏兹达利城斯巴索—伊夫弗米耶夫修道院钟塔入口的砖砌形式就很有特色。民间的石匠既精通于将同一种尺度的长方形砖垒砌，形成带有拱门的漂亮的"砖饰图案"；又精通于将砖平码、竖码以创造不同形式的细部图案。这些不同寻常的艺术局部、特殊的细部装饰、砖的图案及花饰证明了艺匠们无穷的智慧及创造能力，以及这些材料特性丰富的表现力。

建筑材料的坚固性特性决定了它们的适用范围：石材、木材、金属主要应用于建筑的结构中。同时材料的承重能力确定了它们的尺度。这样，砖相对来说具有不大的尺度，石灰石（白石）更大一些，而木材只能用于4米~5米的结构跨度中。材料一定形式的堆砌

形成了特定的建筑。除了材料尺度之外，在建筑结构协调创造中，建筑材料的表面处理及其色彩也起着非常重要的作用。在17世纪的建筑的立面组合中，橙红色的砖色调与其他色彩的石灰石色彩形成了对比。石灰石在修复术语中被客观地称为"白石"，是因为它不同形式的白色调，石灰石色彩组合的应用创造了多彩的建筑作品。

存在至今的许多古建筑的材料都经受了长时间的考验。例如16~17世纪的砖建筑经受了一段时期冷冻的考验，经受了长期风雨侵蚀的考验。在金属结构中镀金制品经受了自身稳定性及金属联结之间的牢固性的考验。但是历史街道及建筑历史环境并不是由同一种材料形成的，并不可能是同一形式的立面。单一形式的建筑材料（砖、石灰石、木材等）的单调性被不同形式的建筑设计所补偿，这些建筑设计创造了不同特点的美学感受，并与材料一起形成了不同的地方特色。彼此不同的许多历史街道形成了莫斯科的历史中心，如彼德罗夫街、斯列金卡街、台布胡同、莫斯科郊区街、老阿尔巴特街区的胡同等。这些街道之间的相互区别已成为历史，尽管它们有的是18世纪才建成的，如列宁格勒大街。地方的建筑材料创造了俄罗斯省际城市的特色，如卡斯特拉姆城、雅罗斯拉夫城、弗拉基米尔城、科隆内城、梁赞城、卡卢加城等。在每一个地方这些建筑材料（或是砖或是木材）所占的比重是不同的。材料的建筑美学品质在确定建筑地方性特性的同时，也可以通过对建筑材料的研究，比较容易地分析建筑的特征及性质，研究建筑材料应用的成功

或不足之处。在今天的修复实践中恢复一些已失去了的老的建筑材料，可以在一些具体的参数及特性基础上组织这些材料的生产加工。可以组建一些工厂和车间生产加工大尺寸的或小尺寸的砖，开矿采集白石灰石，组织生产制作陶瓷制品，等等。所有这些材料的重新加工生产都属于修复材料的生产，都应按照古老的工艺技术制造。

这样，建筑美学的概念可以总结为以下几点：

● 历史街道的立面是在一些建筑风格产生的过程中形成的。当修复或改造这些历史街道中的某些单体建筑或新建某些新建筑时，必须考虑到历史环境的和谐性及整体性。

● 在历史环境中所形成的制高点建筑与一般建筑之间的相互协调关系建议应保持下来，改造工作应遵循古建筑体量空间的相互关系。

● 立面造型是一个重要的因素，这些立面是在不同的建筑时期形成的，具有不同的装饰造型手法：柱式系统、壁柱、高浮雕、雕塑装饰、窗门框饰、入口处理、阳台及顶窗系统、立面的凹凸结合等。应既保护单体古建筑的立面，又完整地保护历史街道所有的立面，而不注重它是什么时期什么风格的。

● 历史环境保护的一个必要条件是保护历史城市或居住区的轮廓线。在建筑历史中有许多正面的例子可以证明轮廓起伏在城市风貌创造中的重要作用。许多轮廓线经典的比例、几何关系，对城市形象正面的影响作用不仅应成为古城保护的重要参照；而且也应在历史环境中建设新建筑，选择正确的比例高度，新建筑的体量轮廓时发挥作用。

● 在建筑功能及其艺术形象创作时，建筑及修复材料不仅在具体建筑结构中而且在建筑美学中都有重要的意义，它们赋予城市自身的风貌，赋予历史街道及古建筑地方特性及丰富的表现力。由于建筑工业的发展，修复及保护古建筑规模的扩大，必须引入新的有方法论依据的建筑材料的认识。就像在古迹建筑保护中不进行新的建筑一样（针对古建本身而言），修复中采用的建筑材料应叫做"建筑修复材料"。有关建筑修复材料的科学也应相应地被称为"修复材料学"。

第四节　艺术—情感的概念

像建筑美学的概念一样，艺术情感的概念也参与到城市环境的创造之中，并且具有一系列独立的品格价值。艺术情感的概念更多地涉及艺术装饰手法的表现力对于形成美学方面的规律及原则的影响作用，这些规律原则体现在城市环境的创造中。与此同时，艺术手法的表现极大地影响着建筑美学的感受及居住环境的创造。

环境色彩设计及单体建筑立面的色彩。影响人们的情感感受之一的艺术手法是历史环境整体的色彩搭配。总体城市画面的色彩是在许多年的过程中形成的，一些单体建筑立面的色彩甚至形成于一百年前。

在古代、中世纪甚至17~18世纪时的建筑，那时的许多经典建筑具有独特的设计形象，其每一个独特的形体局部都具有相应的材料色彩。例如，许多历史文献都记载了奥

▲ 乌格利奇。立面的完整修复

斯坦德斯基宫殿的立面色彩选择，强调其面料色彩与《晨曦》色彩的适应。在最近几年的修复中现代修复师们破译并选配了合适的

建筑色彩。中世纪及 18 世纪末俄罗斯巴洛克风格盛行时期的古建筑的立面色彩具有特别的意义。白色的雕饰图案与红色的、粉红色

▲ 乌波磊城教堂的顶部装饰设计

▲ 乌格利奇城完整修复的教堂局部

的或浅蓝色的、蓝色的建筑立面相配合，形成了城市建筑环境中的红色组合。当然，这些色彩多运用在一些杰出的建筑或一些著名的建筑师的建筑作品中，如拉斯特列里、布兰卡、米丘林等。

通常，建筑的色彩及所有环境的色彩在很大程度上是用建筑材料的天然色彩来装饰的，这些建筑材料也创造了建筑结构。如果碰到一些材料并不适合的色彩，建筑师则采用一些自然建筑材料作粉刷。立面的粉刷考虑了建筑对人们情感方面的影响作用，而在另外一些情况下，它也能保护结构材料免受腐蚀及其他破坏。

雕塑装饰、浮雕、浅浮雕、高浮雕。传统的观点认为，在建筑立面上按一定规律布置的雕塑装饰元素，补充了立面建筑艺术的表现力并加强了其建筑感官认识。像其他形式的艺术构成一样，石头的凝结、房屋立面的装饰美化都代表了其当时时代的美学风貌。根据这些石头"史书"可以理解建筑师的建筑构思，带有确定的有节奏的规律性，或者是半浮雕，或者是图案装饰，或者是窗框的装饰物，点画出了建筑师的设计构想。特别是 18 世纪末 19 世纪初的建筑。雕塑装饰美化了建筑立面，组成了建筑美学不可分割的组成部分，并且更清楚地表明了它的建筑艺术形象。19 世纪的建筑师将雕塑与建筑成功地紧密地融合在一起。但是并不能因此而减少更早一些时期——17~18 世纪的装饰元素的意义，以及以后的 19 世纪末 20 世纪初的建筑装饰的意义——这个时期是建筑历史上有

▲ 乌波磊城教堂底部的装饰

代表性的装饰风格时期。

俄罗斯前古典主义时期建筑立面雕塑的形成，一般是根据个性的设计方案完成的。1812 年莫斯科大火后，建筑及雕塑被赋予了典型化的成分，并得到了广泛的推广。所以在首都莫斯科的许多地方都可以经常见到同样的窗框装饰。莫斯科市内莫斯科国立大学旧址建筑，将侧窗、承受不大的山墙负荷的柱框组合在了一起。前英国俱乐部（建筑师美尔尼卡斯，现为高尔基大街的革命博物馆）具有立面窗，不大的柱廊围合成框形构图。相似的建筑的例子很多。这两者都很成

▲ 莫斯科斯列金卡历史街区的住宅建筑立面艺术装饰

▲ 梁赞城某教堂入口的装饰——浮雕

功地将这些雕塑装饰插入到建筑的所有立面中，建筑立面成为极具表现力并且是极威严的。在莫斯科帝国风格的私邸建筑中，也可以看到布设在立面回廊中的浅浮雕及高浮雕

装饰。

　　建筑立面中的确定部位上的雕塑造型布设经常具有规律性的布设原则。这种设计手法不仅在科拉波特肯斯基大街而且在莫斯科河畔的许多建筑中都很常见。

　　古建筑立面的雕塑造型装饰的特点及其风格必定考虑了每个城市或庄园建筑群的建筑历史环境的保护。

　　金属花饰、花边及其他艺术表现手法。这是建筑遗产形体元素不可分割的一个部分，在保护建筑历史环境时一定要考虑这些因素，金属装饰及一些小的装饰细部被认为是等同于石建筑的某些装饰作品的，它们起到了补充和完善建筑整体的作用。所形成的环境印象是由所有建筑综合体的空间感受而得到的，其中包括主建筑、次一级的建筑及一些细部装饰元素。如金属花边、檐板、落地灯饰、照明灯饰及其他一些装饰等。19世纪几乎所有地区的建筑装饰特点都具有类似性。

第五节　环境功能的更新，根据类型特征的功能分类

古建筑最初的及现代的功能。许多世纪对任何一个古建筑的使用有说服力地表明，古建筑使用寿命的延长及其结构可靠性的保证，是以古建筑连续不断的功能活动为条件的。

历史建筑最初的功能确定于它的平面规划系统、内部空间布置特点，以及建筑立面所表现出的特点及确定的设计手法。建筑最初的功能经历了社会的变革及美学时期的改变而继续着自己的历史使命，经常与它们相呼应而感觉到它们自身新的需求及不断完善。

最近几十年的修复实践及经验再一次证明，作为建筑艺术作品的古建筑的修复，最重要的任务是赋予它们现代的功能。这种现象表明——它是一个不可违背的真理，对于任何一个古建筑都适用。但是有关接近于或类似于古建筑最初功能的、确定的新功能的最正面及目的性的问题却引起了许多争论。很遗憾，这些确定的新功能并不总是有科学根据和适宜的。

分析所得到的观察结果并归纳研究人员由此而得到的确定的结论，古建筑新的意义，

▲ 莫斯科屠格涅夫广场的建筑立面

▲ 莫斯科科拉特波特根斯卡雅街的立面装饰

▲ 塔干罗克城的某建筑立面

▲ 莫斯科新斯巴斯基修道院

最合理的功能是受修复投资的制约的，它们是以一定的经济效益为目的的。

古代城市所形成的历史规划系统是与周围环境的功能特点相联系的。在古建筑、街道、街区创造的最初阶段肯定考虑了居住区人口（居住区的常住人口、工作人口、商人、手工业者、中转旅客等），甚至考虑了交通方式及人口流动等，这样就产生了建筑群方向性及规定性的一些参数——建筑层数、规模、居住人口等。

在建筑或建筑群不同的历史时期，其服务对象也是不同的。社会条件对建筑美学形象及建筑功能提出不同的要求，而建筑不同时期要呼应当时特定的社会、经济及文化状况，这正是建筑创造的必要因素。

具有坚固的工程结构基础、经历了许多社会变革的古建筑或建筑群，成功地服务于20世纪的今天，并合理地接受了其新的功能，保证了现代人的需要。

但是，历史建筑古迹的适应性功能及其使用直至今天仍研究不够，并是争论较多的问题。

众所周知，古建筑创作于特定的历史社会阶段，服务于特定的社会阶层，并适应于直接的社会需求目的。

民族社会结构的改变，亦使许多古建筑失去了其功能，而延续至今的古建筑带给我们古代建筑艺匠巧妙的艺术构思及设计。

今天，建筑古迹成为国家民族的物质基础，应该让它们为现代社会服务。然而应怎样才能在保护中使这些闲置的古建筑适应于现代社会呢？

应该说明的是，应完好地修复这些古建筑，因为如果不及时使用它们的话，那么这些古迹很快就会遭受各种各样的破坏：结构破损，输水管不畅，立面涂层变暗、剥落。

在大的古城中（如莫斯科、列宁格勒、基辅、加里宁、诺夫哥罗德、普斯科夫等），在现代条件下赋予古建筑新的功能相对较容易些。在5万~10万人口的中小城市中（如德米特拉夫、兹维尼格勒、布罗尼兹、伏尔加拉姆斯克等），特别是广大的农村地区，赋予古建筑适应的新功能则较为困难。但是，可以肯定的是，在足够完善的预测之下，古建筑满足现代生活的需求是完全可能的。在最近这些年中，找到了许多功能保证这一可能的实现。

历史建筑最初的功能可以以现代社会条件为基础进行部分的校正，进而保护历史建筑。

与古建筑最初的功能构想不相适合的新功能的选择，其基础是：应最大限度地保护古建筑，考虑古建筑的功能及其使用优势。历史建筑新功能的确定必须考虑到其周围的建筑历史环境。

历史建筑的现代功能亦取决于它的地理区位及其在城市规划系统中的地位。

其依据是：历史建筑古迹确定的现状，其一定的功能分区系统，服从于城市现状或城市性质的历史建筑的特点。

古建新功能选择的主要原则以全面保护历史建筑的建筑艺术优秀品质为前提，其次才是实用方面的意义。而且在古建筑类型一体性范围内所选择的古迹实用功能，其增加的必要性可以因为其周围所处的建筑历史环境的功能分区而放宽。如果古建筑位于博物馆区，那么该历史建筑就可以被赋予博物馆展品式的功能（如木建筑博物馆中的古建筑）。

在新功能选择时最合理的原则是与无条件地校对现代性一起遵守历史建筑的传统性及继承性。

多年的实践表明，许多修复专家都在尽最大可能地使新功能接近于历史建筑的传统功能，并且新的功能应能更好地保护历史建筑，使新的建筑形式蒙上传统性色彩（如19世纪的苏兹达利、卡斯特拉姆、弗拉基米尔的商业厅，莫斯科国立大学本部，许多历史城市的老住宅建筑）。类似的传统继承性具有较大的教育意义，可以亲身体验，更具说服力地进行新、老比较，更好地确定历史古迹的完善、保护途径。

城堡、修道院建筑。城堡及修道院建筑群是典型的具有较长历史的建筑群，在功能更新方面充满了问题。城堡建筑与修道院建筑的区别受其使用者使用特点的影响，它们所产生的条件，以及存在的目的均不同。

首先，修道院建筑是一种大型的宗教中心，它具有为僧侣生活服务及进行必要的宗教活动所必需的全套完整的建筑物，其例子是：在城郊特洛伊斯科名为谢尔吉耶夫的大主教堂，在普斯科夫的巴斯科夫名为比切乐斯基的大教堂，伊斯特拉新耶路撒冷修道院等。

城堡及修道院的第二个功能意义，是保卫功能：如纳尔瓦要塞、扎赖斯克城堡、杜勒斯基城堡等。

第三个功能意义，是在最初的功能领导下的。坐落在修道院墙界外的补充性服务于修道院的建筑，因为在其附近村庄的存在达到了这种功能保证。该功能联系于：功能分区的支持，完整生活的保证，必要的消费活动的保证。例如，彼得一世时期在修道院周围的村庄，就有生产的、医药加工的、教育的及其他功能：为僧侣及居民服务的纺织业，战争残疾人的保护，弃婴的抚养等。

第四种功能意义是在俄罗斯宗教系统中修道院的地区（地理）意义。在首都莫斯科周围根据一定的距离远近设置了不同的修道院及城堡，形成了环形的建筑功能防护系统。

在莫斯科的内环周围较近地布设着圣诞修道院，包括拉热杰伊斯特温卡、大—彼得、斯列金斯基、诺吾斯巴斯基修道院等。第二层环是在距莫斯科60公里的地区，这里有伊斯特林斯基修道院、斯维诺—斯特拉瑞夫斯基修道院、德米特拉夫斯基修道院、城郊修道院等。在距离莫斯科120公里~180公里的地区布设着科洛明斯基、拉扎依斯基、杜勒斯基城堡，保证了南部的国防；伊赛夫—伏尔加拉姆斯基、卡利齐斯基修道院在西部防卫；北部则是拉斯托夫斯基城堡，及在雅拉斯拉夫的斯巴斯基修道院。这样完成于特定的历史时期，这种有层次的地区、有节点的环状放射具有实用的、科学的依据，这些历史建筑群具有很高的艺术功能价值。今天我们所称的"金环"旅游线，是出于旅游目的而这么称呼的，它并不具有正确的科学概念基础。

布设在现代历史—城市规划环境中的城堡及修道院建筑群，就以其不同的功能，在不同程度上保证对历史结构、建筑形象的真实性、建筑群整体的美学形象起到了保护作用。

一部分修道院仍保留了其最初自身的传统意义。如在巴斯科夫名为比拆勒斯基的大教堂设有男修道院。在特洛伊斯科名为谢尔吉耶夫的大教堂具有双重功能——宗教性及博物馆功能。大多数城堡和修道院都被赋予了博物馆和公众参观游览性功能：伊赛夫—伏尔加拉姆斯基、新耶路撒冷修道院、斯维诺—斯特拉瑞夫斯基、格里罗—别拉兹里斯基、弗拉班多夫修道院。部分城堡具有办公服务及博物馆功能，甚至成为大量游人参观的中心——莫斯科城堡、罗斯托夫城堡、巴斯科夫城堡、新城城堡、图勒斯城堡。它们当中的一些历史建筑被作为办公建筑。现代公众游览及博物馆的功能需要创造一些辅助性建筑，例如为游客服务的咖啡厅、餐厅、组织团体参观的办公室等，具这些服务条件的历史建筑必须完好地保护其最初的建筑形式、结构、门窗洞等。应以传统性及继承性为主导来保护历史建筑的真实性。

宗教建筑。在所有的历史时期，无论在城市条件及乡镇条件中，宗教建筑都是主导地位的建筑之一。巨大的物质—经济方面的可行性对于吸引优秀的建筑艺匠、艺术家、雕塑家创造宗教建筑提供了优越的条件，并且保证了高质量建筑材料的使用。当地的住宅建筑古迹，特别是在边远地区城市的住宅古迹，一般都是用木材料建成的，相对来说，其材料的耐久性及防火特性较差。而宗教建筑一般都是用石材、砖材建成的（这里没有贬低木结构教堂之意），因而保证了它们的长期存在。

近期所保护的宗教建筑一般具有不同的功能：如它们最初的宗教功能、博物馆功能、公众参观游览功能。

直接的最初的功能。建筑设计者最初的创作构思总是具有确定的功能的。完成于古俄罗斯时期及以后在俄罗斯广大地区的宗教建筑，具有十字圆顶体系、不同的复杂的形体结构，迄今为止现代人仍惊叹于其不同寻常的深层的工程匠心。俄罗斯宗教建筑以其合理的采光设计、垂直立面的分割、立面不同的装饰元素（窗）、不同的色彩而著称，其深思熟虑的形式、出色的装饰、和谐的整体，仍令人叹为观止。

这些形体及元素都完整地考虑了宗教建筑的功能特点。莫斯科的许多宗教建筑都是这方面的典范，如巴格雅夫林斯基教堂、哈马夫尼卡的尼格莱教堂、在城郊的特洛伊斯科—谢尔吉耶夫大主教的乌斯宾斯基教堂、巴科夫斯基城堡的教堂等。

宗教建筑自身一般都具有一定的等级划分。不同级别的宗教建筑布设在城市及农村地区。其主要依据是所举行的宗教仪式的级别，主教堂一般都在直接的功能区，其体量也较大，在其他地方教堂体量则较小（如二级地区）。

这些特点有时也反映在教堂建筑的设计特征中。但所有的教堂建筑都具有比较出色的声学效果及形体平面构图。

一般在教堂及庙宇建筑中，具有十字圆顶形体系，都提前考虑了在无音乐伴奏下规模不大的宗教仪式活动的需要。在一些教堂，其代表形式是长形大厅，像天主教教堂建筑，预先考虑了为音乐伴奏而设计的管风琴伴奏区。最近在俄罗斯十字圆顶形古教堂中广泛传播的管风琴伴奏区布置的趋势是不正确的，不属于正确专业性决策。管风琴所发出的声音在这里并不能达到应有的声学质量效果。十字型圆顶建筑改建为音乐厅，应预先考虑它们音响方面的使用效果，它仅适用于不大的合唱团或单独演出的需要，这是绝对不能用管风琴进行伴奏的。

宗教建筑在考虑了所有的城市规划的建筑的特别是声学方面的设计基础上，完全可以呼应于自身最初的功能。

宗教建筑博物馆的功能。在宗教建筑价值保护方面找到了最可接受的形式，这就是赋予宗教建筑新的功能，这就是根据不同的使用特点及目的在宗教建筑中组织博览活动。在城市环境条件下，可以将宗教建筑作为画廊——绘画、雕塑、瓷器、不同的装饰品、金属饰品的展览厅。在农村条件下应事先考虑地方风土人情特点的展品，应偏重于与重要历史时期有关的地方事件。这里甚至有举办各种不同地区、不同行业著名成就展览的可能。在使用该地方的时候应提前考虑到历史建筑本身的信息、它的场所及在史书记载中的建筑意义。最典型的例子是莫斯科克里姆林宫、列宁格勒喀山教堂、大—乌斯秋克建筑纪念碑、新城的索菲斯克教堂、卡斯特拉姆的伊巴捷耶夫斯基教堂等。

附加的公众参观游览功能。宗教特点的建筑古迹属于这种范围，可被赋予公众参观游览的功能。类似的建筑群经常是修道院建筑群，可直接赋予其最初的宗教功能或博物馆功能。典型的例子是城郊的特洛伊斯科—谢尔吉耶夫教堂，在那里的一部分建筑具有宗教功能，另一部分建筑则被布置成拥有丰富展品的博物馆。另一个例子是莫斯科的顿斯基修道院、斯科夫斯基城堡。俄罗斯国内的许多建筑古迹，在可行的新功能选择方面比较成功，保证了它的长久性保护，并使它们在意识形态信仰方面发挥了一定的作用。

所进行的宗教建筑的最初功能及新功能的分类，可以在将它们作为建筑古迹完整保护的条件下，得到推广。

城市及城郊的庄园建筑的功能。任何一个历史时期每一个社会阶层都创造了最优秀的、与各自阶层生活水平相适应的、适宜于人们需要的美好的环境。社会上层充足的经济条件允许并创造了壮丽的、有代表性的建筑，使建筑师、雕塑家及其他一些艺术家的天才构思成为现实。特别是创作于18~19世纪的许多庄园、私邸建筑。在首都莫斯科及其近郊，甚至在一些偏远地区建造的萨诺夫尼科夫及伟利莫什家族的冬宫及夏宫。当然，所有的建筑作品都考虑到了所指定的功能需求，完全反映了当时的美学倾向。

在建筑历史中庄园建筑占有特殊的地位。创造了建筑材料及建筑结构都很高的技术性能特征，使该类型的建筑延续到以后的社会中，甚至延续到现代成为可能。但是，如果建筑形式及建筑语言表达停留在仅接受现代生活习惯这种观点上，那么建筑最初的功能就会随着社会经济需求的改变而改变。

适宜的功能的选择是在社会不同阶层的

▲ 弗拉基米尔城。作为现代博物馆的德米特罗夫斯基教堂

▲ 弗拉基米尔城。金门——现代的博物馆

▲ 莫斯科的顿斯基修道院。国立俄罗斯建筑博物馆

▲ 作为博物馆的科洛明庄园的瓦斯尼赛尼雅教堂

需求及各方面的分析估计基础上进行的。新的功能形式应最大限度地尽可能接近于现代生活需要。庄园建筑的平面构图、高度及其体量尺度、室内装饰细部的艺术美学方面的科学的、实践的构思确定了其功能体系的界限，它们的功能属于公众参观功能及文化教育功能的范畴。其最合理的功能是博览方面的、文化教育方面的（俱乐部、艺术之家）、休闲特点方面的（休闲屋、度假村、医疗诊所等）功能使用。

除了上述的功能意义外，历史庄园建筑还应该与其周围地区的自然环境、景观环境一起成为旅游者游览参观的对象。

在保证庄园古建筑功能体系设计的同时，应考虑其实用方面的使用需要，例如在参观游览的同时将它作为医疗保健综合体使用。修复方面必须将这两个新功能既相区别又相

▲ 弗拉基米尔城。修复工匠所在的宗教建筑

联系。由此可见，应将游客的注意力转移到周围的自然景观环境以及辅助性建筑上，只是在少数必要情况下才为游客全面参观庄园建筑的主要价值部分创造条件（如苏霍诺夫庄园、沃罗诺夫庄园）。

可以将庄园建筑的新功能方向推广到城市条件下，像在农村地区一样，城市条件下的庄园最可接受的建议如下：

城市类型的庄园。 应赋予其公众参观游览特点的功能——文化之家（斯维德罗夫斯克），婚庆宫（梁赞）。

博物馆性质的功能。 拉兹莫夫斯基宫殿——革命博物馆（莫斯科）。

办公服务功能。 尤素波维庄园——全苏农业科学院主席团所在地（莫斯科）。

城郊的庄园。 应赋予其公众疗养的功能：休闲屋（沃罗诺夫庄园、布拉特采夫庄园），艺术者之家（苏霍诺娃），青年文化之家（伊万诺夫斯基农村的巴都尔斯克）；博物馆功能：阿斯坦根诺、阿尔汉格尔斯克、库斯科娃、木兰诺娃的邱柴娃庄园、阿布拉穆柴娃庄园，科里那的柴科夫斯基故居，雅斯内·巴列恩的 Л.Н.托尔斯泰庄园等。

城市府邸。 应赋予其公共—服务特点的功能：如以科鲁波斯命名的中心艺术者之家（17世纪的斯维拉斯科夫宫邸，莫斯科），甚至可以成为俱乐部、图书馆、展览厅等（如塔干罗克私邸）；博物馆性质的功能：契诃夫及其父亲在塔干罗克的故居，霍鲁什夫—谢辽兹涅夫故居的普希金博物馆，它们坐落在莫斯科科罗波特肯库大街。

必须指出的是，在无可非议地、最佳地

赋予历史庄园建筑及历史城市类型的建筑博物馆性质的功能时，必须注意到这种类型的古建筑使用应确定于周围城市环境24小时功能的基础上，因为作为博物馆使用目的的大部分城市建筑引起了其本身自然的城市机理"老化"，这与建筑遗产全面完整地保护相矛盾。

历史环境中住宅建筑的功能。 住宅建筑是历史城市所形成的结构中必不可少的部分之一。历史的住宅建筑经常成为杰出的建筑古迹的背景。前时代的建筑技术并没有给首都莫斯科甚至边远地区提供建设高层居住建筑的可能性。

住宅建筑在作为城市背景的同时，具有不变的高度模数，维护了建筑群必要的规模，在城市环境中对于人的情绪起到了良好的作用。规模不大的城市住宅较和谐地融入了整个城市形体—空间构图中，而在农村地区则是与自然景观和谐的毗邻关系。位于俄罗斯中部地区城市中的一些建筑，可以让人想起19世纪俄罗斯城市建设的复兴。许多建筑仍保持了其复兴时的形态。

经常被遗忘的是，所存在下来的不仅仅是那些我们细心保护的、远离剧烈使用的或者限制使用的老建筑；而且还有那些在多彩的城市生活中没有失去自己的居住者、主人、使用者的那些古建筑。在完全可靠的、经济合理的、深思熟虑的方法基础上所完成的更新，可以丝毫无损于古建筑的历史风貌。必须目的明确地探索历史环境保护的新方法，否定那些由于城市老住宅功能的丧失而导致城市空间规划结构及其整体环境退化的看法。

大城市的古老中心对于其寿命的延长及

▲ 塔干罗克城 А.П. 契诃夫故居，现为博物馆

▲ 莫斯科 А.И. 赫尔岑的故居，现为赫尔岑博物馆

▲ 塔干罗克城。在历史古城区中的城市建设博物馆

其功能再生提供了可能性，应在其城市性质、城市灵魂方面赋予其新生，应特别注意到创造性知识分子的作用。一段时期，许多艺术家、音乐家、舞蹈艺术工作者、器乐团体人员都移居到现代高层住宅建筑中居住。可是谁也没有想到，排练等艺术活动与家庭生活的相互干扰。对于雕塑家及画家来说，创作室与住宅的分开是多么的不方便！城市中心低层建筑对于这些艺术家来讲再合适不过了，那些非居住用的活动室、阁楼就可以被非常成功地、有益地使用。

在中小城市，居住着俄罗斯40％左右的城市人口。他们大都居住在1~2层的低层住宅中，并且对于这类住宅的需求完全不会减少。这里对于这些带有许多辅助性功能房间的低层建筑的依赖性主要体现在对这种主人翁关系的偏爱及精心的维护方面。这种类型的城市，如弗拉基米尔、苏兹达利、诺夫哥罗德、雅拉斯拉夫、卡斯特拉姆并没有引起我们太多的关注，这里建筑古迹与周围的历史建筑环境和谐地相处，其特点是精心的保护与参与使用。

城市环境在其功能关系上是完全不同的，它包括行政管理的、公共服务的、商贸餐饮

▲ 科隆内城的历史建筑，现仍为住宅

的、日常生活服务的设施。在老街区中的宿舍和旅馆将不会是多余的，尽管它们一般都位于较边远的城区，远离历史名胜古迹，但有时人们是为参观古迹而来到这座城市的。某些市中心的企业机关不合理地占据着一些老建筑，这些老建筑可以被修复成旅馆使用。古城面貌的修复需要一系列的企事业单位共同参与。老城部分的密度不应低于新建小区的密度。它同样也需要医院、幼儿园、学校。这些建筑甚至应该以老建筑为基础支柱，而不需建设新的建筑。在进行历史建筑的功能更新及修复时，首先应考虑社会过程的组织问题，考虑这些老区居民的生活、工作、休憩需求及古城区维持生存的现代需要。

应突出住宅区内部场所的宜人环境建设，因为在历史城市中的住宅街区也是旅游者的参观对象。通常老城区的庭院都被铺上了沥青，显得拥挤，并且宜人的空间环境正在逐渐消失。如果没有绿化、儿童活动场的装饰、休息场所，那么街区的修复是不可想象的。但是这种老住宅建筑的现代品质是在综合的修复基础上，是在完整的街区或城市建筑局部的修复基础上，而不是仅仅完成个别单体建筑的修复能达到的。

观察作为延长古建筑生存条件之一的住宅功能时，可合理地指出住宅建筑两种基本功能的实质性区别：

第一种功能确定于城市的生活条件，第二种功能以农村特点为条件。在城市与乡村居民之间的区别反映了生活方式及其需求的不同，在农村，其生产方式需要辅助性建筑的存在，这正是它与城市的区别。除此之外，在19世纪中到19世纪末许多大城市的住宅建筑都大规模地采用了使用寿命较长的砖材料，而那时的农村主要的建筑材料仍是木材。

所进行的分析研究表明，历史住宅建筑的功能改变是与社会条件的改变相呼应的。历史城市规划的环境形成了在历史环境中住宅功能的这些要求。它们可以归纳如下：

● 住宅建筑的最初功能应得到基本的保护；

● 应改变在单位住宅面积上居民的数量；

● 应细致地确定并创造适合于城市及农村地区的、舒适的生活条件；

● 保证管道及公用市政设施的需要；

● 确定保护历史环境博览参观区的功能条件（如乌拉雅诺夫斯克、古比雪夫、莫斯科，以及一些历史城市的保护区），创造昼夜

▲ 乌拉雅诺夫斯克。列宁纪念区经修复的木住宅建筑

的可能保证历史环境的功能；

●保护大城市的，特别是历史城市中的住宅功能（如莫斯科、列宁格勒、高尔基城等），避免老区可能的衰老破坏。

住宅建筑最初功能的改变。在最近几十年广泛出现的一种趋势是将居民迁移到新的住宅建筑中，然后改造住宅建筑。特别是进行历史环境中具有不同的办公特点的高层建筑的建设。这些行为的反面作用影响到城市环境的稳定性。像以前说过的一样，住宅建筑其他功能的改造是在迫不得已的情况下进行的。例如，莫斯科的科斯金科娃大街、奥斯特罗夫大街、塔干卡区的类似情况。

有时住宅建筑功能的部分改变可以有计划地进行（如列宁格勒历史纪念区中的库依北舍夫城及乌拉雅诺夫斯克城）。在这种情况下，历史建筑被修复并被赋予服务性功能（如邮局、电报局、建筑保护办公室、建筑管理办公室等）。纪念区附近的一些住宅可以改变其最初的功能，以使纪念区可以在 24 小时内昼夜发挥作用。在弗拉基米尔和托木斯克的保护区中可看到许多有趣的住宅功能改变的实例，每个建筑的历史意义及其功能都被考虑到了。这样，在托木斯克创建的保护区，在鞑靼斯克村庄考虑到了最大限度地保护该区的木住宅建筑的功能。俄罗斯西伯利亚地区木建筑精华，其变化丰富的立面、不同风格的装饰、木雕木刻技术，都得到了圆满的保护。

第六节 修复的概念

大量的不同形式的修复活动形成了建筑

历史环境保护的主要专业因素及基本的概念组成。修复措施代表着建筑价值保护事业中正在进行的过程。

历史环境中的修复活动包括单体古建筑的修复作业以及环境元素的所有恢复活动。基本的确定的修复概念列举如下：

历史街道，其主要与次要建筑的修复。在发展的城市条件下观察历史环境，代表着历史街道修复合理的分析的开始。

历史街道——通常是带有不同文化层次的、不同功能的、不同时期风格建筑物的积累叠加，它们经常考虑到历史所形成的建筑系统。应特别注意这样的历史形成物，它们独立于其他形体空间组合、轮廓构图，尽管一般的历史街道都具有自身的建筑立面，与其他的街区建筑保持高度统一。

分析历史街道建筑所形成的立面，应指出一些确定的规律性：其建筑高度仅仅在一个不大的范围内变动。

历史街道的特点被认为是与街道宽度及建筑高度相关的一定的比例关系。很早以前比例性的因素就在历史街道建筑体系中起着主要的作用，这种比例关系使居住环境舒适、协调、富于表现力。

通常，街道的走向、宽度、长度、朝向及街道建筑体量竖直方向的完整程度——这些参数指标并不是偶然得到的，它们是完整的城市建筑规划思想的主要组成部分。由于这种原则是历史街道创建的主要依据，那么，在现代条件下街道确定的尺度、轮廓、比例关系、建筑物的完整程度都应完全地保护其最初的建筑历史的城市规划结构的状态。单

▲ 莫斯科学校街的改造

个的历史街道成为城市公共总体规划网络的
有机组成部分，如列宁格勒、特维尔、莫斯
科、卡斯特拉姆及其他的一些俄罗斯古城。

　　在单独的立面设计中，在几乎所有的建
筑时期最重要的规律性意义都被赋予了建筑
的层数。大型的或较重要的组成部分形成了
建筑底层及其柱脚部分，这些组成部分包括
粗面石、大型楣式支柱转角、带有许多细部
划分的立面下部。在向建筑上层过渡时这些
大型的构成元素逐渐减弱。在建筑设计中，

建筑的上层部分包括一些装饰物——塑造的
梅花装饰、圆形或椭圆形框饰、几何图形或
动植物图形装饰。在每一个单体建筑中所采
用的规律性，在所有类似的历史街道建筑中
体现出来，创造了历史环境建筑的统一风貌。
典型的例证是莫斯科的彼特罗夫大街、阿尔
巴特街、斯塔列斯尼科夫胡同、科拉波特肯
斯基街、阿斯坦仁卡街、莫斯科郊区街，以
及像弗拉基米尔、卡斯特拉姆、伏尔加格勒、
科隆内等这样的中小城市中的历史街道。

在城市规划结构中所分成的主干道，一般是指主要的交通干线与次干道；它们与主要的空间环境构图一起形成了城市的整体性。主干线两旁一般是建筑表现力较强的、相对较雄伟的建筑。次干线则具有一般性成排的建筑物，但在次干线两旁并不排除大型的单体建筑。

在历史环境中修复工作的完成，建议考虑这些历史城市规划的特点，每一次都应强调维护作者最初的创作构思的必要性。

现代的地下结构（地下工程管线的修复）。 在建筑历史环境的修复问题中，地下工程管线的修复占有重要的地位。

历史城市及城郊居住区的文化考古沉淀层在许多世纪的城市生活中逐渐加厚。以前的地下工程管线与系统保证了建筑与环境功能的生命力，并考虑到在大部分技术可行性前提下其确定的承载能力，而材料结构却在很大程度上失去了其最初的性能。对所有的地下工程管线进行必要的修复时，材料与工程管线结构应得到更换，以使其在现代的城市中再次完成一定的功能负荷。地下工程管线的更新及其现代化的问题在不同地区被一个接一个地解决。

很显然，在历史城市的形成物中，在现代工程技术水平中，为了保证生活及工作的正常进行，不可避免地要铺设不同的外露的工程管线——集水管、电缆、上下水道、下水管、热水管道等等。这样的铺设经常在已存在的文化层中进行，形成于古城印迹之上。这种文化层的高度取决于城市形成物增长的强度。

在大型的历史城市中（如莫斯科），应用管线的系统铺设工程管网。在地下工程管线的施工过程中，经常打开古建筑或其他名胜古迹环境的地基部分。如莫斯科涅格林那大街铺设地下管道时曾发现了铁匠桥的白石地基，使准确地确定最初的地基形式、地点及其尺度成为可能。所发现的地基对于确定竖直方向基础的界线及其建筑布局是最有价值的资料的代表。这些遗迹按高度的不同而完全不同，引发了关于是否保护该地现存建筑的讨论，完整地展现古代的铁匠桥就会改变涅格林那大街，这是相互矛盾的。

很显然，在历史城市中心历史建筑的博物馆化，如果缺乏必要的功能更新，那么那些最有价值的建筑物就会走向被破坏甚至灭亡的境地。将古代城市形成物的成就过分理想化，将它们当作乌托邦，完全不能动地照原样的保护，同样与我们今天的历史文化遗产的保护事业相抵触、相矛盾。理智的思想、正面的感情及现实的认识应成为客观永久地保护民族文化遗产的基础，应将保护纳入到积极的城市生活中。

必要的修复条件应总是与准确的尺度、建筑层数等一起支持历史街道建筑的统一完整性。

在地下工程管线老化、无法适应以后使用的情况下，必须事先考虑到工程管线系统的修复，同时应最大限度地保护历史街区及古建筑的面貌，以避免周围历史环境的损失。在老的结构更换时不可避免地要应用新的建筑材料，它们应具有更高的可靠性及耐用性，它们的铺设应尽可能地考虑到以前管道的尺度及其整体规模。

交通、广场及街道的铺装。城市公共性意义应赋予历史街道及广场新的功能，但在历史城市条件下交通干线的过分功能化，极大地影响了建筑—历史环境的现代"生活"。

很明显，城市地区历史的平面规划布局，确定了适合于当时条件的街道及交通干线的宽度及其通畅能力。在现代运动速度及新的交通工具条件下，这些街道都较难适应城市国民经济活动的需要，因为在大的历史城市中，人流量与车流量的增加，这种感觉特别强烈。

所有古城已保留下来的历史街道，都是较窄的宽度，大幅度地减少了其中的客运量（有轨电车、无轨电车、公共汽车），限制了轻型交通工具的通过，降低了货运与其他类型的交通运输，较为复杂地保证了该街区或该街道的生活。

在不同的国家，这个问题以不同地区的条件和目标以及专业特色的决策为特点，这些决策考虑到当地具体的城市规划与民族文化需求。这类问题的解决在苏联的历史城市中并不具有普遍意义。

莫斯科老街的一些生活保障的功能更新方案可以被借鉴。它们事先考虑并解决了历史街区的交通问题，改变了街道的功能，其中一部分变成了步行交通街，纳入了历史城市规划的日常文化系统中，并且同时完善了建筑历史环境的空间系统——从保护建筑的个性、规模尺度、轮廓、建筑外貌到历史环境（或建筑）融入到现代生活中，赋予了老建筑现代的功能。

历史街道狭窄的宽度与过稠的建筑密度（如波罗地海的一些历史古城）都不能满足现代交通运输的条件。

保护历史街道最初的形态的第一个措施将受到交通活动的限制。那么，交通必定是建筑前的一个例外。

第二个措施可以考虑单方向交通的组织（如莫斯科的彼得罗夫街、铁匠桥的基洛夫街等），并考虑货运的限制。但是这些方法在城市交通中起作用仅仅是暂时的。由于城市范围内充满了机关企业单位，必然引起交通工具与服务对象数量的增加——所有这些在不久的将来会重新产生历史环境功能的再考虑。

历史街道的一些城市性问题可以归类于街道构成与结构的元素中，它取决于完整的功能化——街道照明、竖向规划、车行道与人行道的铺装特点。与博物馆组织相关，因为参观人流的增加，应采用特殊的方法形成一些交通集散场所。以前的人行道及街道具有石铺装的不平整的或部分平整的表面（如石铺装、方砖铺装），这些铺装材料与特定的物理承载负荷、力学作用相适应，而它们又取决于交通工具及鞋履的类型。今天的条件已改变了负荷形式及路面铺层。作为方案设计，建议采用白石或者水泥平整的、具有确定几何形状的铺面，砾石与水泥混合的铺面，混凝土或压实的土铺面。

除此之外，在选择道路铺面的类型时还应考虑到建筑最初面貌的优点或者建筑环境的建筑美学品质。这样，所选用的道路铺面的规模尺度、色彩、其坚固性特点都应与最初的历史构思相呼应，适应于现代坚固性需要并适合行人的舒适性需求。

步行街。最近几十年中，俄罗斯像世界许多国家一样找到了非常合适的方法保护历史街道，保护它的尺度规模，部分保证其功能。这种局部历史的现代更新方法暂时与别的建议相比还比较成功。在历史街道系统中部分或全部的禁止车辆通行并在其基础上组织步行街，这使有价值的建筑保护得到了保证。步行街的创造仅仅适合于那些不太长的、人们步行从街头到街尾并不困难的街道。保护该街道基本不变，现代的设计师们赋予了它们新的服务性功能、商贸及娱乐性功能。这里包括群众所表现出的信息工具、鲜艳醒目的宣传品和广告。在步行街中应创造与公众餐饮相结合的休憩场所。在建筑之间的空间中有时应布满不同的小建筑形式，应与周围的建筑—历史形成物相适应。作为创造于主要的历史城市规划形成物中的步行街建筑构图的例子，可以观察一下莫斯科的一条街道——阿尔巴特街。

老阿尔巴特街目的明确的建筑历史环境保护问题的解决，促进了平行于它的老加里宁大街的交通发展。

历史街道的价值不仅体现在它的建筑特点中，而且体现在源于它们的胡同或窄小街道中，这些街道由低层的建筑组成，并且有典型的莫斯科建筑风格。阿尔巴特街延续并保持了其自身对于莫斯科人所熟悉的文化历史意义：在不同的年代这里曾居住了 Н.В.果戈里、Л.Н.托尔斯泰、А.П.契诃夫、А.И.赫尔岑、Н.П.阿科列夫、В.Г.别林斯基；А.С.普希金曾诞生于此，并在其故居 57 号楼度过了蜜月；在瓦格丹诺夫胡同 11 号楼曾居住了伟大的作曲家 А.Н.斯科列宾，而在斯科列宾胡同曾居住了 С.В.拉赫马尼诺夫。许多伟大的演员、学者、艺术家、历史学家、公共活动家的名字与老阿尔巴特街联系在了一起。

在莫斯科外环及郊区有许多著名的 17 世纪、18 世纪的木建筑，许多莫斯科贵族与手工艺者曾居住在这里，反映在其以后的建筑特点上；这些街中并没有大型的贵族宫殿。白城同样具有这种特点，其基础源于 19 世纪。阿尔巴特街曾建设了一些商贸建筑及不大的城市型庄园。

1812 年的火灾，略微改变了阿尔巴特街的一些面貌，然而木建筑仍像以前一样继续存在着。

与阿尔巴特街现在的面貌较接近的建筑完成于 19 世纪后半叶。在该街前沿紧靠着木建筑出现了一些增建的多层建筑，街道的立面逐渐变成了完整统一的建筑群形象。尽管这些相邻的建筑建成于不同的历史时期，具有不同的建筑形式，具有不同的装饰细部及平面构图。

阿尔巴特街也并未能逃避出现于莫斯科 19 世纪与 20 世纪之交的营利性商业建筑的建设。它们与以前的阿尔巴特街建筑的主要区别是，商业贸易活动主要在建筑底层进行，成了紧密与城市规划环境相联系的功能体现。20 世纪初，阿尔巴特街成为典型的商业街，五彩缤纷的橱窗、鲜艳醒目的招牌、广告随处可见。由于加里宁大街的建设，阿尔巴特街丧失了主要中心干线的交通意义，老阿尔巴特街不同的建筑风格、城市环境的民族特点被完整地保护下来。所以将老阿尔巴特大街改造成步行街的决定成为符合规律性的积极的逻辑性行为。但是除了该街功能地位的合理改造以外，需要在有依据的科学方法指导下采取综合性城市规划的、建筑的、功能的（主要指日常文化的）、历史特点的措施来保护街道及胡同现存的风貌，这些都应在遵照该街道一致的风格、艺术装饰形式及其宜人的环境建设基础上进行。

在不同的规划设计方案中，设计者们都在该街现存的体制以及布置在该街中的服务建筑体制方面进行了一定的探索。最合理的方案并不是在该街区完全发展它的商业贸易功能，而是创造首都中心区的文化休憩场所及历史纪念区。

为了实现前面的构想，采取了一些极现代化的措施，如关闭该街区的汽车交通，在提供暂时性休息场所及在夏季布置露天咖啡座的基础上赋予该街步行街功能。街道虽不宽（20米~22米），但提供给人们在行走过程中浏览两旁商店橱窗的可能，创造了该街舒适的并具有典型老莫斯科风采的气氛，促进了人们对该街的休憩设施及宽松自由的公共交际环境的需求。

在历史街道立面中的修复材料。 如果在前面"建筑美学概念"一节中，已从建筑美学特点角度阐述了建筑及修复材料，那么本节则将从单体建筑、历史街道、完整的历史街区所进行的修复方法意义方面评价建筑材料的作用。这种观点的特点是在修复完成后的整体构图中观察材料的作用。

众所周知，材料的确定是根据设计者所设计的建筑和建筑结构构思而选用的，这些建筑及其结构在多次修复后逐渐失去了其最初的形态。修复设计者的每一个建筑修复设计方案的完成都具有自己独立的专业论证特点，反映了其所积累的经验。但是考虑到该地区的历史城市规划特点，希望在建筑古迹修复时应特别注意其周围的建筑环境。类似的修复类型主要指的是在大的历史城市如莫斯科、列宁格勒和一些中、小城市——弗拉基米尔、雅拉斯拉夫、卡斯特拉姆等。这些城市的历史建筑形成于许多世纪的创造中，它们表明，建筑的形象及其风格特点是有区别的，但并不是一成不变的。许多结构元素及其材料在现代的建设中并没有得到应用或局限性地部分应用（如木材、陶器制品）。

在确定的时期，单体建筑的修复考虑到其城市规划的意义及其在历史建筑群中的地位，这样做是比较正确的。在17~18世纪及19世纪所进行的不止一次的建筑重新粉刷，其结果是丧失了最初的城市建筑原貌，然而在其最初的粉刷恢复原貌后，现在它们又重现成为在现代转变中的历史街道的建筑形象表现或其重心。例如，大彼得修道院纳伦宫的砖立面粉刷的恢复，再次强调了莫斯科彼德罗夫街的历史特色。该修道院古本屋（建筑师 M.Ф.卡让科夫）立面经黄白粉刷后对修道院整体起到了补充作用。星期五大街的宗教建筑是该街的重点（科里门教堂的局部），引人注目的是其立面多彩的红白粉饰及其教堂镀金圆顶。同时在星期五大街的尽头，在19世纪建成的另一个教堂的钟楼，其突出的红白鲜艳色彩也给该历史街道不同形象的建筑群增色不少。莫斯科许多独家住宅始建于 19 世纪中期，它们也强调了克鲁泡特金和奥斯特杰卡街的历史风貌。17 世纪、18 世纪、19 世纪的建筑，甚至是 19 世纪末的建筑将情感性及美好的吸引人的信息因素转达给了始于 19 世纪末的苦行僧主义的"工业建筑"，提高了工业建筑的美学价值：高质量的工业化建筑材料产品开始于 19 世纪末 20 世纪初，直至今天它们仍未能超过以前的建筑文化。在一些建筑局部中所采用的建筑材料是非常坚固的，其色彩可不改变，所有的工业化建筑材料都是非常细致地完成的，它们具有耐久性、坚固性的特点。

17 世纪在建筑史中出现了许多独特的建筑形式，它们具有丰富的、不重复的建筑构成元素，由于其细部装饰，它们极大地丰富了建筑的表现能力。高质量的砖结构创造了自身的特点。突出的砖表面有吸引力的是，窗框经常被漆涂上区别于立面的色彩。有时立面墙是白色的，而突出于其表面的窗框则是赤褐色的（例如，卡斯特拉姆的伊巴杰夫斯基修道院，在乌格利奇的卡拉松斯基教堂，兹维尼格勒的斯维诺·斯特拉杰夫修道院的萨里金宫）。

在接下来的几个世纪中，双色立面成为古典风格的表现手法。同时，立面被装饰以石膏浮雕、椭圆形式的圆形图案装饰。今天在历史环境修复时，保护这些材料成为修复工作不可分割的部分。

摆在修复工作者面前的工作需要仔细研究古建筑的建筑材料，由它所组成的建筑构件，尽可能地将其恢复如最初的形象，希望

能采用古老的材料配方。这样，大部分的立面起伏是由石膏完成的（如 19 世纪的私家住宅），而一些建筑（如莫斯科的拉祖莫夫斯基公爵的宫殿）则具有由铜等金属材料铸成的图案装饰，最后被涂上防腐漆等。18~19 世纪蓝白、红白、黄白相间的建筑立面，创造了历史环境明快的色彩组合，如果不恢复其最初的色彩搭配，那么这样的修复将是错误的。

在莫斯科大伊凡钟塔修复时发现了其最初的两种色彩组合：红（胭脂红色调）与白。很遗憾，最终所完成的修复色彩并不成功。

接下来的修复工作必须改正这些疏漏，应将其恢复成最初的历史形象。

如前所述，在单体古建筑或古建筑群修复时所采用的建筑材料，应被称为"修复用材料"，但是，也不排除以前的叫法。

白石。必须首先考虑到新的石材的物理化学特性，它的耐用性质及色彩。在修复中最好选用自然的白石，建筑的一些组成元素可以例外：屋檐，由白石铸成的侧面，这些都可以用白水泥来完成。

砖。最近出现了大块砖生产扩大的趋势。在古建筑中所使用的小块砖，则是在砖厂预定的，少量生产出来的。

很自然，在修复中必须采用新型的大块砖，根据修复的特定建筑及其细部尺度的不同，在使用这些大块砖时相应的每次都需做细小的调整，以适应修复对象的尺度。存在着这样的一种思想，那就是可以使用从以前废弃建筑拆下来的砖。这种方法并不可取，因为随着修复量的增加，使用这些老砖是远远不够的。在使用这些老砖时必须非常仔细：

必须仔细检查它的坚固性及可靠性，以便今后在结构中起作用，不能忽视其形状、色彩等因素。最近几年，出现了一些建议，在单体砖建筑修复中采用硅有机化合物涂料。

陶制品。修复材料的特殊类型之一是艺术陶瓷材料，在许多古建筑中，装饰都是用陶瓷完成的。在最近几十年的研究过程中寻找到了用新的陶瓷制品替换建筑古迹中被毁坏的陶瓷制品，这些新的陶瓷制品主要是由现代技术的材料组成的。

用新的陶瓷砖替换已毁坏的或部分已不存在的陶瓷制品以修复其最初的形状。这种替换过程需要一定预先的研究，陶瓷砖修复的必要性，确定被毁坏的程度，提出局部替换的建议：一定的科学摄影确定法，必要时的测绘方法。这些方法的指导原则是最大限度地在原址，元素最真实的保护。

金属。由于许多客观的原因，一些建筑元素随着时间的推移部分或全部不能使用了。特别是建筑表层的破坏，无时无刻不在大气的作用下进行。前世纪的由钢材完成的屋顶铺层并没有完全保留到今天。所以屋顶被迫的修复和替换在许多宗教建筑（如瓦西里福音大教堂的局部）以及其他意义的古建筑的屋顶外形中表现出了负面的作用。金属保护层仅仅部分保护了屋顶材料免受破坏。

最近几年在金属工艺及金属耐久性创造方面的研究给我们带来了希望，但是，由于经济方面或其他方面的一些原因，许多新的金属材料在修复中暂时没有采用。

在现在的修复过程中仍像以前一样采用一些常见的修复材料。因为铜材料在使用中的耐久性，在足够可靠的方案论证基础上，修复重大意义的历史建筑古迹纪念碑时采用了铜表层。它的选用是正确的、经济的，因为随着时间的推移、修复次数的增加，所耗费的投资比一般性耐久投资要多。

木材。在选择新的修复用木材时必须严格遵守其质量评价标准。对于最有价值的木建筑修复时应挑选木材的产地，有选择地明确其坚固性，确定其裂纹、直度及疤节。

所有的木材技术加工工程也应该严格执行有关的条例规定。应特别注意木材的初加工。必要的化学加工也很重要，应考虑到化学加工仅保证了通常是1厘米~2厘米的木材表面的化学浸透，仅仅创造了木材表层保护的一层壳，直接在木建筑结构中所采用的木材更应仔细浸透。应该明白，任何一种材料都应该在自然条件下"呼吸"与"换气通风"。同时，还应建议采用许多世纪已经证明的保护方法，那就是在木材表层漆涂料。

在木建筑修复时应特别注意保护其免受昆虫与霉变的破坏。

涂料。在现代建设中采用所有类型的涂料，最好的是白石结构及建筑元素的喷涂，如果有本质性需要，则可采用水溶性涂料，主要由石灰物质组成。很明显，涂料接触的牢固性及稳定程度主要决定于白石灰或石灰涂层组成的化学均匀性。

石建筑或砖建筑最好涂水溶性涂料，因为砖或石这种材料具有吸附结构，在其中总是进行着晶体迁移过程。这种浸透过程及其随后的分子作用是一个复杂的问题，并没有完全得到解决。

在单体建筑修复或建筑历史环境修复时必须关注最重要的过程及特殊性质，简单地说就是根据科学技术进步对修复成就的影响，考虑到对将来的补充作用。很显然，在仔细考虑修复过程的方案基础上，这是不难做到的。

现代的修复材料，从参与到建筑形象的表现观点来看，它们具有双重性质。应从单纯的建筑形象观点或者从建筑群和历史街道的形象观点观察它们。大家都知道，建筑立面的建筑材料，特别是历史城市建设中的建筑材料，并不总是承担着创造最终的建筑形象与街道形象的角色。应肯定那些 19~20 世纪建筑历史街道中的建筑插图展示。

建筑材料的生产总是在专业的工厂中进行的，这些工业企业生产出大量不同规格、不同名称的建筑材料，通常它们被应用到城市立面或街道的不同构图中。例如在俄罗斯摩登时期的许多莫斯科建筑中采用了陶瓷立面形象，就像一些建筑底部应用自然石材一样，在许多建筑底层同样应用了大量陶瓷产品。由于有这些单一类型的材料，在工厂确定相同原料集中生产的建筑材料的应用基础上，创造了一些地方建筑自身的美学特色。科学研究确信建筑材料对于历史城市建筑建设自身的特点是有一定的影响的。

在修复工作进行时应考虑到历史建筑材料的材料学特点以及在形成历史街道特色方面它所起的最初的作用。

公共建筑，火车站。带有完整意义的火车站建筑可以被称为是历史建筑的一种类型，虽然火车作为一种特殊的交通工具仅仅是在19 世纪末 20 世纪初才产生的，最古老的火车站建筑也只不过仅有 100 年的历史罢了。与此同时，几乎所有的火车站都是一些著名的建筑师设计的，许多代表杰出、宏伟的城市建筑，都被载入了世界建筑史光辉的一页。很遗憾，在火车站建筑中短暂的停留等候，仅仅使用其纯粹特殊的交通功能，并没有使火车站建筑给人们留下建筑古迹的印象，许多研究者、艺术学家、修复专家都将其置于所关注的领域范围之外。要知道几十年之后，最初的现代火车站建筑将会被疏远，其建筑及城市规划意义将会淡薄。但是，由于火车站建筑交通运输强度的剧烈增加，旅客的成倍增长，最初的火车站建筑都需要扩建，专业升级，工程设施现代化，完善其使用性质，因为许多面积都不能适应自身的功能负荷。

所以在 15~20 年前，在保证火车站现代功能的所有方面提出了许多问题，其方法是老的火车站建筑的修复并寻找新的建筑面积设计方法。

第一个火车站旅客候车厅更新的例子是莫斯科库乐斯基火车站的修复。完整地保护了老火车站的建筑风貌（暂时将新老建筑之间的关系问题放置一下），在其边上增建了条形的新建筑，设置了一些必要性服务用房。这样，保护了火车站建筑老的部分，仍适合于现代功能的需要，有机地将老的建筑部分融入到大型的火车站综合体的结构中，创造了保证每昼夜 60 多万旅客连续性服务的条件。

类似修复提高了莫斯科的列宁格勒火车站及列宁格勒的莫斯科火车站的流通能力。

在其最初的建筑基础上，在火车道的轴线方向增建了新的大型的单向的新站房。极大地限制了老火车站建筑的功能，成功有效地将其纳入到新火车站建筑综合体中，最大限度地保护了以前的建筑形式及其室内装饰。

在莫斯科巴维连斯基火车站的修复中，修复者采用了一些其他的修复方法。修复了老火车站建筑的局部，新的增建部分采用了老的建筑形式，保护了其最初的建筑高度。这种方法被认为完全适用于老建筑的历史风貌及其周围的建筑环境保护时的方案选择。如果采用更现代的建筑形式，会对现存的历史建筑带来严重的破坏。

这是类似的火车站修复的第一次尝试，该方法并没有引起特别的非议，在以后也没有从另一方面引起研究者及建筑师的关注。

与此同时，所完成的莫斯科喀山火车站的修复提出了不容置疑的意义和非常特别的修复措施。创始于 20 世纪初，按著名建筑师 A.B. 舒舍夫方案设计的该建筑是另一种构图风格的，一些功能集中的建筑综合体。其特点在于：其建筑结构及容量事先考虑到了以后旅客的增加，甚至在 60~70 年以后仍能充分发挥其功能。所以这个建筑的修复，除了庞大的清理及部分细部的恢复以外，并不需要面积扩建及增建新建筑，而只需要集中精力按建筑师 A.B. 舒舍夫及艺术家 E. 兰希勒、A. 库兹涅佐夫最初的设计方案，真实地反映其设计构思就足够了。面向广场的火车站立面恢复了设计者 20 世纪 30 年代时所提出的细部构思，并完成了一些当时设计了但没有做出来的细部，甚至恢复了毁于第二次世界大战的一些细部元素。在餐厅及其他的一些室内，甚至清除了后来的一些金属雕塑，恢复了镀金的装饰细部，修复了一些壁画、浮雕等。

影响建筑—历史环境保护的一些基本因素。 在建筑历史环境中，无论是城市地区或农村地区，总是存在着一些单体建筑不同感觉的或其保护的具体影响因素。其中包括美学方面的因素——如自然植被的、自然景观的因素，或直接影响到建筑或其他类型构筑物保护的因素，这就是化学的影响因素、大气环境因素、物理因素、声学因素及生物的影响因素。

有些因素应在周围环境的新建筑时考虑到，某些因素经常以自己完全无表现的形式破坏周围的另一种自然环境空间，或是一些工业性建筑（如卡斯特拉姆、普列谢茨克湖岸边的工厂）破坏作用较大。这些因素极大程度地破坏了古建筑及其周围自然环境的整体性。

其他的因素是直接性的建筑破坏。应考虑到在这些因素之间的影响到建筑遗产保护的破坏作用。

第七节　自然植被环境与历史建筑的关系

一系列与展现和保护历史古建筑相关的问题，具有这样的一种观点，这种观点随着时间过程的发展具有增加的意义及转化为独立问题的趋势，这种独立的问题就是历史与文化古迹及现代城市规划的保护。

与基础方法学相关的问题就是如何将自然环境（绿化）与古建筑相结合。可以简要地总结如下：建筑与植被的关系。很遗憾，今天的历史建筑遗产的保护，由于一些客观的原因仅仅局限于古建筑直接的修复上，而周围环境的修复总是不在修复师的活动范围内。

在某些情况下，这些环境是建筑、住宅或城市街区不可分割的组成部分，另外一些情况是——这些"绿化"环境布置在古修道院范围外，在单独的教堂或宫殿建筑附近，生长于路边或在中、小城市的历史住宅建筑街区中的密林。

▲ 莫斯科尼该斯基大门。古建筑周围的植物

在建筑历史中，绿化、种植美化了花园、公园空间，平面规划布局，选择乔木、灌木等植物种类，甚至绿化与建筑周围很大的场所的协调组合。

莫斯科郊外著名的公园建筑群是：阿尔汉格尔斯克、库尔科娃、雅罗波列兹农村的车尔尼雪夫庄园，列宁格勒的近郊城市，以及许多18~19世纪的庄园建筑。那里的绿化规划设计就像是建筑群形体空间构图的一个有机组成部分一样，并且绿化的实施是与建筑建造同时进行的。绿色植被的高度、乔木及灌木的外形、草坪植被图案都是根据总体平面规划及建筑构成而选择的。绿化种植的完成考虑了很好的建筑视觉感受，其比例关系、乔木树冠的外形及枝杈的形式，甚至考虑到了乔木及灌木的合理布置。

提前设计的绿化，以后园艺人员维护其最初的状态，它对建筑群体积极的作用，这些都是所有建筑群真正协调的元素。例如，在阿尔汉格尔斯克庄园，在建筑主轴线上布

▲ 弗拉基米尔城树丛中的教堂

设了带有低矮经剪修的灌丛的花坛，在其中心并设有很广阔树冠的乔木——所有这些绿化设计都服从主建筑的形象需要，主建筑是

庄园宫殿。这种现象同样可以在其他的一些庄园建筑中观察到。

一些其他的绿化布置方法体现在绿化与城堡建筑，与城市历史私家府邸、住宅及宗教建筑的协调组合上。

在建筑建造及存在的不同阶段，其改变的强度从一定程度上加强了建筑与周围环境的关系。绿化从不同方面体现了建筑的实质，其平面布局的形式，延续了建筑的美学。但是，不成功的绿化设计及布置随着时间的推移使建筑失去了建筑自身的特色优势及宏大的形象。

所产生的并被考虑到的问题及其方法学的基础必定与现代古建筑保护事业的迅猛发展紧密相连。问题的出现正是在于在许多年过程中环绕在古建筑周围的植被任意生长，并没有任何人来修剪它们。今天，分析绿化环境的现状及古建筑的视野范围，我们不得不承认任意滋生的植物对建筑破坏方面的负面影响作用。自然植被已经从建筑的朋友转变成它的敌人了：许多历史建筑现在已经被稠密的树冠或灌木所遮挡了。所遮挡的不仅仅是建筑的一些局部特色，而且经常遮挡到对于人的视觉及情感作用都非常重要的建筑立面，甚至是所有的建筑体。

正是这个原因，我们应重点考虑植被环境对古建筑在现代状态下的影响作用并做出正确的结论。

问题的第一部分包括城堡建筑的外墙、钟楼及修道院建筑的现状。今天它们被稠密的绿化植被群所包围，紧密地遮掩了建筑群外形。建筑外墙与绿化"造型"好像为照相者、旅游者提供了摄影背景，并好像对历史建筑的宣传比较有益。但真的是这样吗？如果分析城堡建筑外墙的功能及其美学思想，以及它严格及强大的建筑防护作用，相信我们将会得到相反的结论。

城堡建筑的外墙及钟塔总是准确地展现了其建筑形式的整体性：建筑尺度上的韵律表现在为近、中、远距离射击而设置的射击孔上，钟塔出现于城墙的外边缘线，并与木屋尖顶形结构一起创造了无法用语言表达的丰富轮廓变化。所以，城堡建筑防护作用的外部立面应该是完全开放的，视觉欣赏应畅通无阻，而不应仅仅表现出某些局部，尽管这在很高的古建筑成就面前经常是足够的。例如，斯莫尔尼城堡外墙的部分修复。另一种类型的例子则要多得多。

已修复好的科洛明城堡的钟塔及外墙，现在又被树冠遮盖起来了。在城堡外墙南部及北部附近，树木自然生长着。几年前外墙还是开放的，建筑仍表现出它自身的庄重及宏伟，而今天绿化甚至从里边遮掩了外墙的局部。

在兹维尼格勒的斯维诺—斯特拉瑞夫斯基修道院及伊斯特拉的新耶路撒冷修道院外墙的遮挡，甚至到了看不见的地步。

外墙及钟楼的完整性被树冠所遮掩，而这些乔木不是任何时候、任何人种植并养护的。建筑立面外观既不可能从近视点也不可能从远视点观察。在远处可看见的仅仅是教堂建筑单独的局部或城堡外墙。无法控制的绿色植被任意生长，在其他修道院的建筑局部周围也出现了。

在莫斯科近郊的伊赛夫—伏尔加罗木斯基修道院，在古老的建筑形象展现方面是一个典型的例子，特别是从远处观察。从湖的方向可以完全观察到它所有的建筑群。由此展现了其丰富的建筑形象，宏伟的建筑体量。

问题的第二部分是绿色植被与单体的古建筑之间的关系。很遗憾，类似的情况不能回避这种形式的历史建筑的老化。

弗拉基米尔城的教堂——乌斯宾斯基教堂或德米特罗夫斯基教堂，甘娅根宁修道院的教堂及其周围 80~100 年树龄的自然环境；苏兹达利很著名的历史建筑甚至经常被"现代的"绿化所遮掩。这种情况也可以在雅罗斯拉夫、乌格利奇、佩列斯拉夫利—扎列斯基以及其他的历史城市中见到。

一些导游在观览及宣传古建筑时，说出了这样一种观点，有关绿色植物对历史建筑群或单体建筑印象影响方面有正面作用，但是，他们并没有注意到，例如历史建筑建于 16~18 世纪，已经有了 300~400 年的历史了，而周围的绿色植被的存在也就只有 50~100 年历史。可以看出，古代的建筑师并没有用绿化围墙来隔绝自己的建筑思想。并不应该与周围现代条件下的绿化一起评价历史建筑的质量，必须考虑到绿化的布置应与建筑最初的时代相呼应。莫斯科红场的瓦西里福音大教堂在其历史中曾被密集的椴木篱笆"围起来"，但是，以后就放弃了这种想法，重新将

▲ 古比雪夫城。具有绿色植被的城市街道局部

其建筑底层元素展现出来。

问题的第三部分——同时完成所有的环境修复工作。众所周知，古建筑的建筑—历史环境作用于这些建筑的建筑构图。而单体古建筑周围的绿化布置并没有一定规律性的方法基础，并没有预见到建筑形体与绿化的比例关系，并没有创造绿化外观及其轮廓选择的条件。忽视了绿化及其植被清洁，没有注意到其与所有环境因素之间的关系作用，没有创造良好的条件。很明显，这里必须指出，环境的修复必须服从于修复行动的全盘考虑。这种对环境修复关注的思想应转交给修复师们；修复师在完成建筑修复及建筑复原的同时，必须解决这些有关建筑设计美学构思，以及保证周围空间完善的全部问题。

在修复实践中，修复师们必须综合解决所有关于建筑历史环境修复的问题。如弗拉基米尔城甘娅根宁修道院建筑群及其周围环境的恢复。方案预先考虑了周围居住建筑的规模保护及部分修复建筑周围的绿化植被。很明显，通过对灌木及乔木的规划调整，较好地达到了绿色植被对建筑的补充完善作用，如果这些植被的生长速度不被控制的活，势必导致所有的构图元素规模的冲突。

问题的第四部分——在现存的自然环境中将古建筑作为博物馆来展示。民族木建筑博物馆的创造完全是由修复工作者完成的，在创造过程中产生了许多与绿化植被布置有关的问题。通常，这些博物馆布设于带有自然景观环境的、已准备好的区域，剩给建筑

▲ 伊斯特拉城。修道院的院墙及角楼被树木遮挡

▲ 莫斯科马克思大街。绿色树木遮盖了建筑

师的工作仅是将已准备好的木建筑收集到现存的自然环境中，其基础是考虑到木质博物馆建筑与自然关系的所有方面：木建筑古迹的迁移应与周围的树木完全和谐地组织在博物馆建筑群构图中。

有关在古建筑周围的绿化布局问题像以前一样紧迫，需要尽快解决。在这些博物馆地区的绿色植被是自然生长的，建筑丛生于野生植被之中，而它们的修剪成形或清洁并不是充分进行的。

在此之前的建筑及历史名胜古迹保护事业发展的预测，恰当地说明了有关历史遗产命运观察的问题。

今天，许多现存的建筑古迹功能意义的改变，很自然，是改变了它们在城市规划结构中或城市生活中的地位，另一种情况是形成了它们质量状态的评价。所有这些改变都在城市名胜古迹区或宗教地区范围内圆满地展示了建筑群的建筑美学成就。

惊叹于建筑形式的完美，尊重以前先辈的成就，骄傲于人民智慧的创造——这些确定了我们现代人对以前世纪历史的特殊关系，这也就是建筑作品的物质文明。古建筑成为展示、普及、研究历史的工具。从它们之中可以学习前辈的匠心，欣赏其艺术品位，扩大自己的历史知识，理解历史。就像通过一部分人可以观察人类整体一样，通过单个历史建筑及其环境的保护，可以观察前人的经验及世纪的足迹。并且如果这个古建筑不间断地联系于周围的物质环境，如与绿色植被相联系，那么现在它们也应存在于一起。现代人对这个问题的需求关系是不容置疑的，与古建筑所有的构成元素紧密联系的所有综合体都向着其新生方向转变，期待着专业人员对周围绿化环境的积极影响及行动。很明显，绿色"项链"应及时地设计并实施。

下一个前景广阔的古建修复及保护普及阶段，应该是有计划的绿化环境规划，并完成历史古迹周围的自然植被环境修复。这里可以是绿篱，乔木、灌木植被的支干，自然的风景园林，但所有这些都应该在严格的构思体系基础上完成。

并且，与自然植被环境及古建筑相关的简洁的方法基础，可以归纳如下：最大可能地展示古建筑风貌；必须考虑到单体建筑或建筑群最初的功能；在修复行动中保护乔木、灌木植被与建筑的合理尺度关系；清洁卫生

▲ 伊斯特拉城。被植被遮挡的修道院角楼

及植被生长速度修理的限制系统的建立；在
将博物馆展示性建筑古迹布置在自然环境中

时应考虑到现存的自然植被环境。

建筑周围的自然环境状态有次序的监测

方法，使展示古建筑的完美及其优点、更广义地展示建筑遗产的伟大成为可能。

第八节　自然—景观环境与历史形成物

"历史形成物"这个词，指的就是"工程"，但意义更广泛些。同时在历史形成物中特别的建筑源于它的历史环境。

在前一节研究的直接与其周围的绿色环境相关联的建筑，涉及城市建筑的基础。在这种情况下，需要分析历史建筑与城郊的或农村地区的自然景观环境更确切的关系。

历史建筑——经常是修道院建筑——它们布设在高于周围地区的小山高处。在其附近经常是单层建筑的村庄，它们常常隐没在绿色植被中，绿化组团经常与绿地、草坪、牧场等交替出现。低于大型建筑群的绿化空间创造了其周围较自然的环境，相对于其他地方它们更占优势。自然环境甚至突出组合于与不同建筑体量、高度及色彩的交叉中。绿林或树木并不是单一的，它们以自身的不同色调相区别；草场及草坪的形式或其所形成的纹理甚至是完全不同的。在这种自然风景及景观构图中建筑师将自己的建筑作品雕刻下来，仿佛明显地考虑到了这些现存的自然规律性、比例及其协调性。建筑巨匠的建筑综合体的形体—空间构图总是再现了自然的规律性，除此之外尽量展示了每一个特定建筑的功能特点。

很遗憾，最近在许多古建筑群周围进行了过多的建筑活动：在其空地上建造不同的新建筑，这些建筑有时是不具表现力的，有时是水平较低的建筑，经常给历史建筑群带来不良的影响，甚至破坏了古建筑与自然之间的关系。除此之外，新建筑趋于向高层发展，不愧为想要吸引注意力的真正典范。在历史建筑群周围这样的新建筑，其典型的例子是：科洛明、新耶路撒冷修道院、彼列斯拉夫—扎列斯卡城的普列谢耶沃湖岸边的新建筑等。

在修复工作中，在历史地区中必要的新建筑必须考虑到与现存自然—景观环境的保护相协调的问题，它们是与古建筑形象相联系的历史与现实之间的纽带。为实现这种目的应在有限制的法律条例基础上进行，包括景观环境保护法。在所有社会阶层文化—美学水平提高的前提下，这些类似的立法执法保护机关及这些保护措施就会逐渐失去意义。最近所得出的一些结论并没有完全调解建筑师与积极的社会保护组织对这个问题的看法，但为今后新建筑闯入到有价值的历史建筑的自然—景观环境时，所产生的错误及矛盾的避免提供了可能。显然，这种情况完全不包括在历史环境中的新建筑布置，它们仅仅是在遵守最严格的协调性原则，强调自然与景观环境的合理性与整体性原则下进行的。

第九节　化学大气环境

历史建筑的结构保护严重地受周围的大气环境化学作用的影响。这是一个严肃的值得特别关注的问题，在这个问题的解决过程中，应善于观察化学环境对建筑古迹方向性反作用影响的基础。

所有这些化学环境对古建筑的影响作用
类型的问题，都应归类于确定的系统中。

化学环境的条件严格地限制了历史建筑
的布局——无论是在城市环境条件下还是在
农村城郊环境条件下。

大家都知道，大部分情况下化学污染及
其破坏对环境的影响作用，是由于古迹建筑
周围的有害气体、酸、其他类型的大气化学
化合物及其形成物的不断积累而造成的。

在城市环境条件下污染的百分比更高些，
超过了城郊及农村地区。但是近距离布设在
古建筑周围的一些工厂较大的化学物质排放
量引起了历史建筑致命的伤害并有可能导致
严重的后果。例如，在 Л.Н.托尔斯泰庄园
附近的化工厂，排放的有害化学气体，影响
了庄园绿化植被的生长。只有政府部门的干
涉，采取有效的预防措施，才可以制止这些
历史保护区的自然组成部分最后的牺牲。

在城市环境中，可以从类型学的观点观
察建筑——它们可以是宗教建筑、私家府邸、
公共建筑、住宅建筑、工业建筑、历史建筑
等。

从体量角度分类，建筑可以是单体建筑、
建筑组群等。

从建筑材料角度考虑，化学大气的影响
作用表现在它对自然石材、砖材、木材、金
属、抹面涂层（壁画）、彩色涂层、雕塑装饰
等的影响。

其影响类型应考虑到化学环境长期自然
的条件，在室内人员增多时的影响，甚至是
工业废气、交通废气、天气的改变等。

▲ 雅拉斯拉夫城。处于化学污染区的教堂

化学气体对建筑元素（建筑材料表面及
建筑结构）的影响作用，主要表现在表面影
响（建筑立面）及内部作用（室内）。

考虑到这些化学环境影响作用的类型，
可以选择并采用一些现实的方法来保护建筑
的材料及其结构，其目的是保护并延长建筑
结构的使用寿命。

在农村、城郊环境条件下，化学环境影
响作用的分析研究程序与城市条件下的分析
研究程序是一致的。

化学物质对建筑材料的影响程度，应考
虑到每一个单体建筑独立的情况特点，并考
虑到其周围条件的事实及化学物质的密集程
度。

在确定化学因素对古建筑的影响作用时，应考虑到其承受极限、表面层损坏的过程、困难及影响作用的灾难性程度。化学物质的指导参数指标可以由前面的影响程度来确定，主要指的是这些或那些建筑材料的牢固性、耐久性指标。

第十节 物理的作用

建筑的寿命受具体行动特点的影响极大。在大多数情况下，历史建筑的拆除消失是为了在其场址上建设新建筑。这些新建筑"存在于"许多世纪形成的建筑环境中，并且这是完全有根据的，因为在科学技术进步基础上的坚定不移的更新过程，具有改善提高生活条件而并不脱离建筑历史环境、历史建筑功能的可能性。

但是，在新的建筑过程中的实践表明，在一些较小价值的陈旧的建筑迁移消失的同时，拆除了一些不愧为建筑作品称号的建筑。这些建筑是可以用不同的方法被保护下来的，例如建筑的现代化更新或修复，甚至可以将其搬迁到专门创立的露天博物馆区作展品。具体的改变进行于历史城市的不同街区。实践表明，在创造新的城市规划结构时的主导原则，应是遵循历史环境的文脉关系，准确地了解历史建筑及其元素的价值意义。所有与历史建筑环境有关的行动，都应该而且仅仅以预先深刻的城市规划系统的研究为基础，而不导致历史建筑成就的破坏。相反的行动应在有力的真实性证明的基础上进行。建筑遗产的美学意义及其社会的物质性价值应该

成为历史建筑修复问题解决的首要条件。

另一种对历史建筑细部元素及其结构的物理破坏作用，是由人为的动物的或者自然变化等活动引起的。这种行为的破坏结果是部分白石的或砖砌的柱脚的拆除、窗的打碎、门的毁坏、金属部件的畸形、顶的破漏以及其他的一些破坏。物理的作用甚至带来了历史建筑平面布局的破坏，其主要原因在于不同程度的建筑破坏，对其历史耐久性的忽视势必导致建筑平面布局的破坏。

第十一节 声学的影响作用

另一种类型对历史建筑的负面影响作用——是声学振动的影响。已经证明，在长期的声波振动影响下，主要通过建筑地基传播声音的影响作用，对于建筑结构产生了缓慢的破坏作用。正是因为这个原因，13世纪的古建筑——尤里耶夫·巴尔斯克的格奥尔吉耶夫斯克教堂在当时就限制了其附近各种形式的交通运输。

对古建筑结构及建筑群起影响作用的声学作用问题，应该在专业物理学家及修复专家共同的研究基础上解决，他们可以解释清楚最重要的因素，即确定现存的历史建筑的耐久性程度。

第十二节 生物的作用

生物的影响作用主要表现在对建筑材料的状态破坏上，这对于所有的建筑都是一个较大的危险，因为局部材料的破坏会导致建

筑结构整体性的破坏。

影响材料特性状态的生物因素，主要是指在其表面的植物生长层，它们经常覆盖在白石、砖、瓷砖表面。它们经常是不同的苔藓植物、蔓生植物、地衣、植被等。它们的生长经常使建筑材料特别是石建筑材料处于非常潮湿的状态。生物破坏者主要作用于这类建筑物结构，它们不具有防水层，甚至作用于面向北方的墙结构，因为该结构比较少地接受光线的照射。所以观察建筑时应更多地注意其东北方向、正北方向、西北方向的结构及墙体，因为它们较少接受光照及通风作用，即它们较多地遭受了不同的生物影响破坏。

避免生物破坏的方法并不少见，在许多专业著作中都可以看到这类问题。

许多木建筑及建筑群具有木结构，但比起石建筑来讲它们的寿命较短。

众所周知，大多数木建筑的使用寿命也就是 200~300 年。所以大部分的经典木建筑，形成了许多历史城市及农村保护区的独特风貌，它们随时都在衰老与被破坏。在俄罗斯文化艺术中随时都在失去一些经典的木建筑古迹，这些木建筑古迹代表了民族艺术家很高的天赋。

木建筑的毁坏可以被分成两种基本类型：结构的与生物的。必须记住，结构的破坏具有自身特定的一些类型：

结构机械稳固性的丧失，因为建筑结构中的自然材料长期的存在，它们因这样或那样的破坏因素及特别的大气湿度的作用而加速其稳定性的丧失；

木建筑结构机械稳固性的丧失，是因为其环境温度、湿度等条件的变化（例如，在壁板之间的、木板上的、木建筑圆木结构中的温度、湿度变化）；

湿度作用的长期性及其强度的增加（建筑结构底层上升的湿空气的蒸腾作用，房间中大量的湿气聚积，结构不良的通风条件等）。

木建筑结构不同的生物破坏影响作用，主要是由于各种真菌及甲虫而造成的。

真菌对木材的破坏作用。木材自然规律性的分解过程就是它的腐朽过程，这主要是由于真菌对木材的破坏影响。真菌是一种低等的生物。生长于木材中的真菌，在木材的组织中发展。破坏木材的真菌体具有自身很薄的组织，这是肉眼所不能观察到的，它被称为菌丝。从各个不同方向侵入木材中的菌丝分解出一种特殊的生物物质——酶，它可以溶解于木材的细胞壁中，并能够得到真菌所需的营养物质。

木材的细胞壁是一种特殊复杂的，由纤维素酶、纤维素或木胶质组成的有机物质。

木材最初的生物破坏过程是朽化，它是肉眼所不能观察到的，以后木材开始变色：首先变成黄色或陶红色，然后变成棕色或褐红色。木材具有碳化物群的形式，这种形式的腐蚀产生于被称为食用菌的菌类作用（这种破坏在木建筑中比较常见）。这种类型的腐蚀被称为"结构分解"。

真菌，亦可以使正在生长的树木受到损害，这也是腐蚀的一种类型。真菌侵害过程开始时会出现许多明亮的斑点，以后木材逐渐变成单独的纤维状物质。这种腐败物属于心形的腐败物所为。

另一种类型的腐败物是中型的腐败物（霉变物、软化物），木材表层在这种物质的作用下逐渐变成深色的软的脏污的一团。在木材的结构中可以发现这种中等腐败物，这些木结构经常是与水接触的，如冷却塔、木质水管、浴场的木构件等。

食用菌——破坏木材的菌类组织，由于它对自然环境的适应（温度、湿度）能力较强，所以在木建筑古迹中较常见。

在木材表面食用菌的发展形成了许多丝群，它们被称为菌丝群。随着菌丝群的密集，它逐渐变成了一层膜，一种质密的物质形体，在其中形成了孢子——一种小细胞，是菌类繁殖专用的。孢子由风、水、昆虫、动物、人的移动而到处扩散。如果它们掉到了木材湿润的表面，它们就会形成新的木材疾患部分。食用菌具有许多类型。所有的菌类都具有不同的结构、形式、颜色等。最常见的菌类是食用菌、真菌、矿井菌、圆柱菌等。这些类型的菌类对木材具有较强的破坏力。

另外一些较罕见的菌类，则缓慢地较弱地破坏木材，所以它们对于古木建筑是最可怕的，其主要形式是广泛、大量地破坏。

对于所有类型菌类的发展都需要适当的环境条件——确定的湿度条件。最适合的湿度条件是30%~60%的湿度。这种湿度指标经常位于刚伐下来的土壤中的新鲜的木材中。18℃~20℃的温度对于食用菌的生长较有利，但有时它们也可以在0℃~45℃的气温条件下生长，不好的通风条件房间及潮湿的空气较适合于菌类的生长。

破坏木材的甲虫。在老建筑的木结构中经常会遇到另一种形式的木材破坏——甲虫对木材的破坏作用。由它所引起的木材破坏经常是在木材表面的凹坑及孔洞中，这些都是由于甲虫的频繁活动而造成的。

适合于甲虫生长的环境条件是未经加工的自然木材的皮层及内皮。具有树皮的树木在仓库长期保存后，经常长了甲虫，它们就随着未经加工的木材一起进入到木建筑的结构中。

保护木材免受甲虫侵蚀的方法主要有两种：预防措施与完全灭除法。

预防措施事先考虑了木材的预防及保护，它主要是在木材的初加工时期及保存时期，在林场及建筑基址上进行。

完全灭除法是指发现木材染有病毒的部分，并采用化学物质——杀虫剂来消灭这些病毒。

另外应该指出，历史环境中的大部分木建筑的消失，正是因为木建筑结构在使用过程中，缺乏经常性的制度性的维护而造成的。

最后介绍一个木建筑结构保护的有趣的例子。莫斯科的曼涅什公司的木建筑在许多年的保护中发现烟叶对于防止各类木结构的破坏非常有效，直到现在该木建筑仍处于较完好的状态。

第四章
与历史古迹相联系的现代城市规划问题

第一节 从单体建筑的修复过渡到修复历史街道或城市的某一局部

现代城市规划建设任务，在影响历史环境及其区域范围内的新建筑的建造，不能不考虑新老建筑之间的紧密作用。

在这些特定的任务中产生的许多层次性需要，其中的主要问题应综合考虑历史城市修复的组织构图。

历史修复从产生到现在就是一个对修复行为不断学习完善的过程，一般是由单体独特建筑修复开始的。许多世纪的发展积累了很有价值的学术资料，这些不同的古建筑资料既是在首次的考察研究中又是在修复作业的过程中得到的。

随着修复规模的扩大，不仅在西欧国家而且在俄罗斯的许多城市中都积极地进行古建筑的修复，在最近十几年里发现了由单体建筑的修复过渡到建筑群，甚至到城市街道立面的修复的方法。

这种大规模的修复组织为综合修复效率的提高创造了许多有利条件，保证了研究工作的完整性及修复工作进行的有序性，减少了由于同一地点修复工作局部性而引起的某些经济指标的增长；减少了交通运输的消耗；修复工人及作业面相对集中；材料堆置占地面积最少。

同时从历史城市规划角度及建筑美学角度出发的历史街道的修复是较为合理的，因为甚至对于不同风格的、不同时期的历史街道风貌的完整恢复来讲它也提供了保证。在这种综合性的修复基础上就可以更好地、更有根据地理解一些设计决定，如源于建筑群中的建筑空间构图环境的演进；古建筑加建的部分，一些简易的棚亭，同一类型设计较差的房屋、烟囱、金属的构架等所引起的美学感受的改变。

如果几乎任何一个古城的街道都可以被作为是与历史建筑和谐成比例的例证的话，那么在它们修复的同时所创造的舒适条件就可以被理解为：首先是在该建筑城市规划条件下设置与新建筑的合理关系；其次是确定新建筑体量及其轮廓外形，根据古建筑的建筑美学方面的指标选择确定新老建筑之间的和谐关系；再次是赋予历史建筑更合理的功能。

但是历史街道中的几幢建筑同时被修复与单体建筑的更新是不同的，前者更为复杂，必须完成一些工程技术管线的修复，因为它们在城市历史区域中具有很长的使用时间，需要局部修理或者整个替换。所以历史街道综合性的修复，其目的之一就是使这些工程技术管线模式化，然后装备在历史建筑中。

所以，不同类型的修复程序的完成，其目的就是延长古建筑的寿命，赋予它新的功能，这需要综合地解决所有的相关问题，保证历史街道的完整性，甚至保护与它们一体的历史环境的完整性。

建筑历史环境次序性的保证及其之间良好的相互关系，不仅要求修复过程的正确性，而且需要完整地修复。

这些修复过程的主要组成元素是：现状评价、研究考证、理论基础、修复方案、修复操作、功能更新。

第二节 历史城市街区的修复

在所有的修复方法中应特别区分出历史街区修复的方法，该方法最具前途性，高于一系列的建筑形体修复之上。

在历史街区的修复、综合目标下建筑群修复（如城堡、修道院建筑群）方法的创造和完善中，保护加强历史环境才是最具效率的。它们的价值表现在考察研究及设计工作完成于确定的城市规划建设阶段中，并且从属于环境的完整性。

这很重要，特别是在修复总体方案中，

应接受最大量的原始信息，不仅是在修复的各个阶段中考虑它们，而且以后历史环境的任务应赋予它们创造出工程设施局部，完满地与周围自然景观建筑相联系，成为自然景观以及良好的建筑形象基础。

在这种方向上首要的研究及修复工作应确定方法选择的正确性及其发展的前景。列宁格勒的修复专家们在城市历史地段的修复方面进行了大量有意义的实践。

列宁格勒在近十几年中，完成了涅瓦河畔历史街区的一些古建筑修复，并且同时用一些绿化的手法使它们的内部庭院空间更加完善。在这些内部庭院中的一些不重要的较小价值的建筑经修复后获得了新生，具有较好的采光技术指标，而且对于建筑形象展示及内部空间美学表现创造了必要的条件。这样的修复是正确的合理的，因为它在工程技术方面及人道美学方面都较成功，并且在历史建筑的使用中达到了社会的、经济的及卫生方面的效益性。

这就是被称为"综合的修复"的列宁格勒的修复活动。可以说，它们的成就表现在保护所有的建筑历史环境的组成因素上：城市建筑规划的，美学方面的，功能上的，自然景观方面的。在绿化方面投入了较大精力，将庭院空间划分成一定的绿化区域，以适合于花、草、灌木、大型乔木的生长。内部庭院绿化的手段——垂直绿化爬蔓植物起到了补充完善绿化装饰效果的作用，这些方法在波罗的海地区被广泛采用。

如上所述，几个古建筑同时进行修复的工程操作组织还具有其他的优点：修复工作被集中到一个特定的工作面上，为大型机器设备的采用创造了条件，从总体上看减少了由一幢古建筑转移到另一幢古建筑修复时所引起的时间、设备迁移等消耗。

与此同时，整体性修复也可以同时实施于古建筑综合体或相邻的 2~3 幢古建筑中。最主要的是——修复这些大型的群体性质的城市形成物，可以综合考虑总体规划的特点，而在单一的或两个小型的古建筑修复中是根本不可能的。

该方法还有一个重要的优点是，街区内部重建可以根据不同的设计阶段选择最优的方案进行。历史街区的修复应以有目的地组织文化生活系统为保证，如历史街区中幼儿园的布置。综合性的修复还可以帮助找到合理的历史建筑立面形象展示的途径，这些古建筑的立面是历史街道建筑风貌构成的重要组成因素。因此历史街区的修复可以被认为是最具前途的修复方法之一，甚至包括在现代城市生活中老的住宅区改造。

列宁格勒十月区的 68 号街区就是一个很好的例子。该街区四周被四条街道围绕：花园路、莱蒙托夫斯基大街、沿河的喷泉路、马卡连科胡同。前三条街都是交通性大道，马卡连科胡同是具有地方意义的一条街道。前期的研究考证工作表明必须进行综合性的修复。其修复结果是将该区庭院中的一些价值不大的房屋拆除，为幼儿园的建设创造了条件，组织了联系庭院之间的步行系统，保证了该区宁静的休憩条件及绿化环境。住宅建筑的底层很好地布置了商贸、居民日常文化服务设施，如洗衣店、工具商店、药店、

食品商亭、管委会等。住宅单元平面宽敞、准确，为居民提供了舒适的生活条件，室外阳台的建设则面向庭院空间，很自然地确定了庭院建筑立面。这种环境的创造，是修复工作的主要任务之一，即维持周围街道建筑环境及其立面的风貌外表组成。68 号街区还具有很好的技术经济指标。该街区面积是不变的 2.79 公顷，其建筑基底面积由 19480 平方米减少为 15076 平方米，同时其建筑密度也由 69.8% 降低到 54%，绿化面积却大大增加，由 832 平方米增加到 5800 平方米，日常文化服务设施的面积亦由 3199 平方米增加到 5799 平方米。这些指标特点表明修复在新的品质性方面的突破。同时，修复中的结构性及实用性特点的问题也被预见到，住宅单元的现代化结构的确定、卫生设施条件的改进，在很大程度上恢复并保护了街道历史建筑的风貌。

这样，综合性建筑历史环境（街区组团、大型住宅建筑群）的修复，使在单体建筑修复时不能解决的方案问题得到了解决。实际上它们是公共立面系统的问题，住宅单元或建筑平面选择的可能性，赋予其新的日常文化功能，良好的建设与绿化目的，应与交通、步行活动一起同时考虑这些方面的问题，以形成新的建筑群，实现在和谐的历史环境中设置新的现代建筑。

历史环境中存在的重要因素，正如我们所知道的，总是它的一些功能意义方面的问题。通常指的是在居住区中的公共服务设施，有时甚至是具有不同的污染源或有害废物的工业企业，由于在街区内部街道上频繁的交

通车流而引起的对环境保护的担心；另一方面应考虑在工业企业周围的街区，由于邻近工业企业使这些街区正常的生活、工作及其发展受到了影响。处理这些问题的最佳方案是将这些工业企业转移到专业的工业区中。在工业区及住宅区之间应该是被称为"缓冲区"的过渡区，在该区中主要布设行政办公、管理性质的建筑。

城市局部的修复应无条件地满足最现代的工程技术及社会需要，以保证该居住区内居民的公众利益。首先，这涉及建筑的底层平面或涉及具有许多功能特点的建筑。

与这些修复因素相呼应的是应考虑创造新的街区平面规划体系，有机地组织步行交通。众所周知，人类群体步行交通的特点是趋近于更方便的、更简短的交通路径：在城市条件中穿越不同的可通过的庭院、胡同等，在农村地区则是笔直的小路。应从这些规律性中创造自然的、稳定的步行线路（如列宁格勒、塔林以及其他的一些城市拥有不少这方面的例子）。但是自然产生的交通线路并不总是符合当地环境的利益的，所以城市历史环境的修复应在不同情况下提供合理的方向性建议：步行路与林荫道，中间地带适宜的休息场所，与小规模的商业零售相联系的步行街。

如前所述，在大型居住区的修复中经常应考虑拆移一些价值不大的或生产经营性的建筑，以便腾出场地创造文体的或其他类型的休息区。已保护的或已修复的建筑应在它所属的城市区域中发挥更大的效益，充分布置现代的服务设施。应确定经营性的及公共

居住的服务性设施的场所，如供暖设施、仓储设施及垃圾场等。在一些情况下可以为停放私人小汽车设置一些停车场。只要这些小汽车所有者与该区中的居民遵守一定的卫生条例，较好地组织小汽车的停放及检修活动，就不会引起居民之间的矛盾冲突。交通工具的停放可以在方案设计中予以考虑，也可布置在地面或地下停车场中。

所进行修复工作的另一个方面的问题是——其经济合理性。用最现代的技术手段在设计过程中与最终的方案中确定最佳的方法。很遗憾，同时满足所有的修复需要是很困难的，因为修复方案从某一方面满足了一些要求，但在另一方面就会受到一定限制。就像在结构加固的同时经常会引起建筑工程局部的一些破坏。住宅单元平面划分与条件的改善须以工程设备的改变为代价（如天然气、上下水道、电器设备的更新），甚至在室内更新时所使用的新材料，所有这些设施的完善都不同程度地引起了经济指标的增加及居住单元价值的增加。

但是，所有这些新的现代建筑经常引起新居民们在情感方面的不满，这主要是由经济方面的原因引起的。居住区一些负面的作用表现在人口密度过大，距离工作地点较远，没有用工程条例及经济方案最终限制建筑的高度。最近表现出许多保护老住宅内部布局及建筑高度的愿望，以保障足够的空气流通，良好的通风条件，创造出对于居住生活及不同的活动方式的有利条件。同时在这种情况下，表现在具体的数据中，被公认的经济效率产生了很重要的社会效率。它并不是直接

地、瞬息性地表现出来，它影响到人的情感及体力，并影响人们工作的积极性及创造性，以及人们生产劳动的成果。

这种结果的例证之一就是西伯利亚地区的城市托木斯克及该市市政府及修复专家们对历史环境修复的态度。

研究托木斯克历史建筑的时候不能不考察其自然特点，适于人的生存特点，甚至在极其严寒气候中的舒适性特点。在这里，人们并不因天井而感到压抑，并不感觉石建筑群的庞大、街道的远景极其悦目。一句话，老城表达了居民最自然的需要，其功能完全是合适的。直到今天其历史街道仍保持着其完美的形态。它们保护了最有价值的木装饰，立面不重复的花饰，自身强大的特点以及完美的地方神秘主义色彩。

居住建筑、街道建筑所有的立面创造了色彩明快的空间环境，现代建筑垂直的立面并没有破坏它们。在托木斯克同时也表明了，在建造一个或几个高层建筑时，这些建筑完全可以采用现代的技术，如果它们破坏了历史环境的成就，破坏了历史建筑的城市规划的法则、轮廓线、比例关系、规模等，那么这种形式的环境更新理所当然地受到拒绝。

托木斯克城始建于 1604 年，建于托木河右岸与乌沙依克河交界处的高地上。其第一个城堡建于礼拜山突起的一处高地上，其余三面被很深的河水环绕。这就是最初的、最基本的历史城市核心，在此分布了城堡并与东北处的庄园相连。今天的托木斯克城可以被分成三个大的建筑历史区：托木斯克木建筑区，以典型的建筑古迹"大学建筑群"为

代表的 19 世纪托木斯克古建筑区，以及现代高层建筑区。专家们——修复专家及城市建设专家，细致地调查研究了城市各个区域，确定了古建筑保护的最有价值的地区，并提供了在某些城市历史区可以建设现代建筑的建议，在建设现代建筑时应考虑到现代城市及其长远的需要。

首先，在西伯利亚地区进行了深入综合的学术研究，确定了修复工作的次序性。

其研究结果，表现在研究过程及保护区方案的创作方面，分析出不寻常的各种各样的艺术特例及在 18~19 世纪西伯利亚城市建设中日常建筑的特点。首先是大规模地针对完整的历史建筑群进行修复方案的设计。这些保护区组织的目的是：保护历史建筑古迹，建筑的调整，景观的保护，文化背景的保护。保护区划分的主要原则是：保护并体现完整的历史建筑群，展示所有具有城市价值的建筑古迹、文化及考古发现，甚至是保障城市中心及居住区发展的可能性。

在城市中事先考虑了中心历史文化区的组成及三个大的保护区的设置。中心历史建筑博览区包括：列宁大街以及与之毗邻的礼拜山的局部，十月大街及什申科夫区駇靼斯克农庄，以及红军街、捷尔任斯基大街、华沙大街，该区保存着 18 世纪、19 世纪的许多历史建筑古迹，民族木建筑博物馆也在该区。该区还有一些具有革命历史意义的古迹。托木斯克许多世纪以来的历史及文化建筑传统、建筑及城市规划、城市结构等都得到了保护。

作为具有建筑历史环境价值的托木斯克部分历史建筑群——托木斯克街区木建筑及

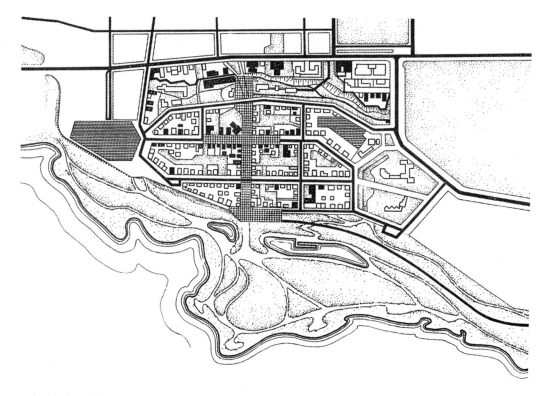

▲ 托木斯克城古城的局部平面图

混合性的建筑得到了保护的建议。保护区包括城市群众公园、列宁广场、乌沙依克河沿岸的建筑及景观、大学区的小树林、西伯利亚植物园。

第二个保护区分布在红军街区及格列兹街区，该保护区有许多具有革命历史意义的建筑古迹。

第三个保护区包括普希金大街、白湖区及其周围的绿化区群，伊尔库斯克交通干线穿越该绿化区群。

保护区的局部不仅包括成组的木建筑古迹，而且包括伏龙芝大街及列宁大街等街区的石建筑古迹。

一些得到保护的古建筑，坐落在建筑调整区。与前面的保护区不同的是调整区对新建筑的建造有一定的限制。建筑调整区包括乌沙依克河中央的绿化带部分及其他的一些部分，从这里可以看到托木河对岸的古建筑。

属于历史城市规划修复工作的一部分是景观保护区的组成——托木河水泛区，乌沙依克河上游以及这些河流的交汇处。

城市的文化层既达到了历史的高度，就需要极其注意其自身的建设。文化层分布区主要是拉哥勒花园区，礼拜山——以前曾是17世纪托木斯克城的中心区。所有这些地区都是保护区的组成部分。

毫无疑问的是，随着城市需求的不断增长，不可避免地要在老区中建设新建筑"单体"，具有现代技术需要的企业单位被放入现存的古老城市结构中。城市就像是一个具有遗传性及年龄特点的有机体一样，其各个组成部分——也像有机细胞体一样，具有特定的遗传密码信息。这样或那样的细胞的消失或破坏，城市结构生命活动的发展需要用类似意义的细胞体来更替，以满足新的节奏、新的生活水准。但这些遗传应紧密地与城市主要的组织结构相联系。在古建筑必要的功能更新条件下，建筑局部的替换带来了特别尖锐的矛盾。今天用公共文化特点的功能来修复古建筑历史环境并不能完全地满足城市社会经济发展的需求。街区中充满了博物馆、文化建筑、服务机构、通信设施、办公室等，而晚上城市则成了"空无人烟"的空城。所有的城市市区及城市建成区，局部都将消失于昼夜 24 小时积极有益的城市生活中，并且这些城市活动加速了古城道义上的损失及破坏。所以较正确的出路应考虑与现代生活适应后的部分古建筑的使用，特别是有些古建筑以前就是为这些目的服务的。必须赋予它们现代工程设备的保证，以创造出更优的更舒适的生活工作条件，关注并建设周围区域良好的环境。

使古城的部分城区与现代生活相适应而不导致其被拆除，用一些"含蓄的修复方法"可以实现历史建筑传统风貌的形神兼备。影响建筑的主要因素是内部的、中间的而非城市结构的空间，它们经常是庭院、空地等。然而它们是生活活动的空间，一般从内部发展，形成新的内部街道，通向没有被破坏的、固定的历史街区及广场，这些街区、广场是城市历史风貌创造的重要因素。

在托木斯克，同样像在其他一些城市一样，宜人环境的建设及绿化在保障居民生活方面起着重要作用，这些空间场所一般是休息场所、体育运动及游乐场所。正面的情感方面的作用表现在所挑选的灌木、乔木及花坛的光影变化。谈到城市局部修复及建筑群修复的美学时，不能不提到直接关系人们周围环境的物质性特点，特别是步行区。橱窗、入口、庭院、城市设计元素、车站、灯饰、座椅、地面铺装——所有这些与建筑相匹配的元素，不仅应体现确定的引人入胜的风格，而且应体现很高的城市建筑文化品位，所有这些都应与人的素质相一致。

在托木斯克城，也像其他的古城一样，也存在着一些与历史核心区相区别的现代新建筑，甚至是一些高层建筑。但是，该城用现代材料建成的一些单体建筑并没有独立于历史街区而存在，很显然，在这种条件下，它们并没有破坏历史建筑区的环境特点。

这里应注意：在历史环境中插建新建筑时有一定的条件，特别是街区建筑的高度及其轮廓线，以及已存环境形体空间构图规律的一些特点。基本的法则是——在已存的历史环境中适宜地插建现代新建筑，注意其特定的结构依附关系。其特殊的意义不仅表现在建筑物的外形体量上，而且体现在从整体上的城市内部装饰，归根结底它体现在社会美学及历史条件的时间轮回及空间次序方面。与历史建筑相毗邻的现代建筑，如果不能正

▲ 托木斯克城古城中的木花饰

确地维护其周围古建筑风格，如果根据现代技术特点用古怪的方法来体现自己的时代特征，那么这种现代建筑不应骄横地显示于古建筑面前。位于乌沙依克河岸边的托木斯克市委与城市执行委员会，这个现代新建筑，就非常有分寸地与周围历史建筑的规模及高度相协调，确定了自己得体的形体构思表达。

西伯利亚大学最古老的街区具有非常杰出的建筑历史的真正缘由。保护列宁大街周围及其附近的建筑规模，修复方法在这里提供了创造宜人的小区的条件，根据村镇建筑的特点形成了在新西伯利亚郊外不大的居住区。还有在旁边一片幽静的树林中，也勾画

出了一些不高于3~5层的学生宿舍。在大学区的房屋及墙裙建议以木结构形式或用砖装饰，主要采用传统的木装饰模式。

甚至连独立于城市主要建筑类型的建筑也不例外，这些新的建筑群并不需要用另外一种形式独立于古城公共风格之外。

鞑靼斯克街区具有典型的这类住宅建筑，该街离开中心大街面向托木河。在此之前村庄所有的木建筑都得到了保护，这些房子壁柱及塔楼具有丰富的雕花装饰、山墙装饰。

老托木斯克以其著名的木建筑著称于世，这些木建筑具有漂亮的窗框装饰贴面、檐饰、门框花边，以及居住建筑不同的立面装饰。

▲ 托木斯克城木建筑的局部

▲ 托木斯克城保护区内的古建筑

在托木斯克也有成功的古建筑与现代建筑相协调的范例。19世纪城市庄园的屋式教堂，完全适用于音乐厅的需要，在那里组织了音乐会演出。托木斯克及莫斯科的修复专家在历史环境保护方面的工作，不仅体现在托木斯克非常有趣的、装饰细部极多的木建筑上，而且体现在苏联学者最近在修复方法学研究方面的突破，所有街区同时的综合性功能修复的预测，工程与交通方面的组织（如巴库宁大街、鞑靼斯克大街）。在巴库宁大街限制交通组织，在鞑靼斯克大街汽车交通完全取消的建议。

这样，城市历史街区的修复成为了建筑遗产保护的独立的方法。在这方面，两个明显的代表：大的历史城市——列宁格勒，中等城市——托木斯克充分地展示了这种方法。前者存在着层次性方面的问题，居住分布，建筑密度以及其他等。在中小城市这些矛盾并不尖锐，因为在低层建筑中更接近于自然条件，小建筑的形式更有利于采光、通风等，而在多层建筑中则完全不同。每一方面都存在有自己的规律性问题，但最广泛的任务是综合性保护城市的形成物。建筑城市规划方面的特点，正是这些特点创造了建筑，城市历史的真实性感受，必须得到保护与修复。

在大城市的修复中应预见到密度的疏散，创造良好的日照、采光条件，庭院空间良好的建设，内部区域及立面的绿化（垂直绿化），休息与不同的娱乐场所的设计组织。这样的问题同样也应得到解决：仓库的布置，地下工程管线的修整，住宅单元良好的工程设施及其平面的调整，建筑低层部分更适于城市服务。

中、小城市的修复目标——是保护历史建筑的轮廓天际线及城市历史建筑的形体空间风貌，创造现代工程良好的设施条件（水管、天然气、地下电缆等），院落空间的良好建设，交通设施的组织，室内最优的舒适条件的创造，住宅单元必要的重新设计等。

良好的生活条件及社会状态要求应从质与量两方面的改善中完成建筑修复工作。

第三节　历史城市中新建筑与古建筑的体量—空间关系

城市规划的总体印象、建筑物的创造不仅仅来自城市建设的总体情况，而且与城市局部的保护与设计，甚至单体建筑紧密相关。

人的眼睛观察到的不仅仅是平面的印象、线条或图案等，而且是立体的空间。因此，从建筑设计图上所看到的建筑与实际所观察到的建筑实体，总是存在着一定误差的，其误差程度与建筑师天才的创造力直接相关：如果建筑师有清晰的空间观念，并用正确的设计将自己的建筑镶嵌入已存的建筑中，同时考虑到建筑形体组合、建筑环境的轮廓、与空间构图的和谐性、建筑单体的立面与所有的周围建筑的总体关系。

建筑实践提供给我们不少正、反两方面的经验。对以前建筑详细的分析，对于历史中心修复方向的预测，保证了其牢固的基础。

建筑修复工作体现在战争后，建筑自然倒塌、风化后以及由于古建筑不适应现代工程技术的需要而应进行的必要的城市更新方面。它并不考虑用新的建筑来替代历史建筑，而着眼于满足古建筑自身的需要，选择适合的建筑修复设计方案。

最好的历史范例就是经过长时间考验而认同的历史建筑。长期的历史选择了视觉评价最佳的、和谐的建筑组合。例如一些大城市的历史街区被同样高度的房屋有机地完善补充。不同历史时期的建设者总希望将自己的建筑"融入"周围的历史建筑环境中，尽管它们具有该时代明显的印迹，其设计的基础是考虑平板的立面、雕刻装饰（如莫斯科、14世纪末的列宁格勒）或建筑的高度等。

大的历史城市的城市规划元素在很大程度上表现在城堡、修道院（莫斯科）、大的宫殿或宗教建筑（列宁格勒）中。在城市建设的分类中（大型的、中型的、小型的城市）必须考虑为中型、小型城市提供的分类建议。

对于建筑历史现状的保护，对于保证历史的有机条件及城市发展的秩序性，首先应考虑其城市规划系统及建筑现状。

在现在的城市中可以看出它们发展的两个原则途径：

● 在历史城市的街道或广场中嵌入新的建筑体；

▲ 古比雪夫城。历史街道中的新建筑

● 在历史城市中建设新的建筑群或新的街区。

在第一个途径中，许多建筑采用了新的建筑材料，然而与其周围的历史环境并不矛盾。作为例子可以举出在莫斯科高尔基大街上的住宅及行政办公建筑，雅罗斯拉夫新州政府办公大楼，布达佩斯的布特山上的与历史街道相配合的建筑，布拉格的瓦茨拉夫斯基广场的新建筑等。

第二个途径包括在老城中现代的城市建筑综合体及新的街区，它们与历史城市的结构并不矛盾。如莫斯科的新城区——比亚埃瓦，斯特罗根，昆茨瓦；列宁格勒的莫斯科大道；高尔基城的自动化工厂区；托博尔斯克城新的石油小区。

对于以上两种途径在实施中须考虑它们之间的建筑美学的正面关系以及体量空间之间的协调性，不仅保护建筑的轮廓，更应完善建筑的历史环境。

众所周知，在历史环境中的新建筑总是引起现代人这样那样的评价。对于它们的形式及协调不应给予太多的指责，因为任何建筑的组合都是一种创作过程，尽管它们有时要局限于特定的历史传统及其体系中，都应尊重历史所形成的形式及美学原则，但不应完全照搬照抄。建筑创作的种类是多种多样

▲ 莫斯科老阿尔巴特大街。不同高度的建筑及其整体性

▲ 古比雪夫城古街中的新建筑

▲ 莫斯科老阿尔巴特大街的新、老建筑。右边的新建筑为瓦哈坦戈夫剧院

的，但其本质应是创新。从以上分析也许可以得出，在历史环境中建设新建筑的一些有益的结论。

在历史环境中建设新建筑最主要的条件之一就是在建筑体量空间方面与历史建筑的相互关系；用许多方法将新建筑和谐地镶嵌入历史建筑中，经历了许多风格时期及时间的考验，这并不是偶然的：这种正面的相互作用关系仅仅表现在那些严丝合缝地融入到周围历史环境中的新建筑，不协调的建筑经常会引起争论，甚至引起强烈的冲突。当然，历史建筑所接受的这种特性，有时会遇到一些革新性的较古怪的方案，也许大家会想起当年在法国埃菲尔铁塔方案所引起的著名的争论，当时的意见并不认为埃菲尔铁塔会代表巴黎的未来，它独特的造型风格将会破坏巴黎古城的风貌。但恰恰相反，埃菲尔铁塔

▲ 古比雪夫城与老建筑高度相协调的现代建筑

伟大的建筑及其工程技术成就，丰富了世界建筑史，首先是丰富了巴黎的全景及其城市轮廓。

新老建筑完满结合的正面例子在俄罗斯本国及国外可以列举许多。值得高兴的是这种例子的数量增长得很快。反对新建筑负面的作用，否定在历史环境中新建筑自命不凡的形体形象，因为这些都破坏了建筑历史环境。但是，仍具有一些建筑设计倾向：对历史建筑的文脉联系加以否定，对前几代人精细的手工业艺术品位加以漠视，这种倾向不仅在一些小的历史城市中可见，而且在首都也常见。

现在已经很清楚了，那就是用玻璃和混凝土所做的建筑立面的设计，直角方形的窗洞，一种形式的审美客体，这种技术型方案设计本身具有不可避免的局限性，它直接反映在进行优秀的住宅、办公建筑设计时缺乏

表现的可能性。例如莫斯科以斯科里弗索夫斯基命名的医院，其医院的单元具有这种建筑单一的形式风格特点；新城与卡什林纪念碑相毗邻的住宅建筑；还有在莫斯科拿德鲁特大街离 15 世纪的建筑古迹——特里范教堂不远的玻璃水泥办公楼。类似的例子在国外也并不少见。

通常，类似的新建筑的负面影响作用首先表现在其建筑立面的设计上，表现在其平面的几何形体上。要知道，古典建筑教会了我们对建筑形体空间关系需要接收和谐的、丰富的建筑信息，应使新老建筑在其立面形式上平心静气地相互对话。

现代工艺技术产生了许多新的建筑材料，并且强迫淡忘过去应用于建筑中的造型材料——砖、石材、木材。所产生的大量的钢筋混凝土、玻璃以及其他的建筑材料鲜明地反映了它所处的技术革命时代。对于建筑的美学水平是一个很大的遗憾。无助的设计方案以及不可能恢复到以前的建筑材料并没有使设计者们为难，他们不得不将现代的新材料引入到历史城市的有机组织中，当然也就产生了现代建筑的新形式。以重复老建筑形式的方法将现代新建筑放置到历史环境中，解决新建筑的立面问题，有时也可以创造较良好的环境条件。在这种情况下，成功的解决办法应是遵循无可争议的建筑规律——体量间的比例关系，高度相一致性，轮廓的吻合，建筑立面的相互协调。通常，较常见的城市中的建筑体量之间的比例关系应是 1：3，1：4，1：5。希望再一次提醒大家注意，在设计图纸上比例关系的计算，在实际空间中会

▲ 莫斯科特维尔林荫道，右边为在 14 世纪历史建筑中的现代剧院建筑

发生变化，在设计方案中的体量很难与实际中的体量相一致。空间的三维特性，其体积、深度与高度极大地影响着建筑的形象，需要特别注意协调计算与现实中的体量关系。

最好应能用平衡的、稳妥的方法来保护历史建筑的节奏和韵律。但是，如果新建筑更形象、更完善地组织了建筑群的轮廓，那么这样的新建筑不应该被否定。

在历史建筑中设计新建筑时不应破坏历史建筑的一些基本规则——保护其建筑环境的协调性与统一性，这些特性是在一定的时期内形成的。这些基本规则的主要内容是：其建筑形体之间的比例关系，高度关系，建筑的表现力，建筑立面设计的协调，有根据地确定其采光条件。

在历史环境结构中建造新的建筑形体或完整的建筑综合体时，必然会产生一些问题，分析研究这些问题时可能会采用一些城市规划的方法。

第一种情况是：完整地保护历史城市（或其中心区），仅仅进行历史城市及其中心的修复、整理工作。用其时间性及功能性对历史建筑进行分类。

在历史城市（或其中心区）界限以外新的

▲ 莫斯科涅什丹诺维街，历史街道景色

地区上进行新的城市建设（如托博尔斯克城）。

　　第二种情况是：在历史城市区范围内，有选择地进行单体古迹或古建筑群的修复。

　　在第一种情况下的优点是保护历史城市风貌的完整性，尽管在修复中一些元素的现代化趋势不可回避。其特别的难点在于历史建筑工程更新方面的修复，尤其是位于历史文化层的工程部分或代表着不容置疑的价值

▲ 高尔基城。新建筑与老建筑

的历史建筑的工程方面的保护。城市积极的、不停顿的发展并不局限于原来的性质及其规模，甚至村镇的城市建设也是一样，其历史形式对于保障更加舒适的居住和工作条件都

▲ 莫斯科。现代建筑"俄罗斯"饭店与历史建筑

不可避免地发生了部分或全部的变化。不同的历史建筑的上下水管道、供电设施、其他工程设施，建筑平面布局的完善，更好的经营使用特点——这些都成为诱使历史建筑及其结构变化的必然因素，这些变化亦代表着在历史建筑结构及环境修复与保护中巨大的工作量。

在历史城市范围之外的新城市建筑创造了综合解决工程问题及一次性设计较好的建筑形式的可能性。其主要优点是可以在没有特定条件限制的情况下进行更充分的建设。

在第二种情况下，在历史城市或历史环境的界限内建造新建筑，产生了一系列的限制及难点，它们必定与历史建筑所有价值的保护及其历史风貌所形成的区域与城市紧密联系。应有机地统一新老建筑构图间的联系，避免新老建筑之间发生矛盾。与此同时，必须在修复中保护其城市规划与建筑平面的条件因素，更新必要的工程设施的保证体系。

应该强调的是：与新老建筑保护有关的问题还会存在许多年，并且还将会更加复杂化。应避免将历史建筑仅仅当做是"纪念品"。用这样的方法来保护它、细心地爱护它：必须从城市规划的角度出发，关心历史古迹的物质性及其需要，与社会发展及其条件的完善相适应。确实很希望能在精心修复中保护历史建筑所有的、最初的、完整的形式，甚至能将所有的新的建设都在历史城市的范围以外进行。

第四节　新老建筑高度、轮廓线的关系，周围建筑高度限制的标准

　　维持历史城市风貌的最重要一点，即保护建筑物的轮廓（天际线）。建筑师与城市建设者们同时关注到城市、街道以及不同的建筑组合而形成的轮廓问题；建筑师们提出建筑高度问题并不是偶然的，应善于将单体建筑与周围的群体建筑相适应，更多地关注建筑体量的不同几何形式及它们之间的组合关系。通常教堂建筑群顶的形成，是用圆柱形的或圆鼓形的屋顶来烘托主要的洋葱形或盔形顶，通过十字架的终结而逐渐轻盈地融合于空间。经典的协调的轮廓的例子——是经过深思熟虑后用钟楼或塔楼的外表几何形象布置而形成的。这样的形象创造了确定的轮廓线，保证了城市环境良好的形象。

　　这种成功的例子在俄罗斯建筑历史发展中是很常见的。特别是 20 世纪 50 年代莫斯科的高层建筑，如列宁山上的国立莫斯科大学就是通过采用不同形式的建筑外貌创造良好的轮廓的经典例证。在莫斯科的城市规划中，已不止一次地提到，高层建筑对于首都轮廓的支持作用。需再一次地声明，建筑高度的几何尺度比例关系，其数字指标为 $1:3$，$1:4$，$3:5$，$5:8$ 等，在这样的规划平面中就可以较成功地将现代建筑设置到历史环境中。

　　高度限制的方法：对于新建筑与老建筑不同的体量之间的合理的空间联系可以采用这种方法原则，就是应用于教堂与钟楼之间的空间比例关系。按照这种方法，在大的建筑群体附近应有目的地布置一些相对比较轻盈的、精细的、小体量的建筑。在历史建筑环境中的新建筑应完成它们建筑立面的延续性，逐渐与周围环境细致地相联系。

　　在这些严格的古建筑控制区以外的新建筑，可以采用较为自由的设计，但是必须限制其高度与层数，以避免破坏历史建筑的空间轮廓。

　　在与历史古建筑保护区或步行区有关系的现代高层住宅建筑群建设，则是一个较复杂的问题。许多现代的研究人员与设计师非常关注这个问题，并且在最近几年他们归纳总结出了一些确定的建议。苏联的学者针对新建筑确定的地点及其轮廓发明了高度限制法。这就是：首先在总平面图上，确定与古建筑相联系的视点、视线以及可通视的视觉走廊；用垂直的虚线将观察点与古建筑相连；在垂直方向考虑观察者的视高，确定在该方向上的新建筑的高度，这个高度不破坏观察古建筑的视觉走廊的通畅性，并且对于古建筑的背景不产生不良的影响；将这些高度数据的指标转移到总平面图中，用实线将相同数据的观察点连接起来；这样就可以得到建筑高度的系统图。

　　这种方法建议用设计方案展示历史建筑保护区的创造，如在科洛姆纳城。这种方案包括计算，其基础是在靠近历史古迹区的地区建设新建筑时的高度限制，该方法是由

P.M.格列耶夫教授创建的。新建筑的高度限制直接取决于新建筑与历史建筑之间的距离。除此之外，还应考虑有利于历史核心或单体古建筑形象以及便于观察它们的需求，还有最佳的轮廓以及新老建筑形体之间的联系。这样，在城堡建筑中心区的保护区内新建建筑的高度不能超过10米，其他与中心区距离由近到远的保护区的高度限制依次是15米、20米、30米，甚至40米。在离该城市古迹区较远的地区，如在西南区，建筑的高度甚至可以到60米~70米。

限制高度这种方法对于历史古迹中心创造了圆形的围合空间，在城市不同区域中准确的新建筑高度限制体系的建设，形成了新建筑的轮廓线而不破坏已形成的历史建筑的轮廓线的特点。需要对在限制区内的新建筑的高度限制进行一定的调整，通过模型及现场观测来进行检验。在今天它已成为一种较有前途的方法并为实践所采用。

但是，在高度限制方法的应用中不应该束缚建筑师的创造能力。因为建筑方案所设计的建筑高度，并不是唯一地保证建筑与周围环境相关联的条件。归根结底，建筑师创造性的思想与特定的城市规划空间及其历史改变相联系，它们提示给建筑师最佳的方案途径，综合分析代表着其主要艺术目的的新老建筑之间的关系。

第五节　历史街区中的新建筑

历史城市不停顿地发展，要求对历史街区进行必要的更新和修复。但是，需特别注意，在这些多次进行的更新改造中，首先应接受最终的有关新建筑设计的参考数据。在最近几十年中这种成功的例子并不多，那就是在历史环境中的建筑创作缺乏建筑师自身的责任感：保护历史环境所有的完整性，首先应有现代建筑师的使命感，及其高超的专业技巧来保证，并且应尊重以前建筑巨匠的威望。莫斯科的建筑实践中有关新建筑与历史环境完美结合的例子仍可见到。例如：非常邻近于马雅科夫斯基广场的、在高尔基大街上的"礼品商店"，就以其高超的建筑艺术创作，与街区建筑风格一致的建筑立面赢得了人们的赞扬，该建筑立面具有不同的直角形和弧形的构成元素，建筑厚重的底层承托着上面各层较轻盈的建筑，简洁的白色装配板式立面反映了莫斯科现代建筑的特点。该建筑自身具有足够的特点，但并没有在城市规划中"强调"自己，成功地成为高尔基大街上历史环境的有机组成部分，不失为新老建筑完美和谐的一个优秀例子。

在高尔基大街上甚至设置了立面是白色平板装配式的、立面上有凸出的窗（如该街42号建筑）。它们的高度与历史建筑完全一致，这样它们简洁的立面使历史街区的立面延续性得到了继承。在历史街区中建筑师得体的方案，应使新建筑的层数甚至其立面尺度得到一定限制，进而完成与历史环境的统一和谐。

然而在首都莫斯科也有这样的例子，如和平大街的现代化改造。和平大街起始于市中心，与环线相交叉，并结束于雅拉斯拉夫大街。在最近几十年中，和平大街经历了巨

▲ 莫斯科高尔基大街新老建筑的结合

▲ 莫斯科高尔基大街新建筑立面局部

▲ 莫斯科列宁格勒大街的现代建筑立面局部

大的改造，几乎每天都在失去一点历史街道的形象，但仍保留了该街在莫斯科城市规划体系中的一些历史方向性特点。尽管从卡罗霍夫斯基广场到利什斯基火车站这一段的新建筑高度与老建筑几乎完全一致，但单体的

现代建筑仍引起了许多非议。什普肯街、吉列罗夫斯基街、奥尔夫斯基胡同、萨马拉斯基街几乎完全丢掉了自己的历史环境特点。很遗憾，以上这些街道在修复过程中几乎完全丧失了自己的历史风格，尽管在新建筑的陪衬下，这些街道可以算作是现代城市风貌的古老组成部分。同时，在 20 世纪 40~50 年代形成的新街区，这些街区从卡佩里斯基胡同到利什斯基火车站，它们则在这些历史街道边上以尺度完全等同的现代建筑，区别于已有的历史建筑的表现方式及其风格目的，很成功地与历史街道相融合。

最近，这些现代建筑以其类型化的风格及新的建筑形式的探索在历史环境中表现得越来越自信了。例如在莫斯科地铁"机场站"，不久前建成了一所学院，这所学院的设计并没有采用传统的形式：立面是极专业化的砖形式，窗具有极强的节奏感，一些具

▲ 古比雪夫城历史街道的高点建筑

▲ 古比雪夫城列宁纪念区的木建筑修复

有半螺旋形式的装饰元素，与以前的时代风格相互呼应，并且努力追求脱离现代工业化标准模式的形式，而力求达到个性化的设计并发展民族传统的建筑表现特点。20 世纪 70~80 年代经常广泛地推广与现代工业化大生产相适应的建筑形式，即平板的同一立面形式，完全与有机的环境相脱离。

在特定的时间条件下，在创造更现代的建筑时，在改变工业化大生产的标准品质特点的方向上，提高建筑艺术水准是完全有规律的。我们今天的建筑设计师们应从以前的建筑"风格的局限"中脱离出来，创造更具

▲ 古比雪夫城历史区修复的木建筑

▲ 古比雪夫城历史保护区内恢复的一座建筑

▲ 古比雪夫城被恢复的建筑立面局部

的更新与新风格的创造准备了更科学的发展时期，与此同时的任务是完整地展现在工业化大生产情况下的现代建筑美学。

第六节　由限制与保护区过渡到建筑历史环境的修复

关于大城市、中等城市、小城市历史环境系统的文字记录很少，甚至对建筑遗产完整保护的社会化及专业化努力也并不普及，只是在最近几十年才形成了限制区的概念，它主要指的是：保护区，古迹保护区，建筑整顿区，景观保护区。

这些各种不同组织结构的保护区呈扇形分布在建筑及历史古迹的周围，并形成了一系列的保护链，保护这些形成物的中心避免遭受不同类型的侵害。这种方法具有显著的实践作用，它曾经属于苏联古建筑保护的某

时代特点的新方法，也就是在现代工厂化构件标准化的前提下探讨新的建筑美学设计。在某种程度上，19世纪末20世纪初许多探索者强烈的建筑追求比较，在这一时期确定了一些折中的、现代化的方法。应更多地考虑，今天在探索的过程中已取得的经验，为建筑

些法规（1975 年）。这种形式的保护区的创建可以不受外界干扰，"保护者"限定建设及修复组织在确定的时间内离开这些历史区域并在别的新区域从事建设工作。但是，这种方法的效果却是矛盾的——建筑的中心与历史古迹必然而且注定要自然老化，甚至销毁。作为博物馆或文化教育目的的古建筑在使用中，甚至在历史街区中布置的住宅公共建筑与社会服务性建筑，保证了古建筑的功能在白天的生命力。而整个古建筑应该在 24 小时内都起作用！否则，它们必定要遭到损坏。某些古建筑非常破旧的现状为拆除它们以便腾出地方来建设新建筑或进行绿化组织提供了借口。我们不得不经常看到这样的情景，那就是所谓的某些古建"保护部门"所进行的如上行动。事实上这样就将古建筑孤单地"供奉"起来了，丧失了其特定的历史环境，为将其作为"现实的纪念品"创造了借口，失去了其物质性及城市规划方面的意义。尽管限制区也允许一定的修复行为，但在允许这些修复的同时仍确立了某些修建的条例（有时它们在保护区设定阶段就是错误的），它们再一次限制了在历史环境中的新建筑。并且这些限制区条例的影响作用有时会

因为不正确的或不明确的边界界定而被破坏。现代建筑的蒙太奇拼接手法以及建筑组装的技术作用，为在非常邻近于保护区的很小的基底面积上建筑高层建筑创造了条件，而那些保护区却主要布置着低层的建筑。这样从道义上讲就产生了古建筑破坏的危险性，如莫斯科非常邻近于历史古迹的 Л.Н. 托尔斯泰的眼科医院建筑，在比列斯拉夫—兹列斯基的卡斯特拉姆沿岸的水利建筑，就是极明显的反面例子。

许多这方面建筑实践的例子及新老建筑的建筑美学方面的激烈冲突，导致了坚定的结论：保护建筑与历史环境。

与此同时，源于限制区的所有条件及需要，环境的概念，都预示了三维空间的作用。所以就产生了完整地、同时地修复所有的历史环境的必要性，这不仅创造了修复工作的经济性及物质材料方面的优惠，而且在通常情况下，完善的行动在同时性的效率上是十分明显的。同时行动很容易解决一系列的问题，如在历史环境中的新建筑，为确定的功能区划创造条件，考虑到学术方面及居民居住条件的需要，对于该区域古建筑的功能更新等。

第五章
保护行为批判的分析

第一节　修复中有关
"更新"的一些观点

最大限度地保护古建筑最原本的组成元素的需要，不仅代表了许多修复专家们一贯的观点，而且在许多法律、法规、国际条例中也被确认。但是也有不少客观的原因，使一部分古建筑的保护背弃了这些要求，将古建筑融入到现代建筑中。众所周知，建筑材料具有一定的使用寿命，并且由它们所建成的建筑的结构是在特定的时期内完成的，每一种建筑材料都具有自身的原料组成及一定的使用寿命，在建筑结构中存在着有限的使用期限。木材、砖、金属及其他的一些建筑材料具有明显确定的物理—力学使用期限。例如，一般来说木结构建筑可以保持自身结构的坚固性平均达 150~200 年。基于最基本的品质状态指标及建筑材料自然的破损、消失，应考虑这些建筑材料特定的使用寿命。

而其他类型的建筑材料的破坏，甚至是建筑结构或建筑体本身的破坏，是力学方面的、自然的或人为的在建筑材料（或建筑结构）的使用过程中的破坏。这两种类型的破坏不允许我们永久性地保护这些建筑精品，或保护原始的历史建筑于它们最初的状态中。

也有一些其他的规律性的因素，其中包括赋予历史建筑正确的功能意义，文明地使用这些历史建筑，以使其延长建筑材料及结构的使用寿命；相反的，野蛮地使用古建筑，会使它们很快地消失。大气、温度和湿度方面的作用在建筑材料长期使用中起着重要的影响作用。较有害的影响是温度的突然变化，由零上较高的温度突然降低到零下的温度。许多数据表明，俄罗斯中部地区的历史建筑及其结构经常在春天 3~4 月份遭受不同程度的损害。甚至城市环境的化学（有害气体等）方面的作用同样损坏着历史建筑。多年的观察研究表明，古建筑保护的主要条件是：正确地使用古建筑，用各种反腐蚀的办法来保护和防护古建筑的建筑材料及建筑结构，保证温度—湿度的衡定水平（通常温度应保证在 $-3℃ \sim 2℃$ 范围内），排除化学的有害气体及邻近于古建筑的噪声震动的影响。但尽管保证所有的这些条件，古建筑仍不可避免地要老化或损坏。不经深思熟虑的经营性活动，不提前仔细考虑其功能的古建筑的重建、添建及其分割，都会加快这种破坏过程。

　　大量的古建筑结构的加固、更替及其建筑材料的更新工作，引起了不同方面及不同形式的修复行为。但正是这些修复专家在古建筑命运方面的影响作用，阐释了有关古建更新方面尖锐的争论。

　　众所周知，将古建筑中更晚一些时期的年代层完全去除，以显露古建筑最初的时代形象，并不总是正确的。例如莫斯科红场的瓦西里福音大教堂就是一个典型的例子，它并没有以其最初的原建时期的形式出现在我们面前：它的最初的顶的形式被毁掉，围绕着其16世纪的廊添加了顶盖，在17世纪装修并彩饰了建筑的一些局部，很自然，不同时期的不止一次的修复产生了许多复杂的情况，需要接受这些已成事实的修复决定。很显然，如果将瓦西里福音大教堂恢复到它16世纪最初建筑时期的形态，去除以后各个历史时期所产生的形式变化，那么这是无法想象的。科学的、理性的方法确定了所进行的修复的正确性。但是，在单体结构的古建筑修复中，由于现代的砖、白石、盖顶用的金属、金饰等的使用而使一些建筑元素发生了改变。附加的或所采用的新的建筑材料应考虑其材料的更新性，这样更符合逻辑。同样，一些新材料产生的影响程度，对于今后的古建筑的修复是有帮助的，在类似的情况下它不会影响到古建筑的形象特点，并且不会引起有关材料"创新"的争论。

　　回想过去，在建筑历史发展的各个阶段中也有许多"创新"的例子。首先，在历史

城市规划的体系中具有明显的"创新"的例子。在18世纪末，俄罗斯城市建设中发生了很大的改变。以前的无规律的村庄街道体系及手工业聚居体系被有规律的严格几何形式的垂直的街道网所代替。

　　在古教堂的修复中，特别是在弗拉基米尔—苏兹达利古建筑的修复中，教堂的新建部分创造了教堂建筑新的空间，并代表了"创新"，与这些"创新"一起，传统的精华被后代们所延续（如弗拉基米尔的乌斯宾斯基教堂）。在以后更晚的一些时期里也有许多丰富的"创新"的范例。如1753年在莫斯科郊区的新耶路撒冷教堂建筑群，就拆掉了其最初建筑时期的不高的八边形石顶，而用较高的20边形的木建筑顶将其替代，并且一直延续到1941年。这个建筑的新顶也是"创新"极具表现力的例证之一。然而有关的争论，甚至在现代的许多著作中也少有提到，今天围绕着将建筑顶部恢复到其最初的形式存在着激烈的争论，因为缺乏必要的有关其最初形式的图纸资料及准确的数据，所以根本不可能将其恢复到最初的形式。18世纪的建筑师们，敢于创造完全新型的建筑及其结构覆盖层，以保护已裸露30年的内部覆盖层（尼高教堂的石顶毁坏于1723年，修复于1753年），而今天则存在某圆形教堂的局部，由于方案关于顶部覆盖层不同参数的争论，这些参数总共不过几十厘米厚（在60米高的教堂建筑中，从地面观察根本无法感觉到），而使这个教堂建筑的覆盖层遭受自然腐蚀，裸露45年多而得不到修复。

　　在苏兹达利城还有一个这样的例子，那

就是在修复 17 世纪供神职人员用的一所寺院时，采用了新的建筑材料重新覆盖其所有的轻盈细致的结构。将水泥放置在木模中，木模被取掉后用水泥现浇出的弧顶的表面是凹凸不平的，再用白色涂料喷涂后其质感非常相似于 17 世纪的形象。如果用最初的 2~3 层砖定位后再涂以白色来恢复这种古建筑的局部形象，这种方法是不合理的，并且是错误的。这种新的建筑材料使用——水泥的厚重的质感——在这种情况下表现了修复行为的正确性。

大量地使用郊外的或其他地区的砖，在材料创新方面并没有引起争议。实质上这是在建筑结构及建筑材料上真正意义的"创新"。

在库图佐夫大街尽头为庆祝 1812 年俄罗斯卫国战争胜利而修建的凯旋门，具有一定的代表性，它在城市规划关系及城市建设的结构上，实质上是一个"创新"，以至于没有引起专家们的争议，只要了解在使用现代结构及建筑材料时其内部基本的骨架关系。

在 20 世纪 80 年代，有关评价修复工作新的方向性问题上产生了许多争论及观点，归根结底它们变成了无条件地接受古建筑原创作者的意图及其观点，以及支持这些观点的有理由的论据。

新的建筑材料的影响程度，在建筑材料创新方面的实践，在当时古代建筑师中并没有引起太大的争议。而同时，反对者们的不同意见在道义方面产生了支持恢复已消失的，或成为废墟的古建筑的趋势。从两个方面观察这些严肃的问题是正确的。

众所周知，伟大的卫国战争给我们的民族文化根基带来了无法挽回的损失。列宁格勒原有城市的完整性及其邻区的建筑群遭到了巨大破坏；夏宫普希金城、斯摩棱斯克、诺夫哥罗德及其他的几个城市几乎从上到下都遭到了罕见的毁坏。如果战后在许多的历史区域不进行大量的修复工作，那么这些历史古迹就会永远地消失。

在这种情况下正确的决定是历史建筑的恢复应成为一种教程，可以不用太偏重于建筑结构及材料的真实寿命，这些寿命不是太长久的。在古建筑的平面布局、建筑形体—空间构图中，新的现代的结构及元素组成的设置并没有对恢复古建筑的最初风貌造成很大影响（例如：夏宫宫殿中的金属结构）。极大的爱国热情激发促进了夏宫及米哈依洛夫斯基宫的修复。

最近在蓝天白云下作为博物馆的古建筑，即木建筑博物馆得到了广泛的承认。这种现象可以被认为是建筑环境的艺术性创造，甚至可以评价为建筑构成—创新。在历史建筑中有许多这方面创新的实例。历史古迹不可能脱离辩证的更新过程，不可能脱离严肃的"创新"这个词而存在。一种典型的方法来理解这个词的意义，应在理智的指导下、在专业教育的基础上来完成"创新体"的创作。

但是其意义发生了无须历史证明的改变，那就是修复今天已不存在的古建筑的趋势，尽管专家们的论据是不充分的、缺乏公众性的。例如：在基辅对于修复金门，专家们负面的看法；对莫斯科拉霍伊广场苏霍列夫塔

▲ 基什镇的木建筑外貌

楼恢复的争论。在今天交通非常拥挤、莫斯科的街道及花园环路充满汽车的情况下，在现代新的建筑规划布局条件下，恢复苏霍列夫塔楼在历史城市规划中的地位是非常困难的，并且是毫无根据的。

　　这样，在单体古建筑局部的重建中，在建筑古迹的修复中，今天的修复活动肯定会与"创新体"相遇，这就是在历史建筑中现代新的建筑材料及其结构的应用。如果最主要的修复活动是理智的并且是适合的，那么它们就根本不会损坏历史建筑。

第二节　木建筑的美学

　　木建筑被荣幸地称为"建筑的劳动成果"，具有各种各样不同的形式，反映世界各族人民的社会活动。建筑材料的选择不是偶然的，对于建筑艺匠来说，使用方便是建筑材料选择的必要条件。更重要的是材料的特性应适合于建筑工程结构，装饰着建筑形体及其细部，美化着建筑作品。自然环境决定了地域特点，而地域特点又决定了建筑的特性。建造者的建筑天才或其艺术在对石头和木材细致地理解的基础上确定了其材料的美学，甚至很平常的建筑被民族艺匠用独特的匠心及特色所装饰。特别是不重复的匠艺，表现着建筑的地方传统及其美学观念，杰出的代表就是木建筑。

　　俄罗斯的木建筑艺术曾经如同一个有巨大发明的实验室，在这里人民创造了或尝试

▲ 基什镇的木建筑局部

▲ 托木斯克城古代木建筑的美学

▲ 现代木建筑的精美雕饰

了或选择了木建筑的建筑形式及创作手法，这些都是根据自己对经济的、政治的、美学观念的社会生活变化的掌握而完成的。

　　木建筑——是俄罗斯民族建筑艺术及建筑文化经典表象之一，以其不可估量的艺术价值成为世界建筑历史的纪念碑。

　　很遗憾，今天所遗留下来的木建筑古迹并不多，它们大都存在于俄罗斯的边远地区或俄罗斯最北部地区。大都产生于18~19世纪。著名的苏联修复学家 A.B.阿巴洛夫尼科夫强调道："民族的木建筑艺术，尤其是俄罗斯北部地区木建筑的繁荣，是俄罗斯民族在漫长的历史过程中积累起来的巨大的成果，俄罗斯木建筑存在的另一个原因是其民族的特性——俄罗斯民族的艺术天才，我们民族艺术品位协调及完美的发展，特别在创造大型的深刻的艺术方面。"令人欣慰的是，今天我们民族木建筑的手工艺及传统仍然存在着，而且我们民族天才的手工艺者仍然创造着木建筑的精华，保护着俄罗斯村庄的风貌。

　　人民所希望的严格的简洁的细部形体设

▲ 住宅设计艺术的方案

▲ 木雕饰的精美，苏兹达利城

计仍然装饰着自己的建筑立面。在几百年的历史长河中，吸引人的及人民所渴望的艺术装饰仍存在于农村、民居、庄园或其他的建筑中。这些建筑仍被用木制的雕花所装饰。这些用材料自身特点所创造的各种各样的花饰，经常被传播到别的地方或别的村庄。

令人满意的是，传统确定的居住建筑立面一般是 3~5 个带雕花装饰框的窗，这些雕花是根据木头的品质由不同特点的图案所组成的，从中可以看出人们不断的、创造性的艺术追求趋势。

木装饰——是俄罗斯民族艺术完整的一个章节，它继续着上一代的传统，并通过自身的形体完善，转移到将来。

在许多今天的俄罗斯现代村庄中，仍用这些非常完美的装饰手法继续装饰着自己的木建筑。许多单层的住宅建筑的立面仍具有不同的花饰，而且经常是不同色彩的。装饰雕花图案存在于建筑立面、檐口、窗洞、门边。经常可以看见各种各样的檐饰及门饰，它们成为组成住宅建筑的元素之一。这种不同类型的艺术装饰也可以经常在其他功能的建筑中发现。

木建筑的精华存在于现代城市郊区的饭店、咖啡馆、酒吧等不同的公共建筑中。它是年轻的建筑师在设计旷野中高速公路旁的现代停车休息区内餐饮亭时所渴望达到的形式，采用带有木装饰的俄罗斯古农村的木建筑形式。这个设计在精神风格的表现方面理所当然地获了奖。接近于自然，由天然的建筑材料完成的类似的建筑会使旅游者、度假者甚至从它边上开车经过的现代人感到满足，因为它创造了确定的情感价值。

俄罗斯木建筑丰富的形态，不重复的深刻的民主基础，极高的艺术价值观念，随着时代的发展，以后的人们将会大吃一惊其不普通的建筑表现形式，同时它也将吸引新一代人投入到民族历史的文化传统中。

第三节　艺术地创造建筑环境 （木建筑博物馆）

在最近几十年里，俄罗斯的修复实践与国外的修复实践几乎同时确立了建立专业建筑博物馆的必要性及其理论观念，这种建筑

▲ 古比雪夫历史古城中所保护的木建筑。立面局部

博物馆主要是指以木建筑为基础的建筑古迹。但是，在这种观念兴起的最初阶段，也产生了许多反对的意见，以及反对以这种方式进行古迹保护的反对者。

　　但是，该观念的支持者们仍以已存在的古迹木建筑为论据创建了开放的露天博物馆，在其中设了许多从各地搬运来的木建筑古迹。大家都知道，最近几年许多木建筑古迹毁坏于不同的自然灾害——雷电、火灾等，以及木建筑本身的腐蚀、自然倒塌等。边远地区不便的交通条件，使木建筑古迹许多伟大的成就、完美的形式很难展现在渴望参观、了解它们的旅游者面前。这些木建筑古迹难以修复和整理的一个重要原因就是它们大都处在交通不便的边远地区。

　　这些以及其他一些严峻的现实留给了学者寻找更加合理的方式来保护、展示木建筑古迹，结果是将它们集中地转移到更方便、

▲ 古比雪夫城中木建筑的立面局部

更易接近的地区，这也由于木建筑相对于石建筑来说更易于整体移动（当然在世界建筑实践中也有石建筑整体移动的例子，尽管其数量非常少）。

　　最近创建的木建筑博物馆（更准确地应将其称为民族建筑博物馆，因为这里也布置有一些不大的石建筑古迹），已发展到根据

▲ 卡斯特拉姆木建筑博物馆的街道，艺术地创造环境

▲ "小卡列达"木建筑博物馆的入口局部

以前的木建筑总体规划布置系统，集中能代表该地区特定地方特色的几乎所有的各种类型的建筑物。根据以前木建筑古迹的布置很容易讨论木建筑古迹的特点、类型、装饰艺术形式，每一个单体的形式及其特点，以及该单体在聚居点系统中的地位。在修复过程中所进行的科学分析，木建筑古迹的社会联系，使木建筑外貌形态得到了广泛展示和传播。

通常，建筑师总图设计的基础是边远地区的木建筑及村庄的建筑方式及其系统。选择博物馆适合的场地布置住宅建筑、农村建筑以及其他的一些建筑，并将总平面图设计与这里的地形、自然景观相结合。

所有的这些特征保证了民族建筑博物馆存在的意义。

针对木建筑博物馆中这些木建筑古迹被移动的事实，反对这种博物馆的反对者认为

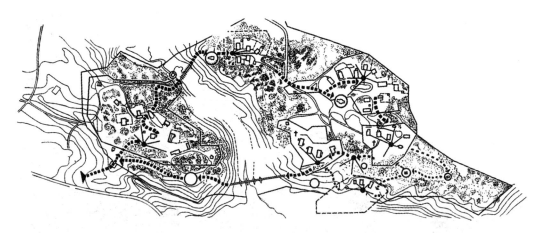

▲ "小卡列达"木建筑博物馆的总平面建筑展品布置图

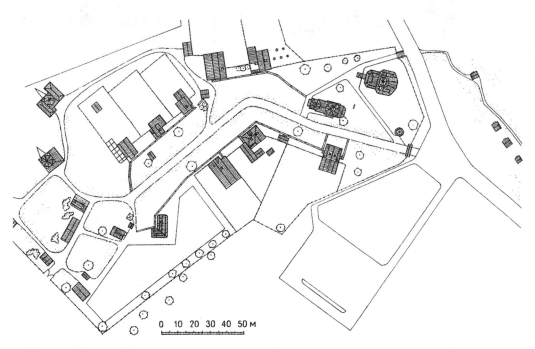

0　10　20　30　40　50 М

▲ 苏兹达利城的木建筑博物馆总平面布置图

其负面作用是，它们失去了其最初的自然环境及其周围的建筑环境，这种环境是木建筑古迹被创造并长期存在的载体。而所有科学研究、论证的结果表明，这类博物馆创造的

重要的正面作用是：在保护这些独特的、有代表性的木建筑古迹方面，确定了正确的选择方向，博物馆与其维护者一起保护了木建筑的形式、民族装饰艺术，这种艺术是通过

▲ "小卡列达"木建筑博物馆的木建筑展品

▲ 木风车

▲ 新城木建筑博物馆的木建筑展品顶部细节

▲ 新城木建筑博物馆的木建筑展品回廊的花饰

▲ 新城木建筑博物馆中的木建筑展品立面局部

▲ 苏兹达利的木建筑博物馆。由农村搬迁来的木住宅

▲ 新城木建筑博物馆的农村木建筑教堂

木建筑的形式以及不同的室内家具布置而体现的。

　　俄罗斯不同地区的木建筑博物馆赋予了

木建筑古迹类似于博物馆展品的公共展示意义。并且在其同期总平面的设计时考虑到了木建筑古迹各自的特点，这些木建筑古迹各

▲ 苏兹达利的木建筑博物馆立面局部

◀苏兹达利的木建筑博物馆建筑窗饰展品

▼卡斯特拉姆木建筑博物馆的空间构成局部

▲ 卡斯特拉姆木建筑博物馆中的建筑展品

▲ 细部修复后的窗

▲ 修复后木建筑的窗

自的特点代表着不同地区的地方特色。

　　木建筑博物馆最终的平面规划及其形体—空间布局并不完全依靠于木建筑古迹，这样就对修复方法及修复理论提供了较好的保护条件。与古建筑一起创造了新的总体规划，对于修复的主体，木建筑经典的新生命形成了艺术的环境。由于以上方法，修复科学理论过渡到新的领域。

　　在木建筑博物馆中所选用的展品材料即一些木建筑精华，可以使我们了解到设计者最初的意图。分析设计者最初的设计及修复意图，可以更好地评价木建筑博物馆，更确切地理解在新的条件下木建筑的保护及其展示目的。

　　木建筑博物馆形成的方法学基础是设计者试图用建筑—历史的环境这一观点分析研究木建筑古迹。最后，总的看来，在空间及环境中存在着的"人"，在精神及物质两方面

▲ 卡斯特拉姆。木建筑博物馆中 19 世纪中期的农村
　住宅建筑（部分窗是修复后的）

▲ 住宅立面局部（部分细部是经修复的）

影响着他们的创造物，完成了环境美好的协
调。

第四节　木建筑博物馆总体规划形成的原则

　　众所周知，木建筑博物馆总体规划形成
的理论基础是根据地理的、美学的、民族的
特点而进行的木建筑古迹的分类。俄罗斯的
民族传统及其实践极其广阔、多样，它不仅
表现在每一个州，而且在每一个地区；在任
何一个地区的许多聚居区中都具有不同的民
族特点；首先是其建筑物不同的、丰富多彩
的样式。在木建筑博物馆的总体规划设计中，

设计者将这些特点作为其方案的基础，在其
方案中布置了具有不同地方特点的有代表性
的建筑精品。例如：小卡列达的木建筑博物
馆，就坐落在阿尔汉格尔斯克边上的丘陵地
带，布置了 16~19 世纪有代表性的农村建筑。
这些建筑反映了阿尔汉格尔斯克州不同的民
族特点，但在该州邻近的沃洛格达州也具有
与其类似的建筑。这样，在小卡列达的木建
筑博物馆，事实上就成了俄罗斯北部建筑遗
产的代表。

　　在该博物馆的总规划中具有以下小的区
域：瓦杰斯基、卡尔戈波尔斯克—阿涅日斯
基、卡热斯基、北—德温斯基、皮涅什斯基、
波莫瑞斯基、梅津斯基等。

▲ 木建筑屋顶花饰细部

▲ 木建筑柱饰细部

　　阿尔汉格尔斯克的民间艺术及国立木建筑博物馆，以及它们所具有的一切特点——都是有机更新理论有价值的论据。它的民族—地方的特点为有关俄罗斯北部建筑特点的讨论提供了范例。木建筑博物馆的总体规划就是由这些不同形式的、完美体现着古建筑不同地方特色的建筑组成的。

　　创建于 1964 年的新城国立博物馆"维多斯拉夫利兹"，代表着学术观点的兴趣所在。这个建筑—地方性博览会公园占地约 50 公顷，离新城市中心约 4 公里路，它坐落在米亚湖岸边，离尤里耶夫修道院不远。

　　这个博物馆设计了三个基本的地理区：东北区（林区）、米斯金斯卡区和湖边区（谢尔盖勒湖区），反映了新城地区建筑民族特性

▲ 木建筑局部

的基础。每个区由 4~6 个具有代表性的农舍建筑群组成。在这些建筑群构图中心的是宗教建筑。而在总的博览公园的中心则是这些建筑物的大合唱——其综合体。第四个区是生产区，布置了一些风车、水车。该公园被一条由西向东的主干道所穿越。在一些局部的中心布置有住宅，它们都是一些具有明显代表性的地方建筑，具有开放的走廊。

按规律性创建的苏兹达利木建筑博物馆，它收集了有典型代表性的弗拉基米尔—苏兹达利风格的建筑。应该注意到的是以前的木

建筑很难得到保护，在这里我们所见到的仅是 18~19 世纪修建的木建筑古迹。

这些博物馆的总体规划是根据俄罗斯农村的平面布局体系结构而完成的——成组成团的住宅建筑，中心是宗教建筑，周边较远处是地区性或生产性农业建筑。

很早以前，约在 12 世纪在这里建成了古老的修道院——基辅·佩奇乐斯基修道院的一个局部，以后约在 17 世纪，建成了木教堂；当时围绕在修道院周围开始建造了两层建筑的农舍，不久修道院倒塌了。现代的修复专

家根据 1851 年的总体规划创建了该木建筑博物馆，在该馆布置了一些移运而来的历史建筑。所以现在的这两排建筑展品展示了当年的历史。对于当时的历史建筑，正确的移运重建不仅应考虑到当时的农舍、风车，而且应是以前该历史地段所有的构筑物。环绕苏兹达利城的风车，每一个大村庄都有自己的谷仓；以及它们共同构成的自身特点的侧影，应成为现代博物馆重现及创造所追求的目标。

另一些与以上总体规划相异的例子是卡斯特拉姆的民族建筑博物馆，时间上保护木建筑古迹以及它所属于的最初的地区。必须保护单体的建筑，特别是偏远地区的建筑。早在 1954 年就有了类似的将古木建筑搬移、集中保护于一个地点的保护思想。

为卡斯特拉姆民族建筑博物馆选择了相对不大的一块基地，它在伊巴特也夫斯基修道院的西南方向，伏尔加河与卡斯特拉姆河的交汇处。

该博物馆的总体规划借鉴了传统俄罗斯北部地区的村庄规划原则，离河或水体较近，很容易接近河、湖、森林，这个博物馆的总体布局是卡斯特拉姆地区村庄几百年来典型布局的代表。沿河右岸建造了农舍，在它后面布置的是农作性建筑、谷仓等。村庄的开始是垂直方向高耸的叶连斯基教堂，结尾于另一个在村庄建筑物轴线上的垂直高耸的教堂。在农村住宅建筑的南部，村庄的外面则布置了谷仓和不同结构的风车。

该博物馆的展品向人们展示了卡斯特拉姆州北部的建筑艺术，其建筑艺术特点也是俄罗斯北部建筑所常见的，具有稳健、严格的风格。这与当地潮湿的自然气候条件是分不开的。建筑一般都建在高处，一般都是两层的。

这些博物馆建筑总体规划布局的形成，这些代表性例子从总体上也是无名建筑古迹保护的一条途径。

下 篇

波兰古城的保护与修复问题

第六章
波兰古城保护的历史概述

不仅是城市工作者、建筑师和修复专家关注城市的发展和改造，而且还有人口学者、心理学者和社会学者。人文专家以及建筑史学专家是从历史的角度评估古代的城市和街区的，从而他们的活动主要着力于古建筑的保护。城建工作者和经济学者着眼于城市在很大程度上依赖于一系列理论原则，然而这些原则并非任何时候都适用于古代城市和街区。因此，在保护其古老风貌与现代化之间常常产生矛盾，且终裁往往是某种折中。

在波兰，文物建筑大多位于城市之中。大部分现存古代建筑的技术状况不佳导致必须对其进行维修。应对功能需求的改变需要具体的改造计划，尤其是对古老街区建筑的改造。同城市的其他地域相比较，对古街区的投资的合理性使它们具有了更大的优势。然而，大规模的建筑和筑路工作不仅影响了建筑文物的使用及其周边环境，而且影响了它们自身的存在。

毫无疑问，有必要研究关于古建筑群的理论，它们与城市建设需求的对比关系，以及现代化城市建设对古街区及其周边地区的作用与影响。

下面以几个中世纪城市为例进行图解说明。它们是波兰现存最古老城市之一，自然而然，它们经历了漫长的改变过程。在波兰的中世纪早期就存在十分发达的普通型和密固型城镇网，甚至是人口密集地区城市网。在这些人口密集地区建筑物的主要特征是带有少部分石砌建筑物和木质建筑群的存在。当然，它们并没有被完好无损地保存下来，在这些建筑群中只能找到早期罗马和罗马时期雄伟建筑群遗留下来的某种元素和印记。虽然那些没有获得建设城市权利的居民点在建筑规模和特征上区别于中世纪在这些地区保存下来的城市，但是总体上在后者身上却能找到自己的影子。更早时期居民点的建筑成了肯定前人经验的见证。然而，很遗憾，当今这些建筑却被认为是多余的。由于空间规划风格的改变，当今古街区的建筑从根本上违背了传统的城市规划理念。现在人们经常下意识地，故意去保留原有的历史底蕴。在20世纪中期，这种修复的实践观点起到了至关重要的作用。

在1938年的波兰城市建筑师代表大会上，я.扎和瓦都维奇的报告尝试性地讨论了关于保护古城建筑群的问题。

第二次世界大战后，由于对城市问题兴趣的高涨，出现了许多关于古城建筑群问题的政论文章，恢复受损的历史古城和街区成为这些文章的核心理念。除政论家外，建筑修复专家也研究此类相关问题。虽然在理论上反对改造的尝试，但是他们仍然支持修复受损的建筑综合体。需要强调的是，这种方法并不符合修复学说。

在 1946 年 Я.扎和瓦都维奇撰写了《古文物修复原则和方案》一书，在该书中作者针对古文物的修复表达了自己独特的观点，他认为在战争中受破坏的古文物的数量和质量不仅仅局限于在修复专家议会上制定的传统原则。他支持复原古文物建筑，并指出古文物的外观应返璞归真，最大程度上接近古文物的原貌。在此基础之上，他还强调这些客体在加强民族意识方面的重要性，复原古文物和纯粹修复意义上伪复原古文物的必要性。在《评论古文物复原》一书中，K.毕沃茨基表达了相同的观点。同样，A.卡尔切夫斯基仔细研究先前的修复方法和原则之后，在《修复古文物国家议程》中对此进行了进一步的论述。他还放弃了继续制定建筑历史古文物的方案的机会。

随着在城市中修复古文物工作规模的扩大，十几家新报刊相继出现。像往常一样，它们千篇一律地刊登关于修复方案讨论的报告。在此需要强调城市建筑群问题在所有修复问题中占据至关重要的位置。

在保护波兰古文物的其他工作中也可以看出古城建筑群的重要意义。在这里需要顺便提一下无论在 Ю.列梅拉、Я.杜特盖维奇、C.拉林查、Я.扎和瓦都维奇的著作中，还是在许多国外的著作中都没有关于此问题理论方面的专业论证。

1961 年，Я.杜特盖维奇研究论述了基本的理论问题。但是他的报告只是部分涉及古建筑群，而且在这些报告中并没有找到其他理论学家的相关评论。

1967 年，K.毕沃茨基在对 B.弗拉德列的著作进行评论时对研究修复理论问题，具体说是修复建筑群的问题产生了浓厚的兴趣。B.弗拉德列在其著作中尝试性概括了现代修复领域中的各种学说主义。

应该指出，此著作继承了波兰修复专家们所提出的系统理念，但是在对古城街区的改造方案进行评价时并没有应用这一系统理念。首先，因为以城市建筑群中文物的概念作为参照物并不能够准确地评论出一些单独艺术作品和历史文物的价值。然而，许多修复学说主义的出发点都是对文物价值一成不变的理解。从这些修复学说中总结出的系统原则是对这个艺术作品特点进行选择的结果，它们常常影响一些观点的代表人的思想。所谓的系统原则通常与代表人的性格、兴趣乃至于他所处于的时代氛围和环境休戚相关。约翰·辽斯肯把修复看做是"死而复生"。同样，对于改善古文物的外形和结构，尤其是哥德式的，建筑学家维阿利·勒·邱克认为把历史建筑修复成原始状态是十分必要的。A.利格力详细说明了文物所有有价值的元素。他和德沃尔扎克所表达的观点在雅典（1931 年）和威尼斯（1964 年）宪章中体现出的基本修复原则的形成过程中起到了非常重要的作用。

在实践中为了保留城市街区中古老的文化元素，所采取的措施都超出了这些学说主义的范围。那些完好无损保留着原貌的历史古城并不仅仅是文物，而且还是遵守特殊规则的有机体。大概现在庞贝古城、格尔古兰乌木、格拉达、吴哥窟已经不能称为完整的城市，数世纪保留下来的只是古老的外形罢了，因此随着生命的消逝，这些古老的城市丧失了自己最基本的功能，它们不再是人们的栖息地，而变成了保存文献和陈列品的地方。

在波兰除了古老的斯韦奇之外，没有保留下任何一所如此空无人烟的城市。因此致力于现代的需求，古老的城市机体成为修复和复原的对象。它们中的绝大数都是中世纪产生的城市，并拥有悠久的历史。自从出现和形成之后，这些古老的城市机体经历了历代的变化。虽然现代的修复措施使它们经历了又一次的改变。但是这也是保护古老的城市机体的一种手段。事实上，这种理解是多方面的。类似地，在过去的一百年里有关与修复和保留城市的历史和古老文化元素的想法也是如此。因此研究历史城市和街区的演变关系，将有利于更好地了解现代修复问题学。作者经常引用一些中世纪城市的实例进行说明。本书旨在分析确立历史中心形式的现象。修复原则有可能被推广到生活中，我们应该从不同的观点出发分析它们（不仅仅是从历史的角度）。因此，对历史和艺术价值的评价与一个国家的民族特点有着一定的联系，但是这种评价也反映了在其他国家中呈现的确定趋势。

由此可见，在考虑整个欧洲最普遍的现象的基础上研究波兰古文物修复问题是十分必要的。

第七章
恢复在第二次世界大战中受破坏的古城中心

第一节　历史形态下
古城中心的恢复

除上百万人员的伤亡外，第二次世界大战毁灭了大量的文化财富。波兰在这方面的损失尤为惨重，数以万计的建筑文物被摧毁。在波兰的 177 个城市中，历史中心的毁坏数量超过了 50%。战争结束之后，国家经济资源的枯竭和相关农业体制的改变，使为保护城市中心创建正常的条件变得愈发困难。这一切对于这些城市而言犹如雪上加霜。复原古城和街区问题变得更加棘手。虽然发生过数次战役和火灾，但是在许多被摧毁的街区上仍然遗留了古老的建筑、建筑的正立面和宝贵的建筑细部。它们坐落在充满残骸的地域里，由于它们随时可能倒塌，水雷和炮弹随时可能爆炸，很难走近这些建筑。因此，人们面临的是迅速采取保护措施的艰巨任务，以防建筑物彻底坍塌。当然这需要专家的参与，物力和财力的支持。军事行动过后，在波兰的许多城市成功采取了一系列清点和保护完好无损文物的必要措施。

毋庸置疑，在复原被毁古城中心过程中有效地调动和分配人力资源是以 C.拉林查和 Я.扎和瓦都维奇教授为首的所有进行波兰修复工作的劳动人民的功劳。在被侵略的年代，每天成百上千人死亡已经是司空见惯的事情，与此同时，国家的民族意识日益高涨，对前人文物的坚定信仰成了最宝贵的财富之一。在那时，对身体和物质方面的威胁比和平时期要严重得多，每个人都憧憬和谐、安定的生活。

在战乱中，大多数从事古文物工作的历史学家、修复专家和建筑师坚决支持保护古文物，他们认为有必要去修复和改造它们。虽然许多建筑被毁坏，但是他们仍然异口同声地赞同复原已经变成废墟的历史建筑和城市建筑群。因此，在 1945 年如同第一次世界大战过后（当时只是对少部分建筑进行复原），不干涉原则没有获得支持。于是在修复主义学说没有任何改变的情况下，专家们提前开始制定重建历史建筑群并使之恢复到历史原貌的工作计划。然而，采取这种工作方式不仅局限于建筑受破坏的面积和尺度，而且还需要考虑建筑完善程度这一实际情况。

▲ 罗马。罗马广场局部

波兰首都华沙便是典范。在战争期间华沙代表着至高无上的爱国热情和自我牺牲精神。于是修复古建筑的决议成为反抗大规模毁坏的手段。

在占领华沙之后，法西斯分子继续施行将华沙夷为平地的计划，在 1939 年 9 月摧毁华沙和尝试攻占皇家城堡便是计划的一部分。1943 年，法西斯分子继续施行摧毁华沙的计划，在华沙犹太人居住地战役之后整个城市的街道都被摧毁。最后在华沙起义失败过后，专门组织的希特勒军队开始全方位地销毁遗留的建筑和已经被焚烧的城墙。摧毁城市街区，其中包括对古城镇和皇家城堡的破坏，不仅仅毁坏了波兰的文化，而且还破坏了所有与纪念争取民族独立战争有关的文化古迹。于是，复原这些废墟的愿望变得更加强烈和迫切。

在被侵略的年代修复受破坏的古城中心的理论才被制定。在道温斯基教授的带领下，由建筑师和修复专家组成的秘密组织开始制定 1939 年受破坏古城镇复原和改造的原则。其中经验丰富的工程师塔杰乌石·米扎克制定了复原在九月战役中被烧毁城市宾丘弗的工作计划。他收集大量关于改造这座历史建筑群必需的历史和图片材料。然而在 1944 年塔杰乌石·米扎克逝世，这套工作方案被彻底耽搁。

自然而然，没有人可以推测这些建筑群在战争过后将受破坏的面积和尺度。战后华沙的情况仅仅局限于人们的想象之中。但是至少在华沙解放之后关于复原古老历史中心的想法应运而生。

对此，许多建筑师纷纷表达了自己的想法。K.卫卡否定复原古城镇的合理性，他认为经过修复的建筑只是原古城镇的拷贝品。他反对重现建筑物的历史原貌，并认为重建后的古城镇将会是"低劣的剧院"。K.卫卡坚持保留废墟遗址，在它们的周围可以建成现代化的公路干线，为旅行者准备的餐馆和咖啡馆，这可以为修复城市其他地区积累资金。

保留作为法西斯侵略行为的文字见证的废墟城市中其他地区的想法产生得较晚。更为遗憾的是，这一理论还没有得到支持。所保留下来的城市和街区废墟并不足以反映出华沙当时的受破坏程度。从保存下来的照片和影像资料中可以看出华沙受破坏的范围是巨大的。除此之外，长期的保留废墟遗址需要较高的技术手段。修复工程需要清理文物上的碎片和瓦砾，保护遗留下来的城墙残片，尤其是顶部。对于以栩栩如生的装饰和有趣的石砌结构自居的古罗马和哥德式建筑，经常采取古老的建筑计划。

至于古城镇中残留的瓦砾碎片，如果没有修复干涉和必要的加工，它们不可能长时间地被保存下来。假设任堵塞物和废墟听其自然，那么可想而知在一年里它们一定会被野生植被覆盖。虽然长期的清扫和照料，其中包括支撑石城墙的顶部，在某种意义上使那些遗迹碎片丧失了历史价值，但是却完好地保留了剩余的历史文物。

毋庸置疑，古城镇记载华沙所经历过的悲剧，但是与此同时它也表现了华沙与邪恶命运抗争时的绝望和宽容。在那个年代希望死气沉沉的城市重新焕发生机是很自然的事情。这就意味着需要重建。但是随之而来出现了一个问题——如何重建呢？

重建战争中受破坏的古城市街区问题困扰着许多欧洲国家。然而，在任何一座城市

▲ 罗马。坐落在现代化建筑群中的古代柱子

里重建问题都没有引起像波兰这样高涨的爱国热情。正因为如此，在任何一个国家里都没有制定修复古城建筑群的雄伟计划。当然这并不意味着他们忘记了能把古老街区建设得更符合现代化需求的可能性。在那个时期，修复专家和建筑师的观点独树一帜，它们的区别在于在修建古老城市建筑群的同时，一方面，提高住房条件，使它们为居民提供更多的方便；另一方面，最大程度地复原古建筑群的原貌。

见证这一方法最好的典范莫过于华沙的古城镇。战争过后，专家们主要研究在原地重建城市的合理性问题。有专家建议最好在另一个地方重新建筑新城市。这样总比扒开大堆的瓦砾碎石、未爆炸的水雷和炮弹要强得多。在 1945 年 1 月，政府决定在原地重建

华沙，并作为波兰的首都。第一阶段的重建工作从古城镇开始。人们开始执行保护完整无损的古城墙和正门的措施，清扫街道上的残片和碎石，认真保护剩余的完好无损的建筑细部，同时着手进行勘测、清点和设计工作。人民对华沙的依赖程度相当之高，以至于一些流浪者准备在最艰难的条件下重返故乡。另一方面，人们希望尽可能地保持古华沙的原貌。顺便提一下，受战争影响最严重的主要行政中心是华沙、波兹南、弗洛茨瓦夫、格旦斯克等城市。可以说，对于波兰的整个民族历史，这些城市在特定时期中的历史起到了象征性的作用。在战后时期这个问题变得愈发棘手，这是告别过去的重要时期。考虑到造成的伤亡和损失，眼前最严峻的问题莫过于波德问题。这个问题决定性地影响着人民对历史街区的态度。因此，专家有必要挺身而出，将这个问题与广泛的社会意见区别开来。因为对专家来说，文物的客观价值是保护和修复文物最好、最有力量的论据。

战后的早期阶段，修复受破坏的历史城市和街区问题被仔细地研究过。在许多街区的废墟中仍留有被焚烧房子的骨架结构。在 1945 年早春，格旦斯克被焚烧，但是到秋天还留有许多富丽堂皇的石砌建筑的正立面。在弗罗茨瓦夫、波兹南、奥波莱和许多其他城市都有类似的情况。在华沙也保留了部分单体石砌建筑，甚至在完全焚毁的中心街区仍留有宏伟建筑的城墙和古建筑局部。当然，地下街道的顶部和设施并没有被破坏，几乎到处都留有地下室墙体。

残留建筑的存在为选择修复方法提供了

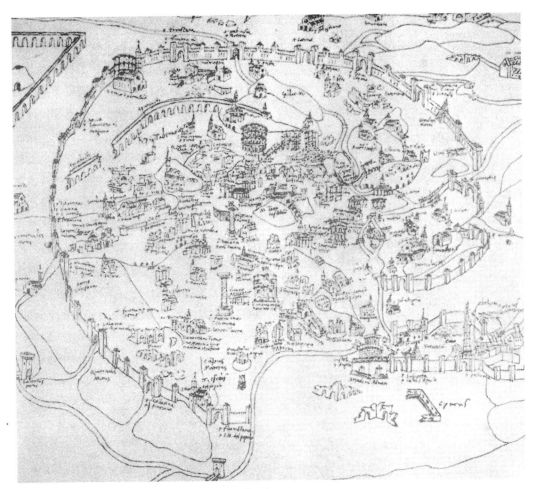

▲ 罗马。城市规划图,1474 年（A. 斯特罗茨的徒手画）

▲ 罗马。罗马教皇西格斯达五世时期的城市结构局部示意图

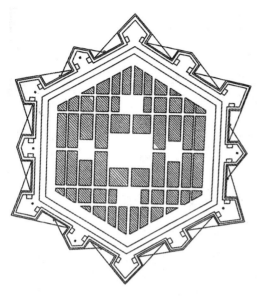

▲ 理想城市举例（彼得·卡达涅的徒手画）

有利条件。它使重现城市原貌变得可能。所有的这一切在实践中都是可能的，在一定程度上它取决于地方的领导工作。首先这些中心的经济、行政意义是决定工作开始的前提条件。在被破坏之前，在绝大多数情况下除了纯粹用作居住场所外，城市中心往往扮演整个城市经济贸易中心的角色，例如弗洛茨瓦夫、格旦斯克、奥尔什丁、马尔堡等城市。在相对比较少的情况下城市中心则转移到古街区的郊外。不久前在华沙和柳布林发生了类似情况。19世纪下半叶，城市快速的发展促进了城市中心职能的转移。由于现代化的决策，对于一些重建城市来说，部分古老城市的功能已经不再是重要的，例如，在波兹南的维斯纳—柳杜夫广场、马尔琴和弗兰金什克—拉达恰科大街建立了新的街道，同古城镇一样它们行使城市贸易、文化中心的功

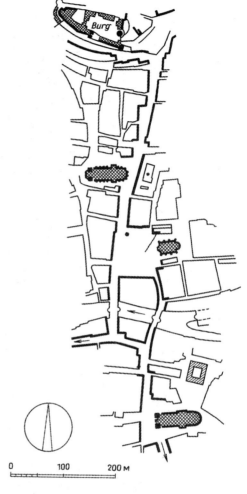

▲ 纽伦堡。中世纪城市的结构局部示意图
不规则的街道网构成高效的空间格局，远离总体建筑路线的宏伟建筑物占据街道一块单独的区域

能。但是总体来说，随处可见的古街区对于快速重建决策问题起到决定性的作用。

战后初期社会复杂的动向，决定性地影响恢复城市历史原貌决策的选择。

虽然战后直接开始为古城街区的修复工作做准备，但是在20世纪50年代初大规模

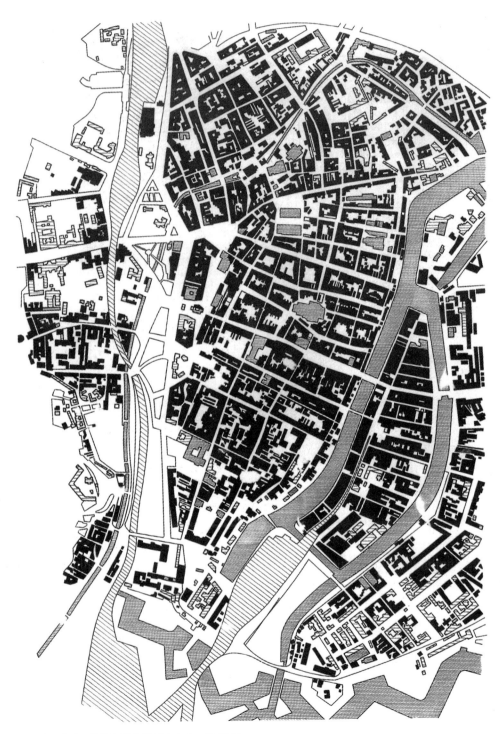

▲ 格旦斯克。被战争毁坏的历史中心，1945 年

的修复工作才开始正常运作。同时期现实社会主义建筑和城市建设原则也正被广泛推行。历史建筑的修复和改造应该符合这种方法的基本原理，即民族形式和社会主义内容。

在战争年代对于大规模开展城建和修复工作来说，仅仅对城市和历史街道感兴趣是远远不够的。在重建城市中会遇到形形色色的困难和障碍，比如：复杂的私有制系统。战争过后这些障碍基本上已经被排除。在华沙，所有城市土地和房屋遗迹都以合法的方式归国家所有。

在一定程度上所采取的修复措施减缓了住房社会私有制的进程。这是少部分爱国修复专家曾多次被迫承认、调动甚至反抗它的见证。

专家们设计恢复古城街区方案后，着手考虑它们将来在城市机体中所起的作用。构想的可实现程度取决于街区和城市设计方案的准备情况。有时复原古城中心街区的详细规划却超出城市发展方案所规定的范围。因此，对这些街区和城市采取修复措施会取得很好的效果。而且通常在这些街区和城市中古城中心的整体修复方案和整个城市的发展计划都是在战前统一制定的，比如华沙和波兹南。在战后初期，波兰的西部地区，除弗洛茨瓦夫和奥波莱外，修复受破坏的城市中心街区的工作给原本不稳定的经济造成了一定的影响。重建的期限和规模并不是由街区和城市的客观历史价值决定的，而是取决于它们的经济效益和核心功能。鉴于国内总体的趋势，不得不优先把金融资金用于住房建设。为了达到目标，在古街区重建的过程中建造大面积的石砌建筑。

在那些被毁灭的城市中，第一阶段的重建工作在波兰的两个最大的历史中心——格旦斯克和弗洛茨瓦夫进行。因为那里保留了宏伟的中世纪街区，并且这些街区占据相当大的区域，扮演着城市中心的角色。

在格旦斯克，包括古城镇，受破坏面积超过总面积的90%，高达115公顷之多。中世纪时期的弗洛茨瓦夫大约占地160公顷，然而在战争中近一半的土地受破坏。战前在这些古城街区上不仅居住着成千上万的居民，而且这里还坐落着贸易、文化和行政机构。19世纪遗留的古街区的交通系统一直被一些核心功能拘束。从古街区延伸出来的交通干线都固定地通往历史中心。在华沙、波兹南、奥尔什丁、奥波莱和波莱斯瓦维茨遗留下来的中世纪地区占地面积很小。在这种情况下城市通常坐落在中心，它们需要部分或完全行使辅佐基础交通运输干线的功能。

修复街区的作用。战争过后，在没有具体修复计划的情况下一些古城很快开始实行清扫、拆除和保护一些宏伟建筑的工作，尤其是用于祭祀的建筑。在1946年人们开始收集关于华沙、格旦斯克、波兹南和弗洛茨瓦夫古街区必要的素材。在分析中世纪遗留下来的街区在整个城市建筑群中的作用时，应该考虑到它们的历史价值、过去的和潜在的新缺点。

要知道，通过这些不足可以看出城市未来的发展动向。因此在制定修复历史古城街区的初期理论时，需要对它们的未来功能加以注意。保留历史古城市街区原有的文化机构、贸易企业和旅游服务业是很有必要的。而且应该考虑到，古城不可能是一个拥有10

▲ 弗洛茨瓦夫。被破坏的历史中心，1945 年（根据城市规划管理局资料）
　1—完全毁坏的部分；2—部分受损的部位；3—未受到破坏的街道和建筑物

万人口城市的唯一的中心。合理地说，巨大的投资压力威胁着保护古街区和城市中心功能的过程。这种现象早在 19 世纪的弗洛茨瓦夫便出现过。同样，城市中心功能的丧失导致街区逐渐衰弱。在一定程度上，在柳布林和华沙的部分地区发生过类似情况。后来在一战和二战的间歇期，为了使建筑更适合社会的需求，人们开始尝试改变古城镇原有的风格。修复专家想利用类似的方法重建战后的古街区。但在 20 世纪 50 年代这个计划遭到强烈的反对。政府机关应该在对古中心街

区加以重视的同时，广纳贤才，积极吸收工人阶层和具有创造力的知识分子的先进代表。当时仅依靠专家们的力量很难推测出与社会需要相当的服务水平。好在按照当时规定的城市建筑原则和对当地人口的推测，在这些街区建设了相应数量的儿童公园和学校。在格旦斯克便采用在街道深处建筑单体住房建筑的措施。

　　在实施重建古城市街区方案的第一阶段，有必要建设额外的贸易行政街区。在 1946 年，专家们决定在格旦斯克的格鲁夫尼城的西部

建立新的中心。在波兹南和弗洛茨瓦夫也建造了类似的带有古中心街区的中心。

虽然专家们提出最大程度扩大住宅建筑规模的理论构想，但是这在战后困难的经济状态下是不被允许的。为了达成目标，国家一边发展工业和交通运输网络，一边大量拨款。由于初期在城市中心发挥重要作用的贸易和服务业仍然归私人所有，所以专家们的理论构想并没有促进重建计划的实施，此外，国企和联合企业也没有进行大规模的投资。建筑师和修复专家推断，古中心街区将会带动城市旅游业的发展，但是对于当时而言建成必需的基础设施是不可能的。所以，那时无论是旅游机构还是贸易组织都没有类似的发展方案和储备资金。

实施将一定规模符合社会需求的建筑代替石砌建筑的计划也是相当困难的。战前华沙古城镇的部分建筑主要有以下几种用途，例如，华沙城市博物馆、米茨科维奇博物馆、史学家联盟大楼和一些工业用品、食品商店等。在格旦斯克的德鲁克达尔克和德鲁克大街，这种现象司空见惯。此外，在这些街道的古城市街区后面还隐藏着大量各种各样的组织。但是除乌法盖和夏列夫大楼外，其他建筑原始的空间布局几乎没有任何改变，如著名的格旦斯克的高层楼区。来自不同机构的承租人一定没有想到这里有发展旅游业的潜能。因为那时用于服务业的建筑相当匮乏，因此没有实例能展示出古城建筑中富丽堂皇的装饰。通常在夜晚工作结束后，这条美丽的格旦斯克大街变得漆黑一片。这就是错误选择承租人的恶果。但是现在这些错误已经

▲ 弗罗茨瓦夫。被破坏的古城镇，1945 年

▲ 弗洛茨瓦夫。清理圣维茨特大教堂的残骸，1945 年

▲ 弗洛茨瓦夫。后贝尔娜尔金斯基教堂（根据 1948
年教堂的状态，Э.玛拉霍维奇徒手画）

▲ 弗洛茨瓦夫。后贝尔娜尔金斯基教堂（根据 1962
年教堂的状态，Э.玛拉霍维奇徒手画）

▲ 格旦斯克。重建的格鲁夫尼城。位于左下角的托儿所是社会主义现实主义风格的建筑物

逐渐被纠正。从为重建古城局部而制定的功能方案看来，波兹南是最成功的典范。那里住宅建筑的数量和服务业场所的数量保持相对的平衡。然而在波兹南人们并不是很喜欢贸易和文化服务业。这种机构主要坐落在大多数重建的城市中心的市场和广场上。像以往一样，那里是"物美价廉"建筑的聚集地。

它们被称为城市客人的主要聚合点。

在华沙、格旦斯克、波兹南、弗洛茨瓦夫和奥波莱，建筑师把当地的历史街道看做未来文化旅游发展的中心。从服务于人民和符合社会需求的角度来看，建筑师应该建筑一些额外的新城市中心。然而到目前为止，这个合理的计划仍然没有完全地付诸实施。

▲　格旦斯克。德鲁克大街——禁止汽车行驶的步行街

既然如此，在制定重建古城的计划时，仍应该认真分析整个城市人口密集地区的具体情况，在认清城市未来发展潜力的基础上去确定城市中心的功能。

最后一次战争对城市造成的巨大破坏决定了计划实施的长久性。要知道整个建筑群和街区都受到不同程度的破坏。但是在大堆墙体局部残留物和道路覆盖物下的街道、广场，甚至是它们局部的格局都被完好地遗存着。

即使在焚烧、轰炸和炮击的情况下，在一定程度上石砌建筑的地下墙体和哥德式的天主教教堂也被遗存下来。除少部分木质建筑的地方受到破坏外，中世纪遗留下来的要塞、城墙、大门和钟塔都完好无损。即使在

▲ 格旦斯克。德鲁克达尔克大街上的照明

▲ 波兹南。市自治局广场上被破坏的建筑

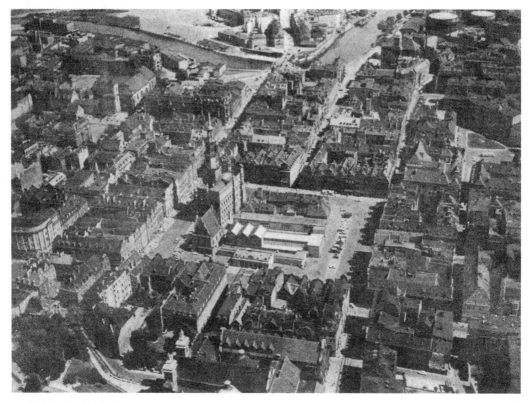

▲ 波兹南。古城镇鸟瞰

受破坏程度最严重的街区，也保存下来一定数量带有宝贵建筑装饰但已烧坏的墙体和建筑的正立面。

为了保护在华沙、格旦斯克、波兹南和弗洛茨瓦夫的历史街区中仅存的建筑和空间布局，修复和保留建筑原貌的方案顺利通过决议。这给了建筑师们尽力去保持古建筑的正立面和历史布局的动力，并为二次利用在废墟残骸中发掘的古建筑装饰元素创造可能。

重建历史街区的决议是否通过并不取决于它们受破坏的程度，即使有些街区的90%已经被摧毁。在格旦斯克，由于古城区的面积较大和不可能完全将其修复，只有最具历史价值的格鲁夫尼城被尽力修复，在其余地区都改建成现代的建筑。

为了在不歪曲原貌的情况下改善住房条件，许多地区在将石砌建筑修复成原历史形态的过程中采取了一系列相应的技术措施。

修复风格。专家们不仅在实施修复计划的过程中遇到了许多困难和障碍，而且还在修复受破坏的历史街区问题上遇到了诸多理论方面的难题。在最大程度修复建筑群历史原貌时，应该扪心自问：这意味着什么？到底修复的是什么？是修复受破坏的建筑，还

▲ 波兹南。重建的市自治局广场

▲ 波兹南。市场广场附近的废墟，1945 年

▲ 波兹南。重建的市场广场

▲ 格旦斯克。战后的格鲁夫尼城建筑群

▲ **史特鲁夫。古城镇**（建筑师 B.帕特列夫斯基的重建方案）

是复原所谓的历史建筑？

　　根据一战和二战之间的间歇期的修复原则，在 1850 年前修建的建筑方可称为历史建筑。因此可以说，我们谈论的只是时间界限的问题。当然这可以指更古老的建筑。

　　实践证实，没有一条准则是合适的。虽然在重建古城镇的过程中专家们呼吁尽可能地复原它的历史原貌，但是在华沙地区对此没有明确统一的准则。

　　没有争论是行不通的。一个建筑师曾经想出一个非常极端的构想，他认为应该把古城镇改造成哥德式的建筑。显而易见，这是知识分子阶层对华沙中世纪建筑知之甚少直接作用的结果。他甚至从理论中得出结论：研究修复的历史科学可信性并不是最重要的。采用修复的方法就好比让建筑师们在 15 世纪之前的华沙建造石砌建筑一样，而实际上中世纪的华沙相当一部分的建筑是木质结构的。

专家们一边修复历史街区上的城市建筑，一边着手重建整个城市，并尽量使其保留历史韵味和原貌。其中一部分工作是由那些曾从事重建华沙古城镇工作的建筑师们完成的。原本人们打算在史特鲁夫实施该计划，但很遗憾，后来它并未实现。而根据其他组织制定的修复方案，部分古市场和彼得哥什的古城镇却被建成，在格鲁琼兹的两座房屋被建造成仿巴洛克式的建筑。

无论是在修复的过程中，还是在改造城市街区时都会面临进退两难的时刻。到底是突出建筑中蕴涵的最古老元素，还是保留稍晚时代的建筑风格？这样的矛盾已经司空见惯。专家们决定将华沙古城镇的建筑修复成文件批准的形状。除个别建筑外，这些"成型的文件"一直被沿用到 18 世纪。在进行修复工作的过程中，暗藏的哥德式建筑的正面残骸被发掘。在重建时，文艺发展黄金时期建筑所具备的所有空间和艺术构造的优势都被表现得淋漓尽致。

建筑物新的内部格局与新单体建筑的空间分布成了等价品。虽然它们经常与固定的室外格局模板重复，但这却强化了内部建筑线条的平衡性。在没有受到破坏时这些内部建筑常常是不规则的。正门和设备完善的路面设计是区别内部建筑和室外建筑的唯一标准。

杜赫大街上的建筑就突出地表现了这一点。为了获得更好的采光条件，人们并没有修复这条大街上北半部分的建筑。同时为了保证格鲁夫尼城上重建房屋的供暖（在过渡时期）而配备了锅炉设备。

为了体现出建筑方案的气派大方，专家们尝试将现代元素同古建筑风格结合起来。在修复的过程中一律选用钢筋混凝土和玻璃作为建筑材料，主要建筑带有双斜面屋顶和装饰完美的三角形山墙的古石砌建筑。可以说，得到的结果并不理想。

保持现实社会主义建筑风格的两座幼儿园和学校看上去是最自然的。专家们并没有按照古老的空间布局模式改建它们，所以它们才能坐落在街道的深巷里。三层楼房的高度并不低于被修复的石砌房屋，即使后者有比较高的瓦房顶。

有人认为，除格鲁夫尼城外，在格旦斯克其余的历史街区上，现代建筑应该取代所有受破坏的房屋。权衡了经济条件和历史价值之后，这个决议被迫执行。

在柳布林城山脚下的卡瓦里斯基大街上，伪巴洛克风格的石砌建筑取代了受破坏的城市建筑。在这里人们着重将仿巴洛克和仿古典主义风格的石砌建筑的装饰元素应用在三层楼房的建筑上。这一点完完全全区别于以往。通过在半环形的重建建筑和城堡之间建造国会广场，城市这部分地区的地位得到提升。

采用修复方法和设计建造新的建筑使人们不再曲解历史。

在修复奥尔什丁的古城镇市场上受损建

▲ 史特鲁夫。空中鸟瞰

▲ 华沙。战后新城镇建筑群

筑的过程中，采用 19 世纪以前一直被人们应用的拆除建筑正立面的原则。在古建筑群中的新建建筑主要采用巴洛克的建筑风格；在修复被战争摧毁的建筑时，房屋的高度比以往高出了一层，因此有时不得不怀疑历史的可信性。通过完善和建筑大规模的历史建筑，城市的威望得到了提升。过去修改的样式还有一种变体，即在那些曾建有木结构建筑的地方重新建造出仿历史风格的石砌建筑。因为过去在城市和街道上并没有带有古老装饰并保留历史原貌的石砌建筑。可以以拉茨布什城为例进行说明。

从 1950 年开始，在市场广场上带有美丽装饰的正面和仿文艺复兴式顶楼的建筑被建造。过去在建筑未被破坏时的房屋的建筑风格都是古典主义的。为了改善交通系统，在拉茨布什开始建造先前并不存在的回廊。同

▲ 华沙，古城镇市场 31 号。带有遗留下来的哥德式建筑物细部的名为《夏圣安娜》的建筑

▲ 柳布林。修复后的卡瓦里斯基大街

▲ 格旦斯克。一面被修复的奥卡尔大街（格旦斯克工业学院建筑系制订的修复方案）

▲ 格旦斯克，格鲁夫尼城。从市自治局的塔楼向城市的东北部望去的鸟瞰图

样在格旦斯克的喀什旧什卡广场和古老市场之间，人们扩大了受破坏的斯维特尼茨基大街的原始规模，随后还在街道上建造了恢复成原貌的石砌建筑。

和过去相比较，在修复的过程中重建古街区和城市的部分地区具有重大的意义，如在华沙新建的新城镇。要知道，战前华沙的古城镇是个非常贫穷落后的街区。虽然在修复时专家们保留了古老的街道格局，但是部分旧房屋已经不复存在。新建的房屋都带有古典主义风格的装饰和高高的瓦房顶，同时装备了烟囱和经过周密设计的伽玛灯。总的来说，这些建筑和修复的古天主教教堂有机地融合在一起。但是这些建筑的造型已经彻底地被改变。

改造建筑和空间布局。无一例外地，所有的中世纪历史中心在未受到二战的破坏之前就拥有许多使用方面的不足，这些缺点决定有必要开展修复工作。由于多次的改造，许多建筑的空间布局已经改变。和以前相比，修复后的格局更为紧凑。在修复的过程中，许多建筑内部都没有安置必备的医疗卫生技术设备，只有在中心街区上部分最为华丽的古建筑中装备了供暖设备。因此，在一些布局紧凑的小院里仍长期保留有木柴堆和草垛。

大城市历史街区上的附属建筑物和其他建筑物占据总城市面积的90%。在华沙、格旦斯克、弗罗茨瓦夫和波兹南都有类似的情况。而在小城市，由于在街区里交错分布着许多农业建筑、菜园、花园和其他栽种植物，街区里建筑的内部格局往往比较混乱。

正因为如此，在战前已经开始研究使一

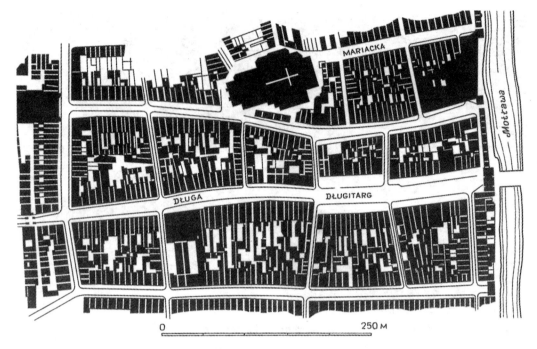

▲ 格旦斯克，格鲁夫尼城。战前建筑布置图

▲ 格旦斯克，格鲁夫尼城。位于赫列伯尼茨大街 24 号的被重建的建筑物局部

▲ 格旦斯克，格鲁夫尼城。被战争毁坏后建筑规划草案

▲ 格旦斯克，重建的建筑物《鹤》

▲　格旦斯克。什罗克街上被修复的建筑物

些城市中心的建筑卫生化、多种需求化的可能性。在这个过程中遇到的主要困难莫过于私有制和多承租人制度。

在某种意义上修复方案就是使某个中心现代化的改造计划。在大多数情况下制定修复计划必要性的问题可以在无形之中被解决。但是由于在中世纪时期的街区私有制制度，这个棘手的问题并没有被彻底解决。可以以英国城市考文垂为例进行图解说明。直到第二次世界大战过后，考文垂才被认真地修复，要知道，在 17 世纪它只是被部分改造。在二战后的波兰，鉴于单体建筑和所有的空间布局对新功能执行的潜在促进作用，专家们制定了全面的修复计划。在华沙、波兹南和格旦斯克，在设计建筑物和将其恢复到历史原

貌的过程中，人们预先建造了一些完善的现代化住房设施。在修复的过程中，木材已经不再是修复建筑的主要材料，它只应用于建造房屋构架细木工制品和装饰用品。一些根据现代的标准和需求装备有现代住房设施的古建筑的内部格局有所改变。

至于历史中心总体的空间布局，只有在极少的情况下（如华沙和波兹南部分地区），人们才会尝试最大程度地保存建筑的古格局。在其他城市，如波莱斯瓦维茨，尤其是在格旦斯克却出现了背离这种建筑原则的现象。在这些城市专家们建造了"屏障"，在屏障的背后隐藏着改造街区和内部空间格局的新计划。

在建造房屋的局部时，主要采用 18 世

▲ 格旦斯克。建筑物《鹤》的废墟

▲ 柳布林，人民集会广场。从要塞山观望的现状

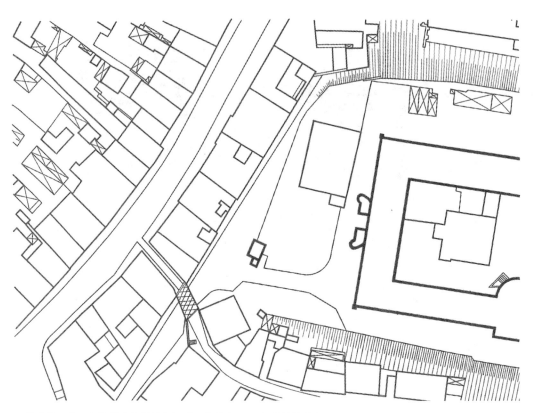

▲ 柳布林。卡瓦尔斯基大街的局部规划示意图（1939 年前的状态）

▲ 柳布林。在 1939 年之前人民集会广场上的建筑物

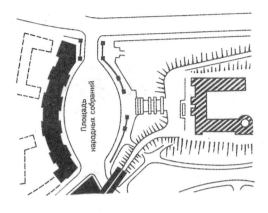

▲ 柳布林。人民集会广场规划图

纪到 19 世纪上半叶较流行的建筑风格。由于
当时在制定空间格局方案时人们尝试突出中
世纪建筑群的特点，所以修复那些被早期要
塞城墙包围着的附属建筑物是不被允许的。
可以说，突出强调中世纪的要塞建筑物是对
1937 年和 1938 年之间开展的工作的延续。然
而这完全与中世纪的布局模式接轨是不可能
的。一方面，是因为某些古老的元素已经不
复存在；另一方面，同样具有宝贵历史价值
的新元素涌现。古城镇市场就是最好的实例。
战前广场周围的石砌建筑保留了少部分中世

▲ 奥尔什丁。重建的古城镇

▲ 拉茨布什。重建的市场广场

▲ 格旦斯克。被修复的格鲁夫尼城鸟瞰图

▲ 拉茨布什。市场广场上的受破坏建筑物

▲ 华沙。重建的新城镇市场，建筑物局部

纪建筑物局部的特点。战后专家们不仅改造了它们的正立面，还改变了原有的空间体积布局。从图中可以看出，一些建筑物的高度明显有所增加，因为在它们的顶部建造了相当大面积的采光天窗。此外，在18世纪人们还大力调整了市场广场的比例。大兴土木之后，更宏伟、更新的古典主义风格的建筑物替代了朴素的哥德式市自治局大楼。19世纪大楼被拆后，广场拥有了全新的空间格局。根据当时制定的计划，广场上的建筑物被全部拆除，广场被重新铺砌。虽然那时在华沙有许多像位于城堡后面的广场和萨斯卡西广场这样的大型广场，但它仍然是城市的贸易中心。

在战后的重建时期，修复华沙古城镇市自治局大楼的计划曾一度被禁止，当然，更没有重新恢复市场的贸易中心的地位的说法。在废墟中重建的古城镇就像是某种象征，它

▲ 考文垂。在部分地区被更新和调整的中世纪城市中修建现代建筑《赫尔特福尔德—斯特里特》的方案

不应该再执行那么古老的功能。虽然根据当时的需求，市场广场应该是人民集会的所在地，但是在古城镇的市场上并没有建造人民集会广场。而柳布林、格旦斯克和波兹南并没有像古城镇那么幸运，它们没有幸免于难。根据19世纪上半叶有关城市建筑工作的指示精神，拆除市场广场内部的建筑似乎有其他的原因。华沙古城镇的修复工作的重点是重新修复建筑群。在修复的过程中专家们尽力将其修复成人们美好记忆中的形象，而不是重建成遭受侵略的悲惨年代中古华沙的样子。不过，最终专家仍没有把它重建成一百多年

前消失的以外部轮廓著称的市自治局大楼。制订修复方案的设计师们不想把市场广场改造成大型汽车站，因为这违背了创造安静气氛的理念。但即使这样，1970年前市场还是被用做汽车站。后来在广场上才出现了色彩斑斓的太阳伞下的户外咖啡厅。为了满足工业的急需和人民的精神需求，古城镇才被重新建造。

　　通信。在一定程度上城市的面貌取决于交通状况。无论是过去，还是现在，街道的布局，市场的建筑风格，甚至是铺路用的材料都受城市交通功能的限制。比如说，用于步行时会铺设一种材质的路面材料，而用于

▲ 华沙。1939 年之前的古城镇

▲ 华沙。重建后的古城镇

车行时会铺设另外一种材质的路面材料。这一理论不仅适合 19 世纪下半叶的状况，还符合各种各样机械交通运输工具大量涌现的现代的需求。因此，在重建古城市中心的过程中设计合理的交通运输网有着重大的意义。它取决于古城中心的规模和对城市其他部分

▲ **华沙，古城镇市场**（卡伦特一侧，拍摄于 1970 年前后）

▲ **华沙，古城镇。市自治局楼**（ 3. 弗格里的水彩画，1785 年）

的作用。总之，应该尽最大努力合理地限制汽车运输，并完全封锁穿过历史地带的直达通道。但是至今限制汽车运输的规范仍没有付诸实施。毋庸置疑，铺设单行道和通道有

▲ 华沙，古城镇广场（扎克雪夫斯基一侧，拍摄于 1970 年）

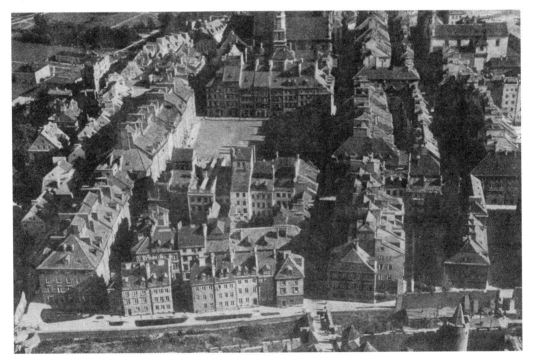

▲ 华沙，古城镇（鸟瞰图）

▲ 华沙，古城镇。重建后横穿巴尔巴干沟壑的哥德式大桥

利于行人的安全，但是它却延长了交通路线。因此发动机长时间的运作导致了废气排放量急剧上升。在占地面积比较小的华沙的古城镇完全没有采取限制汽车运输的措施。在近几年为了便于汽车交通运输，除运送货物和奔赴举行婚礼仪式的宫殿外，华沙的古城镇已经关闭。实际上，为了完善附近地区的交通运输网，在不破坏建筑群的基础上，人们采取了一系列的重大措施。他们主要修复了在要塞广场上东西走向的交通干线和隧道。正因如此，后来在离要塞和古城镇的不远处，人们成功拆除了通向首都的一条最重要的交通运输干线上的地下超载路段。

这与拆除19世纪建造的潘切尔大桥有关。在1864年，人们建造了盖尔别特兹大桥，华沙的中心地区和布拉格之间才得以天堑变通途。从盖尔别特兹大桥到历史街区所有的交通运输都路过潘切尔大桥。

在向拒绝修复某些宝贵的历史遗物的想法妥协时，应该清楚地认识到修复这段东西

走向的交通路段才是解决波兰历史中心的交通运输问题的最好办法。得益于禁止在历史带进行过境运输的原则，这一决议方才被成功实施。但是人们并不喜欢通过过于简单的通道乘车去城市的中心地带。在一些其他城市的历史中心，如格旦斯克，这一决议只是在小规模的范围内实施。

在修复城市中心的时期，虽然专家们都清楚地认识到历史建筑群的内部汽车运输系统多么不合理，但是在大多数情况下他们仍尝试完善运输系统，而不是限制对它的使用。在开辟通往古城广场（如在波兹南和弗罗茨瓦夫）的有轨电车路线时就突出体现了这一点。虽然在波兹南的古城镇，有轨电车线路曾经被拆除，但是汽车运输却未被限制。1978年，在弗罗茨瓦夫才铺设了沿着历史中心地区的东西走向的交通干线。

古城建筑群的防御工事。 在重建的历史城市中心区，与交通运输系统问题休戚相关的，非修复古要塞建筑物问题莫属。在华沙、波兹南、格旦斯克、弗罗茨瓦夫的部分地区和奥尔什丁，由于古要塞边防防御线上的房屋被破坏，焚烧的建筑物遗迹被拆除，大规模的中世纪要塞才得以重见天日。因此，在波兹南和华沙的部分地区，专家们建议将它们完全修复。最终，在华沙的古城镇的大范围内采取了这一措施。在古城镇除发现所有遗留下来的建筑物局部外，巴尔巴干城部分要塞的钟楼和城墙都被修复。在那里人们改良了土地，同时种植了绿树。它为这个地区旅游业的发展创造了优良条件。在格旦斯克和奥尔什丁也采取了类似的措施，但是并没

有开展修复工作。

华沙和格旦斯克在离防御带的不远处铺设了交通运输干线，从那里可以看到两座城市的美丽全景。不幸的是，在弗罗茨瓦夫，尤其是在波兹南这一计划并没有成功实施。因为在那里，专家们建议首先重建整个中世纪的防御工事，其中包括普西梅斯拉夫要塞。考虑到弗罗茨瓦夫的历史中心的占地面积和以前它重建的规模，这样的决议是不可能实现的。在整个城市的周围完好地保存着要塞的防御沟壑，为了说明各个时期的防御建筑体系的特点，它的局部被修复。

从上述内容可以看出，只有华沙被完整地修复和重建，其中主要包括大部分的城市防御工事，古城镇的皇家城堡。

1977 年，考古发现了华沙要塞广场上遗存了大量完好的中世纪城门地基。待发掘和实施一系列的保护措施后，它们将对博览会开放。

植被与周边的古街区。在大部分重建的历史城市中心的周围地区都种植了绿化带。在许多古城中，这些绿化带又组成了较窄的（通常是数十米）绿化区，它们将历史街区和那些稍晚时候——19 世纪末 20 世纪初建造的且未受到战争破坏的地区分离开来。它们位于中世纪或稍晚时候建造的防御线的不远处。

▲ 华沙，新城镇市场（卡娜列达绘）

尤其在马尔堡、斯鲁普斯克和旧城也出现类似情况。

因此，只在少数城市里人们才有条件观察古中心街区的美丽全景。比如说，从诺加特的方向可以看见马尔堡的全景，从湖泊的方向可以看见波莫瑞石城的全景。

战争过后由于建筑物的密度较高，在重建的中心城市街区上几乎没有绿化。只有小块的街区在城市防御线周围的废墟被拆除后腾出的区域比较适合园艺。即使在重建的华沙古城镇也没有找到足够的空间作为绿化区，因此不得不局限于几个绿色小岛和沿墙的低绿化带。在波莱斯瓦维茨和一些其他城市也采取了相同的措施。由于空间的不足，在格旦斯克的一些街区，借助于小型的建筑物建造了"伪公园"，这些公园完全改变了街头小园原先的建筑面貌。依照传统，在任何一个被修复的中心市场广场都没有被改造成绿植公园。许多地区的一些树木被保留下来，其中包括德鲁克达尔克。此外，在将城市的新区和旧区分离开的地带也插种了草坪。

在弗罗茨瓦夫、波兹南、柳布林、奥波莱、波莱斯瓦维茨和奥尔什丁的市场广场周围坐落着被重建成历史原貌的古老历史中心。由于与街道上的建筑和在19~20世纪建造的多层房屋相比，坐落在市场广场上的建筑物拥有更具有代表性的造型，专家们对建造适当的外部轮廓越来越忽视。

颜色的选择。在修复受破坏的古城中心时遇到的主要难题莫过于对彩色伽马灯的选择，这个问题往往比空间布局和建筑方案问题更复杂。这一因素像其他因素一样影响着建筑群的建筑风格和周围环境的氛围。在未受到破坏之前各个城市中心的配色方案都大同小异。因为有关选择单体建筑色彩老方法的知识不够系统，所以它不可能使整个建筑群被成功修复。

正如已经提到的，在一战和二战之间的间歇期华沙市场被一些布景——丰富的色彩和图案装饰掩盖着，因为在那时要强调历史街区的威望。在20世纪50年代重建过程中，没人想采用单一色彩的配色方案。有资料显示，很久以前一些单体建筑就曾经有色彩斑斓的装饰物，所以有必要保留城市建筑物的这种装饰传统。然而，在缺少可靠数据的情况下，完成修复历史装饰物的工作是很困难的。因此，专家们决定针对不同的建筑物正立面采用不同的现代配色方案。总的来说，它取得了各种各样可塑性的效果。但这些效果都没有达到重现古老的配色方案的目的，它们似乎变成了依附于艺术家的知识水平和天赋而改造历史装饰物的一种表达方式。现在，它成为有价值的文化遗产，并定期地受到保护。

被修复历史街区上的现代建筑形式。在战争过后的前十年里，波兰整个城市的历史建筑群被修复成原貌。对此在专家们之中展开了激烈的讨论。在会议上他们提供了有利于在历史街区建造现代建筑的论据。首先，专家们主要讨论了受破坏的房屋。遗憾的是，并没有足够的图像材料和其他文献出处供专家们参考将它们修复成历史原貌。其后，特别是在1956年后，在历史街区上建造现代建筑的方法已应用到设计的所有建筑物上。那时人们就已经提出新建筑物和遗留下来的古建筑物有机结合的必要性。在第一阶段，即20世纪50年代中期，将新老建筑物融合在一起的提议就意味着试图简化建筑物的历史轮廓，但是后来人们却采取相反的解决方法。他们吸纳了西欧的建筑经验，尤其是意大利，不过它的经验主要适用于城市的周边部分或只用于历史中心的单体建筑物。可以以博洛尼亚为例。人们在被炸坏的博洛尼亚的部分地区建立了现代风格的新街区，而在其附近，遗存有文艺复兴时期宏伟的拱形走廊。拥有钢筋混凝土支柱的现代风格的行政大楼被建造，从它的遮阳处可以看到16世纪保存下来的建筑物局部轮廓的影子。这种做法被用在许多其他城市中。在规划符合社会需求的新建筑物的布局的情况下，古建筑物的局部至少可以应用在现代化建筑中。在德国和法国突出表现了这一点。在那里许多城市的古中心街区都受到严重的破坏。而在这些地区，如加弗尔、色当、卡昂、马赛、埃森、法兰克福等，新建的建筑物完全不同于古建筑。

尤其是在20世纪60年代的波兰，这种方法摆脱了经济和功能的优先权的束缚，反映出了时代的新面貌。无论是在整个的建筑群中，还是在其内部的单体建筑物中，它都被广泛应用。位于波兹南的古兵工厂的"现代"建筑就是一个典型的例子。

在1945年未受到战争破坏时，在波兹南仍坐落着在19世纪和20世纪之间建造的营利性建筑物。遗憾的是，并没有相关的图片资料可以展示出较早发展阶段中的兵工厂外部轮廓。在战后初期，可以清楚地意识到，随着市场广场的修复和发展人们不得不去填补这块空白地区。根据当时制订的方案，应该在这个地方建造仿古典主义风格的建筑物。然而这种假想并没有获得大家的认可。因此，根据设计竞赛的结果，人们在这里建造了现代化军事博物馆支部大楼。这座大楼非常合理地补充市场广场的内置空间，但它的外部轮廓却不尽如人意。需要指出的是，这个建筑物不仅与周围的建筑物不协调，而且它也不是名副其实的现代建筑。不能否认在历史街区上建造现代建筑的理论可行性，只能怀疑通过哪种方法可以达到目的，通过对比的方法还是人工伪造？

建筑师把后一种方法看做是利用历史材料限制那些不能和新建筑物有机地联系起来的建筑，而且在一般情况下这种方法会降低建筑物的价值。也应该认真地想一想，那些被专门重建和现存的建筑物是否值得成为寻找更好表现出现代建筑的艺术方式的试验场？试想，如果必须在拥有古老的空间格局和功能的建筑物中建造一些新建筑，那么应该遵循保存建筑物布局的连续性和原始大小，以及使用符合功能逻辑且没有人为因素影响的材料的原则。但在建筑小型建筑物时可以不按照这个原则建造。可以把适度使用空间的需求作为条件去拒绝建造某些附属于历史建筑物局部的楼房。在建筑创造这个领域人们取得了积极的成果，尤其是在格旦斯克的格鲁夫尼城地区。

在金门（即金布拉马）附近沿古要塞的城墙坐落着销售纪念品的现代化小店和报摊，以及供游客休息的大型遮阳篷。尽管这些建筑物拥有现代的外部轮廓和功能，但在这种

▲ 博洛尼亚。战后古中心街区的新建筑

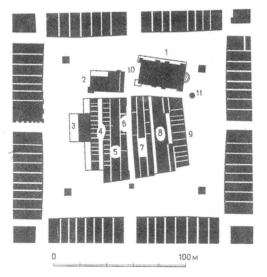

▲ 波兹南。战前古城镇市场广场的总平面图

到18世纪末这些住宅建筑也只有相对较小的变化。在这一百年里形成的择地原则，以及确定建筑物高度和建筑物正面轮廓的原则占主导地位（山墙和屋顶的形状等）。很明显，虽然街道上坐落着不同风格的建筑物（如哥德式、文艺复兴式、巴洛克式和古典主义式），但是它们都能够有机地融合在一起。

在20世纪60年代末，在对亚沃罗市场广场一面的修复时人们尝试遵循这些原则。在利用钢筋混凝土材料重建先前存在的走廊和重现古建筑的面貌时，主要偏重于建造传统建筑风格的建筑物。它是将古老的历史空间布局同现代的建筑元素有机结合的典范。在运用现代工艺建造楼群的过程中，这种现代的建筑元素被完美地体现出来。尽管这一决策有着积极的方面，但是它们毕竟有别于情况下它们却与古老的历史氛围完全地融合在一起。在城市建筑物的主要空间布局中住房占据了相当大的空间资源，从中世纪开始

▲ 波兹南。市场广场的鸟瞰图（当代照片）

▲ 格旦斯克。坐落在古兵工厂附近的造型艺术高等学校的新建筑

古建筑。在规模、大小和建筑韵味方面这些个性化的石砌建筑显得格格不入，很不协调。目前，只有一条古街区是根据古建筑韵味建造的。在一些历史街区上 19 世纪下半叶建造的建筑往往使我们更为震惊，因为它们以建筑规模和带有卷檐的平屋面区别于其他建筑物。基于这些原则，很难同意把一些现代的元素引入古历史建筑和环境中。在修建格旦斯克的造型艺术高等学校时便发生了这种情况。这个学校坐落在一个特殊的位置：建筑物一侧的附近坐落着古老的兵工厂，而在另一侧坐落着格旦斯克风格的石砌建筑。在建筑规模上，现代风格的新建筑物与古建筑形成了鲜明的对比。虽然这些建筑物的高度没有改变，但是与兵工厂不同的是，它们并没

▲ 格但斯克。金门（东立面）

有保留古建筑的韵味。在格旦斯克的格鲁夫尼城和华沙的古城镇却没有发生类似情况，因为在这里重建的房屋都保持古老的历史风格。在华沙唯一与周围环境不协调的建筑物是皇家城堡附近的一座十二层建筑。由于在波兹南和弗罗茨瓦夫除了被修复的古建筑物外还有许多在 19 世纪末 20 世纪初建造的房屋，所以建造现代建筑显得很有必要。在一系列受破坏的古建筑物中心，明显可以看出修复的工作是分两阶段进行的。波列斯拉夫就是一个很好的实例。起初这里一部分街区被修复成古历史的风格，而稍晚些（在20世纪60年代初）在它们的旁边建造了现代的住宅建筑。这说明采取重建历史中心的方法的迫切性，同时它也导致两种修复风格之间消极的影响。

重建古历史城市街区的经验。 修复在战争中受破坏城市的工作成为完善修复方法和培养修复专家的试验场。

由于大部分的古建筑物遭到破坏，所以考察遗存下来的建筑物及其正立面变得很有必要。它作为一项历史科学研究调查实践工

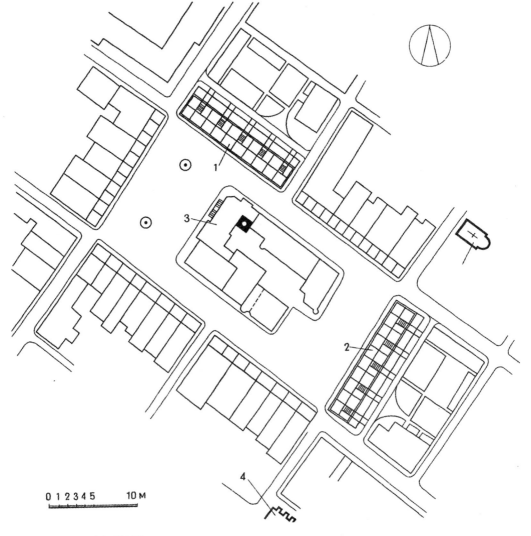

▲ 亚沃罗。市场广场平面图
　　1—北面；2—东面；3—市自治局大楼；4—圣弗朗西斯科大教堂

作大大丰富了我们关于古老城市建筑方面的知识。在受破坏的地区开展的修复工作其实就是建造新的街区，同时它需要整套问题的解决方案，如预测功能、与周围建立联系和规划所有的基础设施。为了恢复建筑的原貌，专家们收集了许多图片资料，并进行了一系列的比较研究。然而在 1953 年他们才开始研究古老的城市建筑风格。除研究和分析城市的发展阶段外，采取这些措施的目的还包括制订适合整个街区和建筑群的修复方案。这些可以改善部分城市状况的修复工作是极其有必要的，并且对于古城市中心来说是不无裨益的。总之，重建古建筑物极大地丰富了修复历史古城专家的经验，并大幅度地激起公众对这些问题的兴趣。遗憾的是，同时它又带来了一些坏的东西——即在假设重建古文物和建筑群的可能性时，忘记了最重要的一点，即它们的独一无二性。

第二节　受破坏古城中心的现代建筑的设计与建造

在战后的前十年里，在相当一部分城市中复原古街区历史原貌的工作正在进行。

在一些占据重要的经济和行政地位的大城市，如什切青、埃尔布隆格和斯鲁普斯克，历史街区执行的是城市中心的功能。在中型城市，如科沃布热格、马尔堡和旧城及一些更小的村庄（帕斯林卡和梅斯里布什）也是如此。虽然战争造成了严重的破坏，但是总体上许多中世纪的要塞建筑物、天主教教堂的墙壁、市自治局大楼和单体住宅建筑都被

完好地遗存下来。它们的郊区也受到了一定程度的破坏，只不过不是很严重。在什切青也遗留下来一部分建筑物。虽然它的行政等级比较高，而且经济影响也逐渐扩大，但是在战后初期却没有出现迫切需要重建历史中心的现象。城市的振兴主要依靠对其他地区和街区遗留下来的建筑物的利用。在古城镇工匠们开展一系列拯救古建筑物局部的工作：受破坏的地段被清扫处理，砖头和其他碎片被应用在修复其他建筑物上。然而，波兰并没有足够的财力和物力有计划地修复和保护古老的城市中心。在一些其他的城市也形成了类似的情况。它们都是依靠仅存下来的周边街区赖以存活的。直到城市进一步发展后，迫切需要开发古中心街区废墟的局面才出现。可以以戈茹夫为例进行说明。

修复被摧毁历史街区上建筑的迫切性间接证明了重建需求的日益成熟和经济可能性的增长。什切青、旧城、马尔堡古街区上的建筑被修复。与此同时，随着主要城市形成因素的发展，人口逐渐增加和房屋需求日益增长。从废墟中清扫出中心街区是工作的第一阶段；现在有必要让居民们过上真正的城市生活。在战后的第一个十年里这样做并没有成功，而更昂贵的、需要更多劳动力的修复工作却仍在顺利进行。值得提一下，像波兰顺利完成这么大规模的修复工作的国家真是凤毛麟角。在西欧国家修复工作只在大部分被摧毁的历史中心中进行。正因如此，这些建筑物决定了这些街区上建筑的风格。早在 20 世纪 50 年代这里就广泛地应用工业建筑方法。在一定程度上它确立了建筑物的外

▲ 亚沃罗。市场广场上的建筑物局部

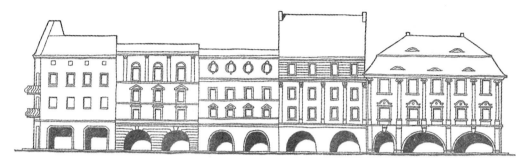

▲ 亚沃罗。市场广场的西面

部轮廓、街道和广场的宽度，因为在不顾及交通运输需求的情况下，它很有可能高效利用重型建筑设备和机械。保留古老的街道网（在不遵循修复原则的情况下）通常是地下交通运输赖以生存的前提条件。总的来说，它们和一些保存较好且被修复的历史建筑物一样是证明街区古老的建筑风格的唯一见证。第二次世界大战后罗杰尔达姆的中心地带是第一批被修复的地区之一。基于对经济因素和把古城区作为城市中心使用的诸多不便的考虑，荷兰人设计了能满足拥有一百万人口的最大港口城市需求的全新空间布局。如果能够清楚地认识与之相似的城市——阿姆斯特丹存在的现代问题，那么这个决议就容易理解。那里大多数的贸易、文化、行政机关和企业都坐落在被河道切割的狭窄街道上。虽然说通往阿姆斯特丹的交通运输是不可或缺的，但是这却导致城市汽车交通运输集约化的现象出现，以至于城区政府和古文物保护机构不得不长期做出让步，同意破坏一些历史建筑物的局部。但仅仅这样是远远不够的，大规模的改造威胁这座城市。毋庸置疑，无论是对总体的建筑布局而言，还是对古老

中心的单体建筑来说，这些改造工作都将会带来巨大的损失。也许正因为如此，尊重历史和古文物的荷兰人依然没有同意修复占地100公顷的罗杰尔达姆的部分古老地区。这项决议不能够保证所有的功能问题都得以解决。

认识到经济优先权的重要性后，在许多战争中受破坏的西欧城市城区，政府开始着手在古街区上建筑现代大众性的住宅和贸易中心。在扩大行车道的同时保留了原来大街的走向（如博洛尼亚和德累斯顿）。

在某些情况下，人们一边在历史中心建造现代的建筑物，一边着手尝试使它们远离交通干线，并限制过往车辆入内。可以以埃森和考文垂为例。考文垂有丰富的历史传统，它不希望中断与过去时代的联系。以此为目的，在修复的过程中工匠们使用了普通的砖头，同时为了执行贸易服务的功能专家设计了全新的空间布局。在轰炸中受破坏的大教堂遗留下来的中世纪墙体开始停止使用，人们在其旁边建造了象征城市历史变迁的现代风格的教堂。

西欧国家拒绝将古老的历史建筑群修复成原貌的想法，在某种程度上说，是修复主

▲ 亚沃罗。市场广场的东面

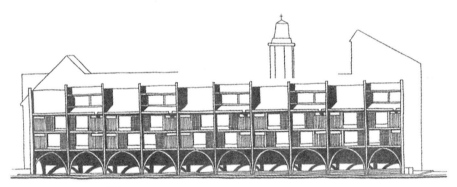

▲ 亚沃罗。市场广场的北面

▲ 亚沃罗。市场广场的东面

▲ 波莱斯瓦维茨。鸟瞰图

义学说的产物。主要由私人投资的修复工作的首要目标是最大程度地获取使用权优势。

重建方法。战后期间，像一百多年前一样，城市未来的功能决定修复的方法和方向。经济因素剧烈地影响单体建筑物功能的选择，甚至是建筑学领域。在大城市里，一些古老的历史街区通常位于中心地区。从大城市的发展前景看，在那里建造文化、贸易服务中心是最合理的。但数百年形成的交通运输网限制着历史带。在大多数情况下，对住房建筑用地的迫切需求和彻底消除战争破坏痕迹的愿望迫使人们必须做出重建的决定。因此，像西方一样，在城市中心的受破坏地区建造建筑物的投资需求发挥关键性的作用。然而，区别于许多其他的国家，在波兰古文物的修复与保护机构影响着修复的方向。在投资回

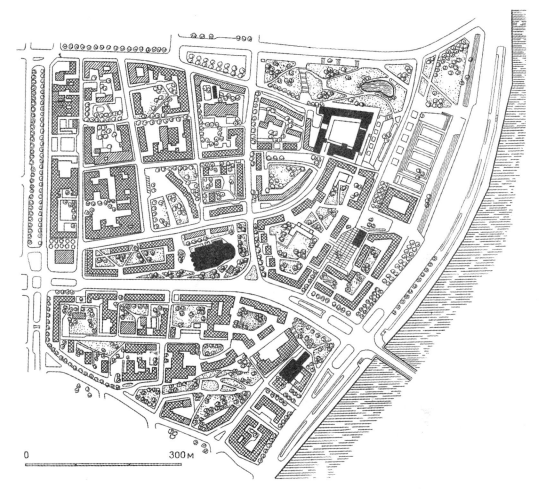

▲ 什切青。古城镇平面图（重建后）

收率限制建筑物高度的情况下，推广典型民用住房建设的强制性原则以及建筑造型形成较低的可能性是遇到的主要障碍。 在大部分的古城中心，在没有制定可选的建设性建筑方案的情况下不得不向它妥协。考虑到有利于保护文物的关系，冒险也可能拥有一定成功的几率。然而在制定城市建设规划和总体规划的细节步骤时，这种可能性被彻底否定。

在一层楼没有贸易和服务企业的住宅建筑区的古老中心地区决定最终的总体规划方案。具体的规划中规定所有建筑物的高度都是五层楼。这意味着排除建造个性化的城市局部风貌的可能性。人们广泛呼吁理解中心地区存在的历史价值。实际上，这种理解仅仅局限于对遗留下来的古建筑物（市自治局大楼、天主教教堂，防御要塞和一些单体建筑物）

0　　　　　　　　　　　　　　　300 M

▲ 旧城。重建方案

▲ 史特拉里朱特。古老中心的社会主义现实主义风格建筑物

▲ 旧城。修复工作未结束时的市自治局大楼

▲ 旧城。市自治局大楼（新的建筑物）

▼ 马尔堡。被战争毁坏的建筑

▲ 马尔堡。中世纪城区内的现代建筑

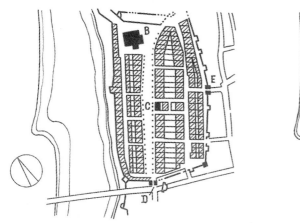 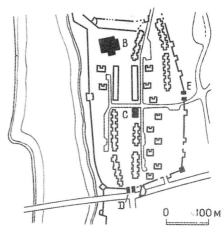

▲ 马尔堡。未受损时与重建后古城镇街区格局和建筑物的比较示意图
A—要塞；B—圣伊奥安大教堂；C—市自治局大楼；D—马里阿茨大门；E—甘恰尔大门

的容忍态度。可以以旧城为例进行说明。在旧城的旁边坐落着哥德式的天主教教堂、后哥德式的市自治局大楼和一些古老的住房。在那里后修建的宽敞的新街道却不能与周围古老的历史文物有机地融合在一起。几乎在所有机构制订的修复受破坏城市中心的方案中，都突出强调保留古老规划格局。各个地方纷纷执行了这一决策。需要指出的是，所谓的保留古老的规划格局是指保持原有行车道和人行道的宽度和古老的街道网，而不是指沿着原来的红线进行建造。尤其是在斯鲁普斯克、马尔堡和旧城，在决定满足保护古老的历史

格局的要求后，类似的情况也发生过。在什切青受破坏的古城镇，在建造第一批现代建筑物的时候各个机构也提出了同样的要求。那里人们不仅大力支持现代的规划方案，而且还坚持保留古老规划格局的修复原则。为了减轻通往中心地区的交通运输负荷，人们拓宽了这条东西走向的交通干线。由此不得不放弃重建以前四个确立了通往过河大桥的岔道口的中小型街区。

对遗存下来的建筑物和古老的空间布局的态度。尽管战争造成巨大的破坏，但是几乎在所有城市的古老历史街区都遗留了古建筑局部。对于这些文物来说，新的建筑物会创造一个新的环境。在建造新建筑的情况下，对修复工作最普遍和最简单的要求莫过于限制被重新建造的房屋的高度。有人认为，为了达到延续的效果和重现古老的空间布局，

在保护古老的街道网时遵循这一原则已经足够了。然而这仅仅是一种愿望罢了，实际上不可避免地会出现一个全新的空间格局。原则上，在所有受破坏的古老历史街区的建筑物身上都能看到这种情况的影子。比如说，在什切青哥德式的教堂附近或在斯鲁普斯克、旧城、马尔堡、科威特疆、尼特基茨和其他十几个城市，在巴洛克式的建筑物旁边建造新建筑，导致了拥有全新的建筑规模、格局组合、完全陌生的历史建筑群的出现。在使新的建筑物远离古老的红线时，尽管试图将它们分割成若干个小部分，虽然这些建筑物的比例明显区别于以前形成的古建筑物。但这并不意味着，什切青哥德式的教堂和马尔堡的市自治局大楼使周围的新建筑物"贬值"。事实上，与现代建筑平整的墙壁相比较，中世纪建筑可塑性的优点和美轮美奂的

▲ 什切青。在圣亚科夫大教堂区域内的现代建筑

▲ 马尔堡。修复后的市自治局大楼

▲ 波莫瑞石城。城市概貌

局部轮廓是有目共睹的，但是那些以前主导周围环境并与之构成连贯空间布局的建筑物的功能急剧下降。虽然建造合适的背景氛围和照明设施足以使人们震惊，但是与周围迷人的自然环境相比，仅此是远远不够的。

在修复受破坏城市的过程中，为建造出

合适建筑物所做的尝试并不总是成功的。在波莫瑞石城为了更好地展现出修复后的哥德式市自治局大楼，重建它的第四个侧面和被战争破坏的市场广场的一侧是不允许的，这承传了这座中世纪建筑物创建未来全景的目的。对于古文物来说，这一计划可以称为"帮倒忙"。因为这座市自治局大楼只是一个小型建筑物，它只有在市场广场封闭的四角空间内显得更合适些。一些先前建有的建筑物如今没有被利用的建筑空间同在建筑新的建筑物时没有考虑周围环境的规模和大小一样，毁坏了整个空间布局的协调性。很遗憾的是，在古老的历史地区建造高楼和多层建筑物是经常犯的错误之一。在弗洛茨瓦夫的自由广场上的建筑和在古典主义风格的一层或二层建筑物之间建造五层的楼房就是一个典型的例子。

现代的建筑总会破坏建筑物古老的风貌。问题在于是否应该将古建筑物具有的优点完全应用在新建筑物的环境中。应该认识到，古建筑物除了具有独一无二的历史、艺术和功能特点外，它们严重地影响着城市的面貌和空间布局。因此它们作为衡量重建后新城

▲ 科威特疆。古城镇内的新建筑

▲ 华沙。捷尔任斯基广场上的高层建筑

市面貌的唯一标准是远远不够的。同现代的建筑相比，古建筑物拥有的优先权是它们那些优势作用的结果。如果现代的建筑师努力去使他所创造的作品无论从艺术，还是功能的角度看都不逊色于古建筑物，那么最后的评价将总是取决于它与现有的和普遍公认的价值之间的相互关系。景观特点和与古老的历史建筑的有机融合对于这种评估起到决定性的作用，换言之，它受这些因素的限制。也许正因为这样，应该能够理解新事物促进旧事物发展的规律。达到绝对的协调是不可能的。在任何情况下都不可能制定出一种使它们完全协调的规则，就像我们不可能确定幻想中美好事物的实质一样。然而，凭借积累的经验可以把尝试创造新环境同毫无礼貌地表现出现代建筑的技术能力分割开来。尝试创造新环境可以分成两种，即最大程度地呈现出它的原始布局、外部轮廓和朴实的风

格，以及为保护古历史建筑创造更好的条件。在 20 世纪 70 年代初的弗龙堡，人们曾经尝试运用这种方法，在受破坏的建筑物废墟中建造保持原始的规模和空间布局的现代建筑。但是在马尔堡重建市自治局大楼和保护带状的建筑群，被认为是最接近这一建筑原则同时又不失原有的艺术特点的两次尝试。在斯鲁普斯克，按照建筑师的想法设计的设施完善的新空间格局的某些联想占有一席之地。但是对古城发展毫无作用的住房小区的功能拥有许多严重的缺陷。专家们也曾经尝试将单体的住房建筑改造成那个样子，以便在二期工程中用遗存的古建筑物将它们包围起来。在某种程度上，这一举措更像是对那些能够创造出更有趣的改编脚本的古老文章进行深加工，对于古建筑文物和城市建设来说，这意味着以放弃原有的历史价值为代价（把它们作为一种象征尽可能地保护起来），重现它们的功能和一些艺术价值。在那些战后只遗存有少部分古建筑物的历史城市，重建导致的后果已经不是一个旧问题，而是一个全新的问题。尤其是在 19 世纪，在重建古历史建筑群的过程中出现了背离这个原则的现象。因此，许多古老的历史名城被破坏。这使人们不得不想起巴黎圣母院大教堂（巴黎圣母院）周围的建筑。

在兹塔、温卫、博林克曼和一些其他城市的重建方案中主要研究城市建筑群（古建筑文物和周围环境）之间的相互影响。这个问题对建筑师来说是再熟悉不过的。而一些修复专家制定的计划却与它相冲突。比如说，在 1965 年举办的重建莱格尼查历史中心的竞

▲ 弗龙堡。受破坏的城市的概貌

▲ 弗龙堡。修复后的城市面貌

赛当中，所有方案都建议在保留天主教教堂和遗留的古历史建筑物的同时提倡建造高层建筑物。它既不是修复工作一期工程的一部分，又完全与天主教教堂的钟楼和尖塔不协调。在 20 世纪 60 年代的科沃布热格的古老历史中心建造的新建筑就是改造建筑规模失败的典范。狭窄的空间内只适合建造高层的罗马天主教教堂。以前教堂的周围主要是三

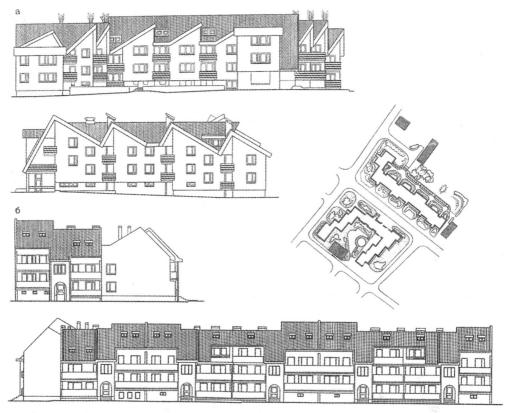

▲ 弗龙堡。邮政路（a）和学苑路（б）的建筑草案

▲ 弗龙堡。从教堂山望去的景观

▲ 什切青。战争的破坏，1945 年

▲ 什切青。修复后的古城镇

▲ 里乌维克—思廖斯基。市场广场（19 世纪中期的石版画）

▲ 里乌维克—思廖斯基。市场广场上的建筑物局部（1985 年照片）

层的石砌建筑群。由此看来，在科沃布热格的古老历史中心应该建造与地区规模适中的

建筑物，而不是像"斯卡姆波力"大酒店这样的新型建筑。

建筑物的风格。在一定程度上，波兰的现代建筑都具有相同的风格。理所当然，它们的标准化和模型化从实质上减轻了用工业方法建造建筑物的负担，不过这又从实质上限制了建筑师才能的发挥。利用建筑模型并不是我们这个时代的发明。17 世纪上半叶，在哈尔列姆的格罗特海丽格兰特大街建造了许多商务楼。稍晚些，这种商务建筑被广泛地推广。可以以 17 世纪下半叶在巴茨达姆建造的部分建筑物和海乌姆的古老的特卡茨基大街为例。当然这只是指建筑群的某个局部，因为在那些在较短时间内建造成的城市中也采用了修复单体建筑正立面这一别具风格的决议。这不仅体现了政府当局和人民对建筑物和设施的关心，还将他们的虚荣心暴露无遗。

对于一些住房建筑来说，这种死板的模型已经开始成为现代风格建筑物的表现。考虑在一战和二战之间的间歇期里使用大型外部轮廓的可能性之后，柯布西耶认识到模型的重要性。他才思敏捷，但是设计机构规定的标准和规则限制了他才能的发挥，最终也只能设计建造单调的现代建筑。

在几个世纪中，城市中的基本建筑物莫过于那些外部轮廓、空间布局、正立面格局和房顶都很相似的楼房罢了。几个世纪以来，建造一些装饰突出的个性化建筑物的正立面，常常与城市建筑物的建筑原则矛盾。中世纪文艺复兴时期和巴洛克时代建造的城市独特的色彩和轮廓与现代建筑没有任何的相似之

▲ 科威特疆。历史中心的建筑模型

▲ 华沙，古城镇。斯维达扬斯基大街上的天主教教堂，1918 年

处。不仅波兰追求突出强化住宅建筑的效果，拥有完全由商务楼组成的大型街区的西方也是如此。因此，建筑师们的工作只局限在设计行政、文化、体育、贸易服务建筑物。理论上建造个性化的楼房是可能的，但遗憾的是，由于经济的因素和建筑物的模型化，它是不被允许的。

在修复受破坏的历史街区上的建筑物时，专家们计划在这里主要以建造住宅建筑为主。虽然根据城市建设计划，人们准备在受破坏的历史街区上建造贸易服务性建筑，但是由于严重的资金因素它迟迟没有付诸实施。除一些大众性的建筑（电影院和学校）外，同数目不多的商店和日常生活服务企业相比，住宅建筑的数量占有压倒性的优势。考虑到已安装有技术通信系统的历史街区上建筑用地的成本和价格，在这些地方建造个性化的建筑物是不可能的。在这些地区大型建筑物的布局原则也决定在这里不能建造个性化的

▲ 阿纳姆。未被破坏时的教堂

▲ 阿纳姆。修复后的教堂

住宅建筑。遗憾的是，建筑物的规模和大小是由城市建设的准则决定的。在制定这些准则的过程中，除考虑一些经济和技术方面的论据外，不会考虑其他任何的因素。因此，在多数空间布局比较随意的古老历史街区上，人们开始计划建造五层和十一层的楼房，即使它们完全与古老的建筑风格和规模不协调。

▲　华沙，古城镇。修复斯维达扬斯基大街上的教堂

　　考虑到 20 世纪 50 年代后期在战争中一些受破坏的历史街区的价值，人们决定举办建筑设计竞赛。根据规定的准则，建筑师们继续遵循《限制建筑物高度》的原则。设计竞赛的结果只有两个，即建造出更好或更坏的新型楼房来，而且这些新建筑物的规模完全与保存下来的古老的建筑物局部不协调。

　　在这种情况下，那些带有古老历史中心的建筑物的特点的个性化设计方案便符合了修复工作的需求，比如说，对瓦房顶的应用。

什切青是第一个建造现代建筑的历史中心。早在格旦斯克的古城镇和弗罗茨瓦夫的部分地区也推广了这一决议。人们尝试通过这种方法找出古建筑物和现代建筑之间的联系，然而得到的结果却不尽如人意。

为了突出古建筑物的风格和与相邻单体建筑物构成的空间格局，在修复的过程中建筑师们采用分割建筑物的方法。按照这一原则，人们建造了里乌维克市场广场的一侧，新型的建筑物替代了古老的石砌建筑物。对大型建筑的垂直分割应该保留古老建筑物的韵味和风格，然而从总体上说，建造的台阶却给人一种难以忍受的印象，而且这些楼房的规模明显大于古老的建筑物。无论是在里乌维克，还是在马尔堡，新型建筑物的轮廓和布局都与原始的建筑物脱节。虽然人们建造了房屋中部和侧面的突起部分，但是它们看上去并不像由若干个单体建筑构成的综合体，而更像是一个整体的建筑群。尤其在马尔堡，这些决策见证了人们探寻适合古城中心建筑的外部轮廓的过程。但是到目前为止，所设计的外部轮廓都不尽如人意。要知道，实际上找到和古老的建筑风格的衔接点是件困难的事情。原始的街区由拥有独特正立面的单体建筑物构成，因此为了替代它们不得不使用完全相同的细部。在街区的两侧重建连体建筑群是唯一的选择。从修复大多数的古城市中心的实践工作中总结出，最好的方法就是只在市场广场上建造连体式的建筑群，而在其他的地方则建造分散式的住宅建筑。在斯鲁普斯克、里茨巴尔克—瓦尔明斯基和一些其他的城市里，古历史街区的建筑物也

是按照这一原则建造的。在十几个已经建造现代楼房的中世纪城市中心，几乎所有建筑的外部轮廓都大同小异，这里分散的住宅建筑和带状的建筑群交错分布。在什切青和科威特疆的古中心街区上也采用了同样的空间格局的设计手法。在马尔堡的古城镇在采取同样方案的基础上，建造合适的建筑物轮廓的新构想应运而生。它的外部轮廓与附近的、在城市中占有重要地位的要塞密切相关。虽然这种布局并不会破坏周围的环境，但单一化高高的屋顶显得更平淡、更苍白无力。在尼特基茨和科威特疆，将要塞建筑群和新型的建筑物结合在一起就是一个比较失败的例子。在那里，在古老的历史中心建造的新型住宅街区和雄伟的古建筑不能有机地融合在一起，换言之，它失去了原始的协调性。要知道，同古老的建筑和要塞相比，新型的建筑物拥有另外一种风格和造型。从总体上说，这些坐落在边防要塞附近的现代街区的功能与要塞毫无联系，因为它们不是吸引游客到要塞的服务基地。

在重建古城中心时存在两种方案，即完全修复古城市中心和在古老街区建造现代建筑。针对受破坏较为严重的街区，专家们还未确定到底采取何种修复方案。无论如何首要工作都是着手提高古街区的功能，同时重建宏伟的中世纪建筑。换句话说，首先应该修复市自治局大楼和天主教教堂。这些受破坏的建筑中遗留下来许多墙体、部分钟楼和一些其他的东西。修复专家尝试将它们修复成原貌，因此一些在20世纪发展进程中所形成的建筑特点被去除。重现街区古老原貌要

依靠保存下来的图片材料和一些其他资料。一些城市仍然推广建造与古建筑群协调的现代建筑的方案。这一计划是为重建华沙大教堂而制定的。在华沙起义中，这个教堂曾经被焚烧，而且还被轰炸和炮弹严重破坏。战后众专家一致达成在不效仿19世纪中期被毁坏的局部轮廓的基础上重建教堂中哥德式风格部分的决议。起初改造受破坏的三角顶的草案没有被通过，而几年以后方才在教堂的顶部重建了哥德式风格的三角顶。在尼斯和其他城市里也用类似的方法修复天主教大教堂。

建筑师们在寻找推广建造与古建筑物协调的现代建筑的方案的可能性时遇到的诸多困难导致这一情况发生。在重建荷兰的阿纳姆教堂时专家们大获成功。在未受到战争破坏时教堂的钟楼顶端镶有19世纪建造的装饰品。在修复的过程中人们使用了与原始材料相似的石质材料，同时在重建钟楼的半弓形支拱和顶部时采用了现代的建筑元素。即使钟楼拥有了全新的轮廓，但它和教堂其他哥德式风格的部分完全协调，以至于第一眼看上去它们就是一个连贯的整体。而在西里西亚的格雷夫沃重建的市自治局大楼钟楼的幕形顶盖却是一个失败的例子。在20世纪30年代，当专家们清楚地认识到它对于整个建筑群的重要作用后才重建了这个幕形顶盖。在修复的过程中，专家们决定屏除顶盖的原始特点，取而代之，把它完全建造成现代的外形轮廓。在建造市自治局大楼的钟塔时工匠们使用了混凝土材料，迄今在城市建筑物的屋顶中它还占有压倒性的优势，只不过它把阴暗的一面强加给了现代的建筑工艺。楼盖的外形显得陌生和过于硬朗。这个例子证明了，在已修复回原貌的古老历史街区上建造现代建筑物的尝试以失败告终。原因在于建筑师们经常想人为地表现出自己的先锋精神。暂且不考虑一些物质方面的因素，其实他们的构想仅仅停留在20世纪20年代的水平上。因此，虽然有整个城市街区和地区的现代建筑的现成模型，但是建筑师们认为以新建筑为背景建造的古建筑物，要比坐落在古建筑物中的现代建筑好得多。城市的古街区是城市面貌的一种体现，而它的一些优势已经成为了城市的某种象征。

第八章
遗存的古城街区的修复问题

第一节 遗存建筑状态的特征

在波兰的 640 多个历史古城中，绝大多数的城市都建立于中世纪。其中 177 个古城在战争中受到严重破坏，且受损面积达 50%以上。此外，还有大约 177 座城市遭受相对较小的破坏。1939~1945 年有一半左右的城市没有遭到巨大破坏。然而，只有两座拥有古老的中世纪街区和 10 万人口的大型城市——科拉克夫和塔伦在第二次世界大战中幸免于难。幸运的是，仍有 400 个有古街区的小城市和村镇遗存下来。大多数的历史带里的古街区、广场网和原始的建筑物布局被很好地保存下来。它们的一些在远古形成的特点和优势也被遗留下来。城市和村镇包括在内的一切，都经历了复杂漫长的历史发展过程，它们被看做是不同历史时代的大杂烩。这主要是指基本建筑物，即古老的城市住宅建筑。只在一部分城市，如科拉克夫和塔伦，保存了相当大部分的中世纪石砌建筑。但是这些建筑在稍晚时期被多次改造和修复。尤其是在西里西亚，保留了许多文艺复兴式和巴洛

克式的建筑。不过波兰城市中绝大多数的建筑都始建于 19 世纪末 20 世纪初。扎莫希奇始建于 1580 年，虽然这座城市中大部分的住房建筑都是在 19 世纪建造的，但它仍然被认为是一个理想的文艺复兴式城市。

中世纪建造的城市中心可以分成由高密度的连体建筑物组成的综合体和由小村镇构成的综合体。坐落在小村镇的街道上的建筑物通常都是比较分散的，但是在这么小的村庄的市场广场上却有连体的建筑群。可以以涅沙瓦、卡基梅日、桑多梅日和新维斯瓦等城市为例。

分析未受到破坏的几个最重要的中世纪城市中心的价值后，可以断定，从历史的角度看，得利于城市错综复杂的状况，那些有趣的城市建设规划方案才被应用在大部分的古历史建筑物上。虽然许多文物都是在稍晚的时代建造的，但是它们仍然拥有较高的艺术和历史价值，这可以从海乌姆、塔尔努夫、帕奇古夫和雅拉斯拉夫等示例城市看出来。

在这种情况下可以说，这些建筑群不仅拥有平整和二维平面规划的优点，而且作为

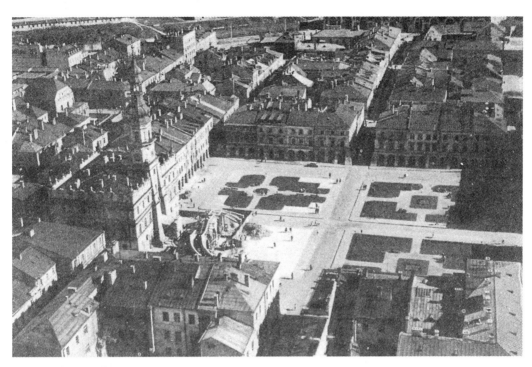

▲ 扎莫希奇。古城镇概貌

▲ 卡基梅日—杜里。帕奇古夫概貌

一个三维空间体系它们还具有很高的价值。比如说,始建于中世纪的大波兰、小波兰和马佐弗沙的十几个城市,在这些城市里除了天主教教堂、修道院和一些中世纪的边防要塞外,还保留了稍晚时期建造的文艺复兴式的、巴洛克式的和古典主义式的建筑物。其中包括雷特疆、兰茨卡罗那、塔尔努夫和布尔杜斯克等城市。它们的价值在于,稍晚时期建造的建筑物与中世纪的建筑群有机地融合在一起。西里西亚和国家的北部城市也拥有类似的特点。许多城市(桑多梅日、新维斯瓦和普热梅希尔)都高度赞扬了自己独特的景观设计,合理利用地形特点和在19世纪末到20世纪初期间在中世纪的要塞城墙内建造住宅建筑物(在不考虑单体建筑物的总价值情况下)。而在其他的十几个城市内则高度评价了自己区别于中世纪时期的写生画。甚至在科拉克夫和塔伦这样保存了大量中世纪建筑物的城市中,也不能找到与原始物品具有相同价值的东西。在一些城市住房机体中原始状态并不是指远古时期(中世纪)的状况。因此我们不应该只根据年代的久远性评价古城市中心的价值,而且还应该根据它原始的建筑和城市建设优势是否被充实、继承和毁坏的原则去评价。

至今,在一定程度上,一些单个城市和历史街区的命运取决于这个城市的经济状况,换句话说,就是取决于建筑群符合现代需求的程度和实现修复投资措施的可能性。从历史观点来看,像科拉克夫、克沃兹科和塔伦这样的城市里从未停止过经营活动。这里古城市街区是城市的中心,并居住着大量的承租人和使用者。

在古城市街区上,用新型建筑物代替古老建筑的许多尝试威胁着古文物的保护。依建筑师看来,这些新型的建筑物拥有许多现代的功能优势。科拉克夫城市人民联盟的构想就是一个典型的例子。它希望通过拆除城市大街上的古建筑物扩大新型建筑的规模,并且在这些地方建造行政大楼。这一方案不仅毁坏了宝贵的古建筑物局部,而且还错误地把一个重要的城市行政机构建造在那里。当前(以及不久的将来)这个行政机关迫切需要便利的通道和停车场等设施。这一方案必然导致将来交通运输的集约化。在这种城市的街区里需要通过合理的筛选,大大减少承租人的数量。尤其应该在那些既没有增加承租人的趋势,也没有减少承租人走向的城市里采用这种筛选方法。现在它还包括许多小型和中型的城市。这些城市的经济状况相对比较稳定,而且有继续增长的趋势。从总体上说,这些城市历史带的规模足以建造额外的现代建筑。可以以巴罗特尼茨、海乌姆、古鲁布、格沃古维克、布尔杜斯克和一些具有相同规模的其他城市为例。考虑到这些城市中心的发展前景和调整,通过迁移部分承租人和使用者、扩大住房面积和建造额外的新建筑物出现了职能选择问题。

虽然一些小城市并没有受到战争的破坏,但是由于这些城市里历史建筑物的使用价值消耗殆尽,它们将面临着消失的危险。在一战和二战之间的间歇期,这些城市主要执行小规模贸易和服务的功能,随着社会和经济关系的改变,这些功能几乎已经消失。在现代的社会经济体系中，大型商场、小型生产企业、交通枢纽和疗养保健的地方特点等，都可以成为促进城市形成的元素。可以以兰茨卡伦为例。虽然那里拥有发展旅游业的便利条件，但是小村镇美丽的古建筑物都处于危险之中，以致这些建筑物不能与计划旅游业的组织经济体制很好地协调起来。帕奇古夫、桑多梅日和兰茨卡罗那的未来功能与旅游业休戚相关，不过对于维持日益衰退的城市生活来说，旅游业的功能是远远不够的，要知道，它只是构成城市中心的未来功能的一部分。根据贸易的组成结构和服务预算的原则，旅游业不能弥补满足修复投资需求的开支和劳务费。

为了便于分析修复的可能性和现在及将来村庄对整个地区产生的经济影响，应该制定开发古老历史城市和街区的方案。在住宅建筑需求与日俱增和交通运输业长期发展的情况下，这个决议是可行的。根据这一决议，那些没有提供足够工作岗位的城市和村镇应该作为发展城市的合作伙伴。可以以涅沙瓦为例。目前它是亚历山德鲁夫、切哈茨涅克和弗沃茨瓦韦克的住房后备力量。

第二节　影响建筑和空间布局改变的城市综合体的功能

众所周知，无论是在过去，还是在现在，城市的功能都从原则上影响着城市空间格局的形成、改变和建筑物的面貌。在古老的阿

▲ 帕奇古夫。整体景观鸟瞰图

▲ 雅拉斯拉夫。市场广场的鸟瞰图

▲ 兰茨卡罗那。整体景观鸟瞰图

▲ 海乌姆。市场广场的鸟瞰图

姆斯特丹遗留下来的贸易服务中心促使古建筑发生越来越多的变化。虽然荷兰人十分尊重古文物的保护和修复工作，但是在这座城市的古石砌建筑物之间用玻璃、混凝土和金属材料建造的新建筑群越来越多。同时为了减轻交通运输负担，人们开凿了运河。在历史带建造现代风格的行政大楼、酒店和银行的趋势威胁着古文物的保护和修复工作。在许多西欧国家，例如德国、比利时、法国和意大利，也纷纷发生了类似情况。那些没有考虑公众利益随便将资金投入到这些企业（行政大楼、酒店和银行）的私有公司的压力导致这一现象的产生。

列宁墓是将现代建筑同古老的建筑物有机地融合在一起的成功典范。它宏伟且不失古历史风格的外部轮廓，与在中世纪建造的克里姆林宫城墙相映成趣。同时列宁墓也是外部轮廓与其功能相得益彰的典范。

把俄罗斯莫斯科近效古镇苏兹达利的古城修复与保护方案称之为"教科书"是当之无愧的。那里在几乎没有破坏古老的教堂、修道院和住宅建筑的情况下，成功建造了与之协调的现代服务业建筑。这一方案的成功得利于对建筑规模的合理选择和将新型的建筑物同附近的自然保护区合理分割。

在波兰，由于对正在崛起的古老历史中心的投资压力，建造新型的行政和贸易服务中心被认为是有必要的，这将减轻城市历史带的负担。在科拉克夫、塔伦、特切夫、普茨卡和格涅夫也制定了类似的方案。

在 19 世纪，波兰的许多住宅建筑和政府官邸主要执行贸易的功能，为此人们在那里建造了市场广场和广场上的建筑（贸易中心、商场、店铺和库房等）。它们对城市空间布局的形成、边防要塞建筑物、市自治局大楼和天主教教堂等产生了一定的影响。同其他的建筑物相比，市自治局大楼显得很出众。

19 世纪，大多数的城市建筑计划失去了现实意义。现在，在波兰，钟塔、钟楼和自鸣挂钟不再是行政机构所在地的标志。因为如今单体建筑的规模是由功能和经济因素决定的。与 19 世纪早期相比较，贸易的性质有所改变。从 19 世纪下半叶开始，贸易机构被大幅度改造，从对空间和建筑需求的变化可以看到贸易机构改造的影子。从中世纪开始，为发展城市的零售贸易业专门建造市场广场的方案被拒绝，只有富人可以在自己的私人住宅中完成批发交易。在 19 世纪初一些形式化的规定被取消，这为在专门地点建造商场和店铺创造了有利条件。从那时开始，商业性建筑才可以进行零售交易，随之，能进行零售贸易的商场纷纷涌现。在波兰，大约从 19 世纪中期开始，建筑物一层与人居被隔离

▲ 布尔杜斯克。整体景观鸟瞰图

开来。从此建造更多用于陈列商品的孔洞的趋势逐渐出现。到 20 世纪初，在建筑物一层的正立面都建造了玻璃橱窗，因此在城市历史带的商业街区上建筑物的一层都变成连体式橱窗。与此同时，在独特的商业街区上铺设了交通运输设施——有轨电车。如今贸易中心还具有一些其他的功能。从一战和二战之间的间歇期开始到现在，大型商场代替小商店的进程仍然在继续，在资本主义国家这种情况尤为突出。在一定程度上，波兰未来的贸易将重蹈那些资本主义国家的覆辙。当然完全可以理解，在遗留下来的古城街区上建造大型商场的现象。由于它严重毁坏了街区古老的风格和韵味，合理分布服务机构和

在历史带的附近建造额外新型贸易服务中心的新趋势由此产生。这一决议并没有妨碍对古城中心的大部分贸易服务企业和机构的保护。此外，应该建造一些满足游客需求的商店，如甜品店、书店、珠宝首饰店、纪念品店和乐器店等。在这里仍有必要建造一部分餐馆、民族工艺制品店和满足小区居民日常需求的贸易市场等。总之，这为在建筑物的一层建造这些商店和机构创造了有利条件。需要注意的是，在建造商店和机构时不能影响到建筑物的外部轮廓。除此以外，根据商店的性质，在地下或者更高楼层建造它们被认为是合理和可能的。

在古老的中心和街区，大约从 19 世纪

▲ 普热梅希尔。古城镇鸟瞰

末开始便出现了许多建筑，如剧院、电影院、行政和司法机构、教养院、学校以及工业建筑。在拥有几十万居民的城市中执行这些功能需要规模足够大的单体建筑物。不过，在没有受破坏的城市中心地区建造新型的建筑物和扩大这些机构的范围破坏了原始的空间格局。居民提出新建的街区和重建的城市中心也应该具备这些功能，同时在历史带的周围也应该建造新型的酒店和高层的停车场等。

塔伦是一个拥有十几万人口，并肩负修复古老城区和发展城市任务的典型城市。在它的城市建设发展计划中全面地考虑了保护古老历史环境和在城市未来发展的过程中保留该地区使用价值的重要性。

塔伦的历史建筑群主要坐落在以前的古

▲ 塔伦。从维斯瓦河观看古城镇风貌

城镇、新城镇和十字军要塞中。这一区域大约占地 45 公顷，并且是现代城市的中心。在这里坐落着许多贸易和服务性企业、行政和文化机构及一些小型的生产企业。这一地区人口密度比较高（在 1966 年有 2 万人口，在 1970 年由于城市中心实施疏散人口的政策，在这里只有 1.6 万居民）。同过去相比，它的人口密度依然比较高，要知道过去在中世纪的边防要塞城墙内只有 1 万人口。按照未来的发展计划，古老的地区将继续作为城市的中心，但是为保护古建筑物的利益和提高它们的使用价值，有必要建造一部分企业和机构。专家正在仔细研究在辅助城市中心的历史带周围建造建筑物的计划。通常在这些辅助的中心，坐落着需要大型建筑载体和自由通道的新型商场、行政大楼、剧院和电影院等。除此以外，据推测将还有 6000 居民迁移到新的街区。今后，应该在保留历史建筑群的居住、文化和技术贸易功能的基础上，开拓旅游业功能。

在 20 世纪，贸易的性质有了很大改变。过去，除市场广场外，对于塔伦的商人来说通往河畔的街道是最引人入胜的地方。在被吞并时期，早在 19 世纪就已经开始运作的港

往维斯瓦河垂直方向的街道变得繁华热闹起来。在 13 世纪，出于使这些街道具有主要贸易交通干线的功能的考虑，它们被适当地拓宽。然而扩大这些街道上的商店网却是不合理的，因为在 19 世纪末至 20 世纪初之间在那里还没有商店，而且在建筑物的一层仍保留有许多古老的元素。这些元素对于大多数有钱商人的古老房屋来说是最宝贵的。那些大众性的古老房屋有利于保护和展示古建筑的内部装饰。

修复塔伦古老历史中心的方案预测了将会出现的所有小型生产企业，从印刷厂到面包房。在 19 世纪上半叶，改造方案被实施，但它却破坏了古老的空间布局。除此以外，附近的住宅街区与周围的环境很不协调。在科拉克夫和许多其他的城市也做出了类似的预测。

第三节 交通运输与遗存建筑的保护与修复

交通运输的需求与城市及其周边地区的功能密切相连，而且它们在城市空间格局形成的过程中起到重要的作用。由于交通运输工具快速地发展，在 20 世纪这一问题已经成为首要的城市建设问题。

一战前人们曾对完善古中心街区的交通运输网给予高度的重视，而在近些年那些了解古城和街区的历史价值的专家们却害怕解决缓解历史带的汽车运输压力的问题。产生这一现象的原因可以理解为在技术和使用功能方面并没有过分加大汽车运输的负荷，也

口成了木材和货物的物流港。由于对那些建有大规模新型住房街区的城市的东部、西部和北部进行了改造，贸易中心迁移到与湖泊平行且连接两个市场广场的轴线上。根据新的贸易需求，在建筑物的一层设有带有橱窗的大大小小的商店。正因为如此，古老的正门、通往正门的楼梯和一些高层的空间被破坏。

如今保护那些不是在 19 世纪下半叶建造，也不通往湖泊的商贸街道被认为是合理的。在沿着河岸的历史带坐落着街心花园，这些花园吸引了大量的人群，同时把通

▲ 兰茨卡罗那。居民点分布和历史建筑物示意图

可以理解为首先应该由路人评定古老的解决方案和历史建筑物的风格好坏与否。汽车旅游者不能体会到这一问题的重要性。所有人都一致认为古街道上的汽车运输要比新街道上繁重得多，因为狭窄的道路、有限的绿树植被和不良的通风造成废气含量增高和噪音增大。

　　为修正这些不足，专家们针对交通运输问题提出在住宅建筑内侧建造窗户的建议。这就意味着，街道完全为汽车服务，而行人成为街道的不速之客。

　　城市中心街区上的汽车运输可以分为两类，即直达运输和专门运输。前者保持了传统的运输方向。现代的交通运输工具与以往的运输工具有着本质的区别，而由于废气的排放，它对古老的历史环境产生严重的影响。

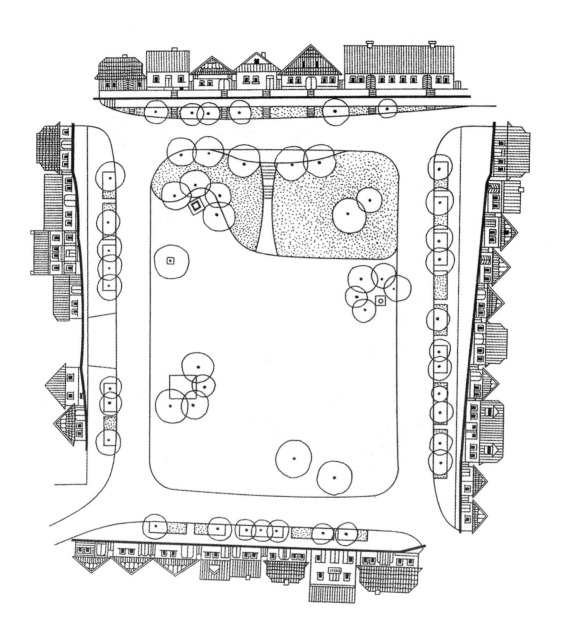

有必要使直达运输远离大型和小型城市的历史带,对此通常建造一些与古城边防要塞平行的绕行道。即使在拥有几万人口的城市也只使用一条绕行交通干线。它不仅保证其他车辆可以进入城市中心,而且把历史中心和其他的城市地区联系在一起,从而保障了城市之间的交通运输。然而这却导致历史带周围汽车运输负荷的急剧增加。专家们认为,对于交通运输和古文物保护而言这样的决议是不可取的,因为这必然导致交通堵塞和大

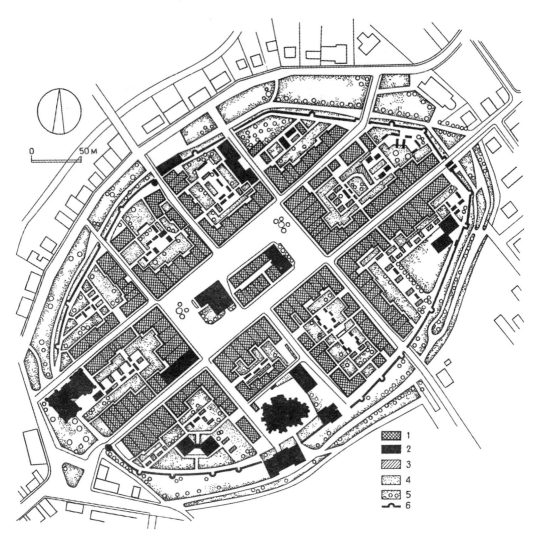

▲ 帕奇古夫。古老中心地区公共设施的布置草案（Я. 茨特兹克设计的方案）

　1—住宅建筑；2—大众性建筑；3—经济建筑；4—内院绿化；5—街道绿化；6—要塞城墙

量噪音的产生。为了减轻和改善大城市中的交通运输状况，专家决定铺设几条绕行环城公路和可以直通历史带的交通干线。尤其在华沙的古城镇、波兹南和柳布林的古城区实施了这一方案。这个决议不仅受 19 世纪的中世纪街区附近的空间格局的限制，而且还取决于地形特点。因为即使在没有受破坏的地区也很难继续铺设环城交通干线，如在桑多梅日和海乌姆。

　区别于环城公路，在历史带的附近铺设交通干线大大缩短了历史带边界繁华大街的长度。同时在历史中心周围铺设环城公路也

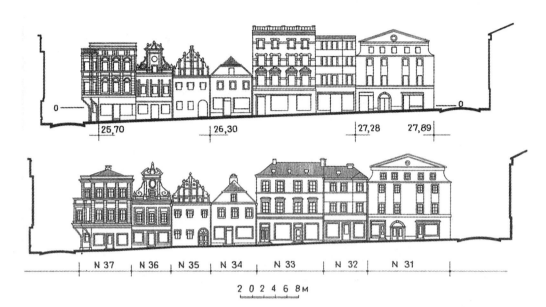

▲ 帕奇古夫。市场广场东北部的修复改建方案

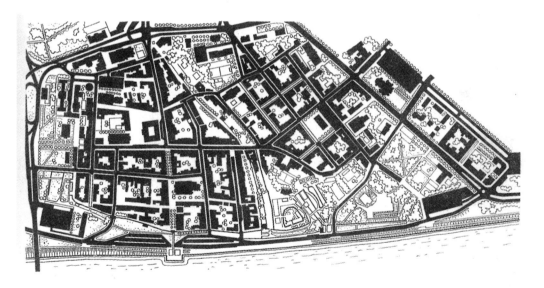

▲ 塔伦。城市古老中心区的修复改建方案

导致噪音的增大和空气中废气含量的升高。但是由于后者是通向古老中心的最便捷通道，因此它被广泛应用在城市建设领域中。试想，

利用处于环城公路和直通交通干线中间位置的格局应该是最合理的，这不仅可以舒缓紧张的交通运输，还为人们舒心地欣赏古城的

▲ 塔伦。古城镇市场广场的北部：上图—19 世纪中期；下图—1950 年左右

风貌提供了有利条件。

塔伦的交通运输机制与这一布局比较相似。沿着古要塞城墙的环城公路从三个方向覆盖古城中心。将来它将执行分流的功能，并保证车辆能够通向城市的每一个部分。从环城公路向北延伸，在几百米宽的绿化带外铺设有东西走向的交通干线。它将城市中不同的街道连接在一起，同时又保证车辆可以通向新的中心。继续向北延伸是高速公路，通常沿着高速公路人们可以进行过境运输。将来，沿着维斯瓦河的街心公园将只允许行人通过。

第四节 使用和完善 古街区的方案

早在一战和二战之间间歇期的德国和瑞典，就有人经常构想完善古老的历史街区。战后所有的欧洲国家都开始仔细研究这个问题。这时有人认为，这一措施对于保护城市古老的风韵是很危险的。这种观点绝非空穴来风，它是从许多西欧国家的重建实践中总结出来的。在法国为响应完善古街区的方案，阿维尼翁、佩里格和里昂的历史带里部分古街区已经被拆除，在原来的地方人们建造了现代的住宅建筑。

根据对完善古街区方案的理解，改善卫生条件、提高消防安全水平和完善交通运输系统是坐落在这些古街区上的市政府和当地居民最大的愿望。这里主要涉及的是一些大型的建筑群，人们通过拆除它们改善汽车运输状况。然而这一方案与波兰的小型古城中心的完善方案毫无关系。除了有必要拆除各种各样的小型木棚和维持当今建筑物的技术

▲ 阿维尼翁（从南部看）。右边为修复的建筑

状态外，消防安全并不是完善古街区的根本原因。 要知道在波兰的城市里没有密集的木结构建筑。因此从使用的角度看，完善波兰的古历史街区，只是改善卫生条件、日照条件和通风条件。在塔伦、科拉克夫和扎莫希奇这一方案成功实施，甚至在一些城市，如帕奇古夫、塔尔努夫、雅拉斯拉夫、海乌姆和柳布林，还撰写了相关的技术文献。

在十几年里，在桑多梅日和克沃兹科开展的修复工作部分与医疗卫生相关联。由于多层建筑地下室的裂纹导致险情发生，修复工作才开始进行。这些城市遇到的共同的技术难题就是空间布局问题。在桑多梅日除了中世纪的街区以外，其他都是19世纪建造的住宅建筑。在这里修复工作大规模地开展着，最终完美结束。市场广场就是一个成功

▲ 塔伦。街道上建筑的拆除草案
　（1）科佩尔尼克大街；（2）圣杜哈大街；（3）拉班斯基大街；（4）热格里尔斯基大街

的典范。在克沃兹科大多数建筑始建于更早的世纪，而且在许多街区上屹立了多层的附属建筑。在塔伦、科拉克夫、格鲁琼兹和耶莱尼亚古拉的古老街区上也是如此。值得一提的是，帕奇古夫、海乌姆和涅沙瓦也拥有19世纪的建筑物，只不过它们是相对较小的城市。它们大多数的古街区上内部的建筑物都不需要拆除。不过，在那里有必要拆除一些农业建筑。方案需要改变的部分是调整功能和提高技术水平。从现代使用需求的角度看，在那些在19世纪开始出现建筑物集中化现象的古老历史街区上，疏散建筑物是首要任务。通过拆除附属建筑物，可以改善建筑物正立面、绿化带和儿童广场的采光条件。这一措施减少了居民的数量，并使古老的地区更贴近城市建设的标准。从为满足交通运输的需求保护广场的必要性中可以看出这一点。此外，这一措施还规范了服务性企业、学校和医疗企业的类型和规模。因此在忽略一些修复机构的建议的情况下，完善古街区的计划应该建立在整个城市建设规划方案的基础之上。可以说，从空间格局的角度看，只计划拆除碍事的建筑物是不够的，使一些其他建筑物具备合适的功能也是很有必要的。这种在20世纪70年代形成的方法在大多数的欧洲国家中被称为更新、升值，甚至是复苏。这些概念并没有具体的定义，所以人们经常将其与所有在古老街区施行的保护、促进和复兴的措施联系在一起。有许多国外的例子可以说明解决这些问题的成型方法。

遗憾的是，在 20 世纪 60 年代在很多波兰的城市和村镇采取的完全是另外一种方法，如在耶莱尼亚古拉。在那里十几年之前就遗留有完美的后哥德式和文艺复兴式的三跨度石砌建筑。在制定修复计划时，为了改善街道内部的照明条件，专家一致达成去除第三个跨度的决议。这也是为了保留这些建筑物的居住功能。作为大型的旅游中心，耶莱尼亚古拉起着重要的作用，它具有很好的发展前景。因此部分宝贵的建筑物都用作文化和贸易服务机构，以及酒店。即使在保护这些建筑物时人们也会做出许多让步，这使总体

上保护一些古建筑和设施，以及保留所有建筑物原始的空间布局成为了可能。

合理地选择使用者在完善古街区的方案中起着至关重要的作用。科拉克夫的经验就证明了这一点。在那里，小市场里街区附近的部分设施已经被完善。如果说小市场的举动是初期征兆的话，那么卡诺尼奇大街上的建筑群就是全部问题的所在。在考察历史建筑时，在附属建筑物中找到的大量古老的元素使人们想起了从四个方向建造的中世纪后期和文艺复兴式的小院。在这种情况下不能按照先前的方案完善这些建筑物，因为在原始计划中准备完全拆除附属建筑物。显而易见，如果专家们没有进行考察，那么许多宝贵的建筑物将会被毁坏。许多有趣的建筑

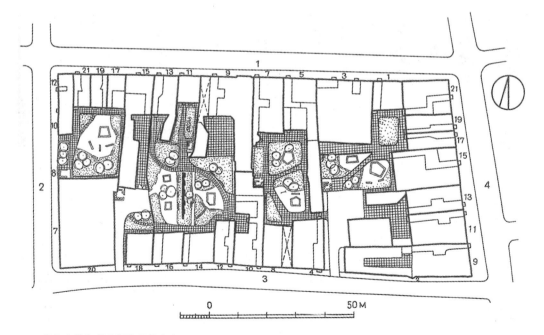

▲ 开发和完善街道之间街区的方案
（1）科佩尔尼克大街；（2）圣杜哈大街；（3）拉班斯基大街；（4）热格里尔斯基大街

▲ 桑多梅日。正在修复的石砌房屋建筑

▲ 桑多梅日。市场广场上的奥列斯尼茨基大楼和修复后的斯卡宾卡大街的局部

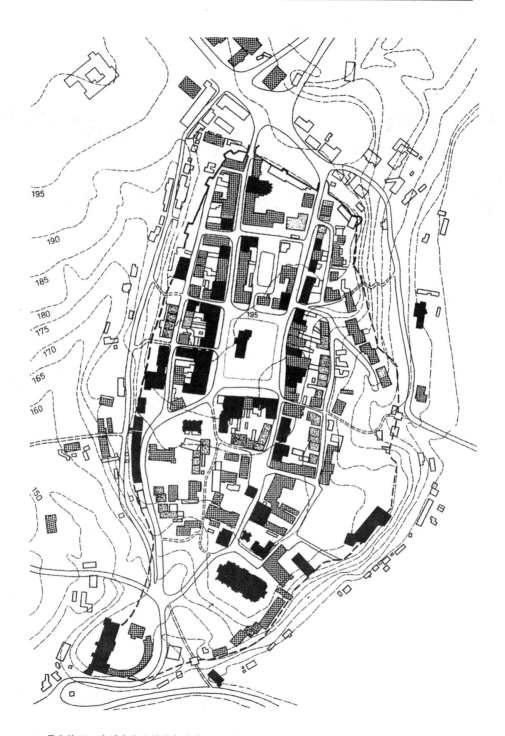

▲ 桑多梅日。古城市中心的修复方案

▲ 格鲁琼兹。古城镇鸟瞰图

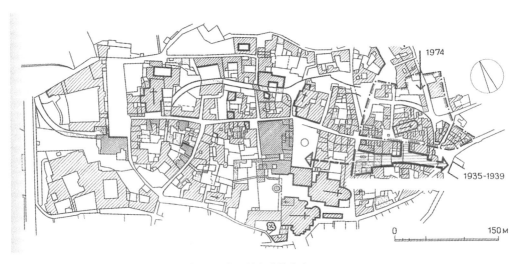

▲ 贝加莫。在 1935~1939 年期间以及从 1974 年开始完善的古中心区

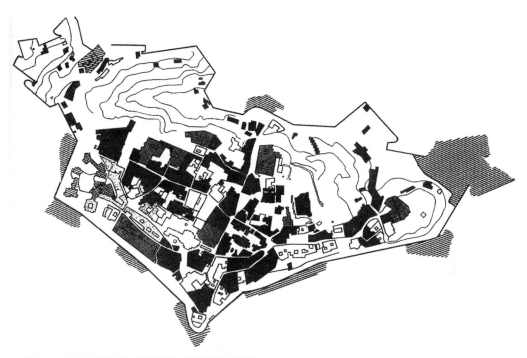

▲ 贝加莫。按照建筑物的功能制定的古城环境示意图

▲ 科拉克夫，小市场。修复之后的景象

▲ 科拉克夫，卡诺尼奇大街 19 号。在开展修复工作之前的院内情景

▲ 科拉克夫，卡诺尼奇大街 21 号。在未开展修复工作时院内的情景

物都建造在采光条件不好的环境中。只要不把这些建筑物作为住房，它们还是可以被完全接受的。在完善塔伦古中心街区时也采用了类似的方案。但是，塔伦的情况要简单得多，因为在那里妨碍周围建筑物采光的古附属建筑物为数不多。

▲ 科拉克夫，卡诺尼奇大街 7 号。始建于 14 世纪、1907 年被翻新的楼房。最后一次修复工作是在 1979 年完成的

▲ 科拉克夫，卡诺尼奇大街。完成综合整修后的 5 号和 7 号楼房

第五节　在遗留下来的古城中心的现代建筑

　　无论是在战争中受破坏的城市，还是在安然无恙的城市街区上，都有建造新型建筑物的必要性。不过专家们必须考虑有一些建筑物并不适合重修。尤其在耶莱尼亚古拉，考虑到建筑物的状态不佳，人们拆除了许多石砌房屋，并在原地建造了新型的建筑物。这些房屋的轮廓和布局几乎和原古老的建筑物或附近的建筑一样。在修复古老的走廊时保留了房屋原来的宽度和高度，并将建筑物

正立面带有简单装饰图案的三角顶增大了两倍，同时一些建筑物的正立面被改造成现代的风格。减小建筑物的深度（去除第三跨度）的措施完全改变了装饰的原始风格。总之，它见证了将古老的传统风格同现代建筑风格结合在一起的原则。然而在现实中获得的结果却不尽如人意。虽然新型的建筑物保留了市场广场古老的空间布局，但是反过来将古老的建筑物修复成现代的空间格局是完全不可能的。一些单体建筑需要被拆除的时候，就是应该采取最大程度修复其现存的外部轮廓的措施的时刻。它们还有可能因为符合现代的需求而被再次使用，并为拯救和未来利

▲ 塔伦。十字军要塞地区的粮食商店

用古老的建筑元素提供了有利条件。如果没有投资的压力，那些所谓的"历史"建筑物的修复方案将被成功地实施。通常投资的压力迫使保留那些一层被改造成贸易企业的建筑物的居住功能。

　　因此可以说，过于深邃和采光条件不好的跨度是不合适的。还好被耶莱尼亚古拉市场广场上的古石砌建筑物被成功地改造成大众性建筑物。要知道，在这个地区大量需求这种建筑物。虽然那里遗留有许多古老的房屋，但是专家们仍然制订了建造新型建筑物的方案。虽然波兰城市遭受严重的破坏，且修复工作需要大批量更换古老的建筑材料和结构，但也应该在适应和保护历史原貌原则的基础上采取这种措施。探寻与古老历史中

心的周边环境相协调的现代建筑造型被认为是合理的。这里应该指出，新型的建筑物不必继承，同时也不应该超过当地传统建筑物的高度、宽度和深度。因为它会使建筑群总体空间格局的历史价值贬值。

　　现代建筑师论证了自己在古老历史中心推广新的风格并将它们与古建筑有机融合在一起进行的创造性活动和努力。这验证了一句话："真正的艺术总是同真正的艺术找到共同的语言。"但是在这句公平的话语中，至少存在着两个疑难的问题，即找到自己在周围环境中地位的必要性和客观地维持高建筑水准的必要性。只有同时满足这两个条件，新型的建筑物方可归入艺术杰作的行列之中。

　　虽然专家们制定了有充分理论依据的布

局方案和合理的现代决策,但是在古城和古老的街区里进行建筑创造的结果让人很失望,如在塔伦的十字军要塞中建造的食品商店和在科拉克夫的什盘斯基广场上建造的展览会陈列馆。一方面,在建造食品商店和陈列馆时缺少建筑规模上的突破;另一方面,在建筑工序方面犯下了严重的错误,尤其是作用在科拉克夫陈列馆和塔伦商店的顶端栏杆过重的压力和过于普通的设计。但是这并不是对建筑原则的怀疑。建筑师们应该制订出合理的古建筑修复方案,并将建筑物的功能发挥到最大而不是去寻找特殊的对照物。因此制定特殊的建筑原则被认为是不合理的。最终的成功与否取决于具体情况(情况有时是不同的)和建筑师的构想。这里需要强调的是,将融入现代生活当中的古城应该腾出一些地方,以便建造新型的建筑物。当然,我们所指的并不是将新型的建筑物代替古建筑物,之所以这样做是因为在所有的城市中都或多或少地体现出对新型建筑物功能和使用方面的需求。

每一个城市中都有未开发利用的地区。无论在战争中被破坏的城市的历史带中,还是在荒无人烟的城市和村镇的历史带里,人们都建造了住宅建筑。

采用"节省空间资源"的建筑原则曾多次破坏古历史建筑物的规模,比如说,人们在特什巴杜夫(又名什切青)的古要塞城墙附近建造了许多五层的连体楼房,而过去这里则坐落着一层或两层的建筑物。钟塔式的建筑彻底毁坏了古历史城市的风貌。过去,根据原始的建筑原则,高层和宏伟的建筑物通常建造在古城的市场广场上,建筑物的高

度按一定比例缩小,同时远离中心。在海乌姆的格鲁琼兹大街上建造的四层房屋就超越了原始的建筑规模,在那里专家们尝试将建筑物改造成新型营利性楼房的高度。遗憾的是,这种建造新型建筑物的方法并没有在小型城市中广泛地应用。当地政府的野心使人们逐渐对小型城市失去兴趣。解决这一问题并不容易,因为在古老的街区中总是有很多没有被开发的地区,而在这里为了完善空间布局建造一些建筑物通常被认为是合理的。由于问题的棘手性,人们对住房的长期需求有所下降。为海乌姆制订的修复方案指出,首先应该着手拆除街区里和要塞城墙附近的凌乱建筑物,然后在这里重新建造新型的建筑物,通常这些楼房的规模都远远超出被拆毁的建筑物。

第六节　关于保护古历史城市和街区上建筑遗产思想的改变

一直以来,重现古老建筑的原貌都是保护和修复建筑物的最终目的。这一趋势受到单体建筑物的多层性、多阶段性和人们对改造建筑物会毁坏原始建筑的信念的限制。如今在波兰,尤其在一些中世纪城市这种趋势极其盛行。因为在这些城市中蕴含许多在不同时代形成的古老元素,这些元素的共同作用促成城市现代的空间布局的形成。近些年,在所有古城街区的范围内宣传保护最新建筑物的思想变得很有必要。但是在推广这一理念时人们往往忽略了大多数城市中心在19世纪下半叶至20世纪上半叶期间古老空间

布局的改变。我们要讨论的不仅仅是改造那些保留部分原貌的单体建筑物，而且关于城市中新的建筑机体和整个建筑综合体的发展前途问题等。对此，繁华的城市已经采取了

相应的实践对策，只不过它们具有一定的分散性并缺乏一个统一的城市规划理念。除制订交通运输网的方案以外，在古城中我们需要做的是制订建筑方案，而不是城市规划方

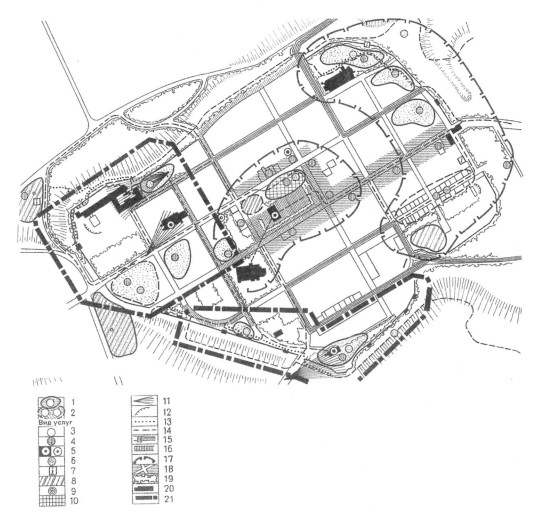

▲ 旅游设施分布图
　海乌姆，修复方案。
　1—在新的地区；2—在现存的建筑物内；3—宿营地；4—大众食品商店；5—文化机构；6—休息地；7—旅游信息；8—停车场；9—汽车服务站；10—楼台咖啡店；11—能够观看全景的地方；12—不能观看到全景的地方；13—拟定的人行道路线；14—主要的步行旅游线路；15—无限制的机动车道；16—人行道；17—具有发展旅游业潜能的古城市街区；18—城市的商业建筑和设施；19—绿化；20—最重要的文物；21—需要进一步斟酌的局部地区的规划界限

案。在城市的规划格局上可以找到建筑方案的缩影，比如说，19世纪末在塔伦的古市场广场的新教教堂附近建造钟楼的方案。虽然它被改造成现代的外部轮廓，但是却破坏了原始的空间布局。在19世纪末到20世纪初之间将大型的营利性楼房替代拆除的古建筑物并增加建筑物的高度被普遍认为是破坏古老空间格局的行为。正因为如此，在20世纪50~60年代，为不同城市制订的古建筑文物的保护和修复方案中都提及降低建筑物高度和拆除一些建筑物，如拆除海乌姆的水压塔和工厂烟囱，以及塔伦的煤气罐装置等。几乎在所有拥有中世纪要塞建筑的城市中，人们根据修复专家们的建议拆除了古老防御沟壑

▲ 塔伦。新城镇市自治局大楼（18世纪中期图画）

地带和城墙附近的19世纪和20世纪建造的建筑物。大多数城市都准备拆除一些附属建筑物和街区里的农业建筑物。这些措施有利于环境的调整和完善。明确这些建议后，当前我们主要依据深奥的历史建筑研究开展重建工作。然而，这一"清理"方案引起一些关于古文物的保护和修复理论和实践方面的其他问题。在拆毁一些没有价值的建筑物和局部后，我们是否应该去着手研究被认为是最具历史价值的城市的某个发展阶段呢？如果应该研究它，那么应该研究到什么程度呢？几个世纪积累下来的经验证明，一些修复专家制订的拆除方案常常是建立在他们客观坚信某些建筑物失去多样性的基础之上的。这不仅意味着无情地撕去我们伟大建筑史上辉煌的一页，而且还将导致对早期建筑遗产的未知破坏。可以以在塔伦的新城镇古市场广场上建造的福音派新教会教堂为例进行说明。在20世纪50年代一部分修复专家认为拆除那些破坏周围历史环境和圣雅科夫天主教教堂是有必要的。相反地我们则认为这个建于1822年的古历史主义风格的教堂具有很高的历史价值。它坐落在市场广场的中心，过去在这里坐落着拥有相同规模的新城镇中世纪市自治局大楼。因此，教堂仍然保留原有的中世纪空间布局。同时在许多其他的城市，其中包括科拉克夫，市自治局大楼被拆除，人们在市场上建造了具有代表性的古典主义风格的广场。在塔伦专家们本着合理利用广场的原则，以这个广场古老的空间格局理论为蓝本，复原了原始的外部轮廓。拆除机关大楼彻底改变了市场广场的规模。虽然在19世纪

至 20 世纪期间在市场广场上建造了附属建筑群，但是这个广场并没有较大的自由空间。

在那些古市场广场内未遗留有建筑物的小型村镇，人们用高耸的绿树装饰市场广场。但是这被认为是不合理的，因为把它变成公园将会毁坏原始的空间格局，同时根据制订的方案不应该在市场广场上建造汽车停车站。

市场广场不仅作为传统的交易地点，而且还执行一些其他的大众化功能。

第七节　连体街道建筑的形成

街道建筑物的面貌经常会改变，因为建

▲ 塔伦。热格里尔斯基大街上带有保留下来阶梯的 1 号、3 号、5 号和 7 号楼房

筑的正立面总是易受时尚潮流的影响。正因为如此，在波兰的城市中不可能找出这样一条大街，在这条街道上两座哥德式的建筑物相邻坐落在一起；同样也不能找到这样一条大街，在这条街道上所有的大型建筑群都是巴洛克式的。换句话说，古老街区上的建筑总是外部轮廓不同和风格迥异的建筑物的杂合体。

同时在中世纪建筑的周围地区也没有完全保留下来古老的元素。在塔伦、海乌姆和科拉克夫这样的城市里，现在地表表面和高度与 18 世纪末是不同的。对于中世纪建筑物的出现和形成，这一情况是至关重要的。日渐升高的地表改变了整个建筑群的规模。如

▲ 塔伦。通向维斯瓦河的热格里尔斯基大街上的 5 号和 7 号楼房

果有可能使塔伦的街道降低到原有的地表高度，那么这里的石砌建筑物看上去就不会那么高。在实施修复计划的过程中，除技术困难和巨额的资金支出外，又出现严峻的理论问题。可以以塔伦为例进行说明。早在19世纪60年代那里便铺设了人行道，后来人们又在现在的地表高度上铺设了路面材料。与此同时，专家们对建筑物进行改造，使许多建筑物增高。在较高的街道上许多新型的建筑物替代被拆除的房屋，建筑物一层的正门入口处的高层台阶也逐渐消失。总之，可以说，城市出现了新的面貌。在城市里根据现代潮流进行稍微改造的古石砌建筑和宏伟的单体建筑物被保留下来。只有在通往维斯瓦河街道的狭窄地带才保留了接近中世纪时期的地表高度，而在其余地区建筑物的规模有了显著的改变。保持街道原始的地表高度就是抹杀城市一百年的历史，因为需要重建已经消失的高台阶和建造另外一种样子的建筑物大门入口。当恢复原始的地表高度使人们在视觉上仍觉得地表的高度较高时，此时要做的便是改造房屋和降低房屋的高度。总之它使单体建筑物和整个街道风貌的形成问题变得更复杂。在塔伦、科拉克夫和许多其他的城市中，除哥德式、文艺复兴式和一些类似风格的建筑物正立面以外，大多数遗留下来的建筑物都拥有19世纪和20世纪的外表装饰。在灰泥层的下面通常都隐藏有更早时期的建筑物局部。然而有时没有必要揭开它们的神秘面纱，因为这样会破坏晚些时期形成的灰泥层。在很多时候以破坏建筑格局为代价将小的建筑局部（如哥德式）突显出来是不合

理的。然而，（在允许的范围内）即使发掘出所有迄今发现更早时期的建筑物正立面，并完成一切必须的工作后，我们也不会看到建筑物正立面和整个街道的原貌。因为它们不可能记载下城市发生的所有变化。追求彻底的反哥德式主义与19世纪的纯粹主义修复理念都是错误的。实际上，适合古城的功能的纯粹主义修复理念是不可能实现的，也不可能使所有建筑物的风格都是一样的。可以以前面提到的卡尔卡松的旧城为例。这个城市的建筑物最接近纯粹主义的修复理念。但是除要塞城墙以外，包含一些稍晚时期形成的建筑元素的中世纪氛围充斥着城市的其他地区。

这里需要强调的是，不顾及修复专家们意见的纯粹主义修复原则永远都不会被采用，也不能被应用在古城的建筑机体上。理论上这并不是指城市自然保护区的具体概念。旧城的其他建筑群经历着改造和现代化的漫长过程。将来这有可能为小型村镇和大型城市的街区改造成自然保护区创立有利条件。也许，它也应该针对一些保存完好并执行类似于原始功能的，在19世纪和20世纪建造的建筑群和综合体。它是更广泛地宣传保护古建筑物、新时期的城市建设格局和一些在一战和二战的间歇期建造的建筑物作用的结果。无论是在全世界的范围内，还是在波兰（例如：罗兹、波兹南和华沙），都不应该在改进的过程中禁止使用遗留的由19世纪下半叶和20世纪建筑物组成的"建筑带"的定义。对于更早时期的建筑物来说，这不仅意味着对最大程度地保护那些我们认为最有价值的

▲ 罗兹，卡斯秋什卡广场和彼得卡夫斯基大街。鸟瞰图

东西的关心，还意味着它们有修复的必要性，并适合现代化功能的需求。

　　在修复实践中，文物的历史通常影响着人们对它们价值的定义。在很大程度上人们不允许破坏更古老的建筑物所有的组成部分，甚至是周围的环境。而一些历史较短的建筑物常常给人一种没必要保护它们的感觉。在这里表现的频率似乎起着决定性的作用。对每个时代独特的理解同历史准则一样，代表着遗留给我们的一切东西，比如古罗马文明。而对于 20 世纪初而言，人们只能通过严格的

挑选方能提炼出建筑物最具有代表性的东西。因此，为了保存战前华沙完好的建筑物局部，我们遵循了一套标准，而为了罗兹则选择了另外一些标准。

　　在完全理解选择需要保存和修复的建筑物的原因的基础上，不应该仅仅局限于建筑和城市建设史上的杰作，还应该从一些不同种类且具有不同功能的代表性建筑物中选择。城市的建筑群和街区并不是建筑师们创作的作品。它们有潜力凭借自身复杂的结构更好、更全面地展示出自己时代的社会文化生活和

▲ 罗兹，彼得卡夫斯基大街

技术水平。因此保护古城的构想不应该只局限于最大程度地保护它的空间布局和外部轮廓。它应该涉及各个方面，从街道路面材料、采光到建筑和结构细部，以及技术设备和广告等。这也应该在新型城市中广泛应用，由于许多城市都是大同小异的，所以乍一看上去它们的风格并不复杂。另一方面，现在人们对健在人士的创作作品存在着严重的误解。即使如此，人们还是很难放弃他们创作作品的现实性优势，通常这种优势决定改变它们并使之现代化的必要性。然而，也可以说，它们已经属于过去的时代。人们对它们是时代最好的记载文献，是原则上独一无二的杰作的坚信永远都不会减轻对他们的创作品的

误解程度。

战争和焚烧过后，在波兰相当大一部分古建筑——主要是城市建筑群被修复和改造。由于在塔伦和科拉克夫，在灰泥层的下面隐藏了几百个哥德式的建筑物正立面，所以专家提倡研究这些建筑物局部，并将它们发掘出来。这些建筑物局部是城市历史有根有据的见证，同时它们也是另外一种形式的历史资料，它们可以纠正我们对过去的看法。在塔伦和科拉克夫的发现就是证据。不过，这并不是为通过非常漫长的修复工作重现城市更古老原貌的行为辩护。

在近些年，人们才有条件对那些宝贵且

▲ 塔伦，苏克恩尼奇大街 26 号。被修复的建筑物

▲ 塔伦，苏克恩尼奇大街 26 号。铲除古老抹灰层后的建筑物

未受破坏的建筑物正立面进行考察。在科拉克夫，专家们拥有足够多的简易装置，在不清除现代灰泥层的情况下就能够清理出所有的改造痕迹。

发掘的过程本身不仅仅是计划的修复考察的必然结果，而且还是普通的修复实践工作的意外收获。以当时的技术水平，去除坍塌的灰泥层使隐藏的、更早时期的哥德式和文艺复兴式的建筑物正立面显现出来是可能的。但是，凭借当时的技术条件并不能解决所有的问题。要知道，几乎每一幢石砌建筑在未涂抹灰泥层之前都曾经被改造过。因此在工作开展的过程中应该解决修复和补充哪

些古老元素的问题。最终我们建造的只是仿制品，但是仍然有必要建造新的建筑物正立面。当然，可以用古老的材料去建造它，如哥德式的元素。问题在于，实际上我们并不是要维持保护现今的状态，也不是将其完整地修复成古老的原貌。这是一个关于整个的街道和街区的问题。

改造连体街道建筑物最简单有效的方法就是重现单体建筑高高的尖顶。需要指出的是，它不包括那些已经超越原始建筑规模的楼房和由于各种原因不能改变房屋高度的建筑物。这样的建筑物在塔伦比比皆是。从 19 世纪末到 20 世纪初，塔托许多建筑物两面坡

▲ 塔伦，市场广场 13 号。建于 14 世纪带有装饰物的文艺复兴式正立面（Я.杜特克维奇的配色方案,1965 年）

▲ 塔伦，科佩尔尼卡大街 17 号。科佩尔尼卡楼房（1960 年的照片）

▲ 塔伦，在 1960 年修复工作的第一阶段结束之后的科佩尔尼卡楼房

的三角屋顶被改造成平屋面，平顶增大了原始的住房空间。现在，为了使建筑物的高度不再增高并保留原有的住房面积，只能将尖顶改造成平顶。因为尖顶从实质上改变了房屋的规模，而且与现代建筑物的正立面极不协调。

许多古石砌建筑物都拥有鲜明的、可塑性很强的建筑轮廓。作为新建筑学的典范，应该保护与这些石砌建筑物共同构成的连体式平屋面，纵使这些平顶，像瓦房顶一样，失去了原始建筑物的韵味。遗憾的是，同样作为时代的记载文献，它实在没有什么值得人们骄傲自豪的。

▲ 塔伦，修复工作彻底结束后的科佩尔尼卡楼房（现状）

第八节　遗存建筑的色彩选择

影响城市氛围的重要因素之一莫过于城市的色调。它使每个古城中心街区变得与众不同。

在波兰修复机构曾多次尝试调整古城街区的色调，以便保护它们并强调突出它们的风格。波兰与荷兰不同，几个世纪以来在这里并没有保存下来几乎相同的、给建筑物正立面着色的方法。所以在波兰中心街区上，古老连体建筑的色彩选择方案只是现代建筑师和艺术家们想象中的配色方案罢了。在20世纪60年代，在科拉克夫的格罗兹基大街和塔伦的科佩尔尼卡大街上，有时可以碰到与它们的原始色调完全不同的建筑物正立面。在其他城市中（如在塔尔努夫）人们则尝试将文艺复兴式的装饰手法应用在19世纪建造的建筑物上。可以说，在这两种情况下，建筑物的表面都被错误地看做是"涂色板"，人们忽视了不同风格的建筑装饰的存在。建筑物的轮廓、色彩和风格统一的原则并没有引起人们的注意。当古街区经过几次色彩改造后，要找出它们独特的原始配色方案是很困难的，甚至是不可能的。由于连体建筑是在不同的时期修建的，而且不可能找到保存至今原始的建筑物色彩选择方案，因此寻找与整个建筑群协调的配色方案困难重重。

因为人们总要将一些现代的元素补充到古老的元素中，所以不需要彻底复原整个街区和城市的色调。但是寻找和保护建筑物正立面某个部分的配色方案是有必要的。在重现街区和城市色调的过程中，应该采用一些融入现代元素的，并与周围环境相协调的配色方案。

在开展修复工作的过程中，专家们陷入前所未有的进退两难的窘境，他们不知道该最大程度地将建筑群修复至原貌，还是完整地保存它当前的外形轮廓和状态。官方虽然表明倾向于后者，但是实际上他们总是选择中间的立场。这是古城街区修复工作的典型特点。

第九章
关于历史城市综合体修复与保护的建议

第一节 古老的历史城市
综合体的基本概念

至今，保护建筑遗产领域中的术语仍然没有改变。尤其是对一些单独的概念，应该明确它们属于哪一历史阶段和文化领域。文化领域中很多重要的术语都不能逐字翻译成另外一种语言，比如：建筑遗产和修复的基本概念。显而易见，在引用新的术语时没有给出它们的详尽解释，导致这一问题的出现。在很大程度上，它是关于古历史城市中心的术语。古历史城市综合体的基本概念就是众多问题之中的一个。同时，一些其他术语的定义，如保留原有或古老的历史风格、完善、更新、复苏和改进等，都具有多种含义。在不同的历史时期和地点，它们具有不同的含义。它与建筑和修复工作的实际情况有直接的联系，要知道，这些实际情况是不同的，而且它们需要特殊专业的研究和考察。

城市古老的、历史的和更古老的风格的概念是应用频率最高的，同时又是最不确切的术语。正如我们先前提到的，在文艺复兴时期，这些关于古老历史中心的术语被广泛应用。从那时起到现在，人们一直在讨论保护和修复古老风格的话题。在近些年"更新"成为使用广泛，并具有多种含义的术语。总体上，除了保护古历史建筑物、修理和改进的意思外，它还具有使城市设施个性化的含义（日照灯和路面覆盖物等）。这导致了19世纪所有建筑风格模型化的现象出现。在保护古老城市的同时，总体的修复方案还包括融入一些与古老的风格相协调的现代元素。

一些建筑师们将一些并非以保护古建筑和风格为目的，在古老历史城区采取的修复措施称为"更新"的行为，是乱用术语的表现。可以以在华沙城堡中建造博物馆的方案为例。这时人们一定产生问题，古老的风格到底有什么样的特点？如果要用一个最直观的术语形容它，我们应该选择的是具有多种含义的术语——"历史的"，而不是"古老的"。"历史的"不仅指没有融入现代元素的建筑细部，而且还指城市建筑的格局。当然，除在现实社会主义时期外，至今这一术语仍保留有原始的含义。但是这并不意味着，在所有的历史时期内它都包含"保护"的含义。

因此为了解决问题，需要对所有遗留下来的综合体局部进行评估，以及对要保护的建筑遗产进行选择。同样，"古老的"的概念也可以用来修饰建筑物和城市建设空间布局的建筑元素。这些元素是逝去时代具有代表性的杰出创作典范。完全可以理解，对于当今全新的时代而言，它意味着对可能完好保存下来的建筑物的严格筛选。不过，我们认为，即使不考虑建筑物的艺术、历史和科技价值，它经过一段时间后也一定会成为建筑遗产并需要保护。此时应该回答这样一个问题，人们是如何理解"保护"这个概念的？在这里我们列举出"修复"和"保存"两个术语，可以借助单体建筑物严格区分它们的定义。华沙古城镇也没有将类似的术语"改建"的实质很好地注释出来。用"重建"这个词替代它是比较合理的，我们可以将一系列其他的措施（如改进）与这个术语联系在一起。在被摧毁的古城街区的废墟中开展的修复工作远远超出保护建筑遗产的范畴。这已经是司空见惯的事情。那么又如何确定在波兰其他上百座古城中心中开展工作的性质？它们中没有一个古城中心可以称得上是城市自然保护区。随着功能需求的变化，它们也被不断地改进。毋庸置疑，改进在至今仍然使用的古城中心中仍然发挥着重要的作用。只不过改进的规模可以是不同的——从对单体建筑物稍做改动到对整个街区的改造。这就是所谓的历史规律。在过去的时代里改造的程度取决于社会关系和财力的变化。现在，对于古老的城市综合体而言，我们决定保护其古老的风貌。

随着知识面的拓宽和对科研作用的宣传，人们的保护意识也有所加强。

当然这并不意味着停止一个古城市街区的建设工作，因为这将使它们逐渐失去使用的价值。因此在那里人们不仅开展了修建工作，还采取改造的措施。修建和改造的对象不仅仅局限于单体建筑物，而且包含整体的空间布局。人们称在古城区进行的改造为"完善"或者是"修复"。这两个术语被认为是同义词。

人们第一次针对在18世纪末和19世纪初在古城区采取的措施，提出了"调整"的概念。由于人们对卫生问题的关注日益增高，在20世纪20~30年代之间在德国和瑞典首先开展了医疗卫生化的工作。对于古城市街区来说，它指的是改善卫生和居住条件。可以通过分散街区内部的建筑物达到这一目的。后来这一概念渗透到许多现代的措施上，比如完善交通运输系统。

近些年，"修复"这一术语才被广泛使用。如果"调整"指的是通过"外科"的办法进行改善的话，如拆除的手段，那么所谓的"修复"则意指更多的措施。通常这些措施是建立在对整个城市机体，而不仅仅是古街区的"病态"区域进行分析的基础上的。新概念并没有取代旧术语，对于古街区来说，前者只是拥有更好的发展前途，并象征着新事物的出现。在这里用"完善"这个术语归纳疏散街区内部建筑物的工作是最合理的，用"修复"归纳古中心区域的改造计划也是如此。它赋予古城和古街区原始的使用、建筑和空间价值。它还可以指一些单一的措施，如重新综合化和分生等。这些措施主要涉及拆毁挡住建筑遗产的附属建筑物和发掘出更晚时期形成的灰泥层下面的建筑物正立面，以及增加额外的装饰。

第二节　对城市中心作为建筑遗产的评价和修复干扰界限的研究

在制订任何一个修复方案之前，都应该先对准备修复的建筑物的价值进行评定，对城市也是这样。首先应该从它的建筑文物和空间布局的价值等方面进行评定。空间布局通常是建筑物独一无二的艺术门面，有时它还是一种象征。在古城中心中年代的久远性与必要的功能紧密地交织在一起。在一些遗留有建筑文物的城市中艺术价值不仅仅是建筑师们的创作作用的结果。对自然条件的运用和得利于对大自然的影响的考虑而取得的绘画成就也是促成艺术价值形成的重要因素。遗憾的是，随着时间的推移，覆盖在建筑遗产上的氧化膜逐渐地将它们腐蚀，并最终将它们毁坏。

在20世纪的修复实践中人们经常尝试消灭建筑遗产被毁坏的痕迹，不经意间，它们年代久远性的价值也被破坏了。在许多仍被使用的古城区中出现这一现象是一种必然趋势，因为生命的自然规律就是不断适应变化的环境。由此在保留古老的价值和长久的更新之间产生了矛盾。在现在的条件下，这种长久的更新不得不为保留古城的历史价值做出某种折中。这不仅仅意味着对空间和它蕴涵的使用价值加以利用，还意味着对古城区

的艺术和历史价值的使用。因此，必须努力为那些拥有古老历史街区的城市制订城市建设计划。修复专家应该采用那些不会破坏建筑遗产的古老元素的积极改进措施，并使整个改造地区与整个城市相协调，而不是一味禁止任何改造行为。

不可能将在所有城区施行的各种措施同等看待，比如说，为维持建筑物当前状态采取的措施和雕塑工作。即使在波兰具有几百年历史的城市中，我们也追求突破和改变。所做出的改变不仅应该完善它们的功能，为保存古老的历史元素创造有利的条件，而且有时还应当发掘出稍晚时期形成的且价值不高的灰泥层下面的建筑物正立面。可以说，在古城区开展的工作都超出纯粹保护的范畴。

在19世纪百年的历史中，在古老的历史城市和城区采取的措施都干涉了现代建筑和城市建筑活动的概念。理所当然，现在完成的改造工作应当使古城区具有了现代城市建设的特点。对建筑遗产价值正面的评估不仅取决于对那些古老的建筑和空间布局优势的观察和正确的使用，还需要在制定方案之前对它们的历史价值进行分析。通常做出的分析能够预测出可能形成的结论和建议，如：

（1）通过对空间布局的分析，可以确定：规模没有改变且需要保护的建筑物；拆除的规模（如附属建筑物和街区内部的建筑）；调整的高度（增高或者降低单体建筑物的高度）；需要加盖房屋的地点。

（2）通过对功能的分析，可以确定：由于本身的历史优势应该保存当前功能的建筑

物（如古老的天主教教堂和剧院等）；由于拥有宝贵的内部装饰需要改变功能的建筑物（如考虑到大量的内部装饰和现代住宅的需求，应该将它们用做大众性建筑物的一些石砌建筑）；其他建筑物的功能（如商业街）。在这里应该选择那些值得使用且符合不同技术需求（其中包括交通工具的通行）的建筑物或元素。

在解决这两组基本问题时有必要从历史、科学和艺术的角度全面地评估整个空间布局和一些单一的元素。应该以考虑古老的历史城区与新型街区之间的联系为前提，将这些措施付诸实施。如果不分析它们在所有城市综合体和城区中所起的作用，那么现在就很难制定出古老中心未来的发展计划。分析它们的影响使正确选择未来的功能成为可能。当然，这些功能有可能产生积极的效应，同时又有可能成为一种威胁。绝不能在没有分析它们之中蕴涵的过去形成的元素的情况下，制定城市的发展计划。这里指的是包括 19 世纪和 20 世纪在内的所有时代的珍贵的建筑元素。

保护和使历史综合体所有宝贵的元素贴近现代生活是当前主要任务。随着新的现代需求不断涌现，我们可以对这些古老的元素加以补充，但不能用其他的东西替代它们。

第十章
石砌建筑遗产的修复

第一节　历史建筑物和
建筑群的更新

在广义上更新指的是修复、保护、修理和改造等措施的总和。通过采取这些措施，单体建筑物及其周边环境、城市建筑综合体和与之相关的文化遗产、自然和景观的历史、艺术和使用的价值，以及它们传统的风格被重现出来。施行这些措施的最终目的就是使它们服务于社会，将来拥有符合新需求的功能。

因此更新是各种措施的综合体。它们将历史建筑的修复和重建工作紧密地联系在一起。更新并不意味着使建筑物和综合体现代化，改造和修复它们，而是指最大程度地将其修复至原貌和原始的个性化空间布局。它的主要目标是翻新、保护和巩固那些具有历史文化价值的建筑遗产。这些遗留下来的宝贵财富不仅为了自身的存在和未来的发展创造了条件，而且还使广大群众接近过去的宝贵遗产以及创造性地使用几个世纪积累的财富成为可能。需要注意的是，那些住在历史

建筑物中的居民，不应该生活在不符合社会现代发展需求的条件下。无论在现代，还是在将来，人们都应该通过更新为自己创造方便的居住条件。因此在修复古老的历史城市街区的过程中，保持和改善（使现代化）住房的状况具有重大的意义。在这里我们要谈论的是完善功能系统，用符合现代需求的便利设施充实它们。

在更新的过程中，专家们建议调整城市建设的结构，尤其是建筑街区的形成，完善市政的基层组织和为旅游业的发展创造条件。

在现实生活中更新遇到了许多关于保护和修复方面道德需求的阻拦。

正如我们上面所说的，保护古文物的原始建筑材料和外部轮廓是修复和保护的首要任务，因为这些原始的元素共同促成历史和科学价值的形成。新的使用功能决定着新的内部装饰潮流的走向，同时它把采取一系列的技术措施变得有必要，如改造、部分拆除、引入新的元素和填补不足等。

为了延长使用期限和拯救受破坏的建筑，采取了类似的措施。显而易见，这些措施不可避免地导致建筑物特点的改变和历史价值

的误评。因此，在任何情况下，都应该在认真分析和讨论技术干涉的必要性之后，采取更新的措施。除此以外，还应该尊重建筑物古老的原貌并坚信一定会恢复它们昔日的光彩。

第二节 历史石砌建筑物被破坏的特征和它们出现的原因

随着时间的消逝，石砌建筑物和它们的结构遭受不同程度的破坏。受破坏的程度通常取决于建筑材料的物理和化学特性、结构的类型、建筑物的寿命、功能作用的条件和偶然因素等。由于建筑结构和材料不会立刻发生明显的变化和变形，所以一些毁坏的过程是漫长的。建筑物长期受到外力和重物的作用会导致变形。在这种情况下，经过一段时间后一些楼板将会弯曲，支柱会下沉，拱门会变形。从技术的角度看，如果没有其他因素的作用，如材料的老化，那么这些变形对建筑物不会构成较大的威胁。

即使在没有化学反应这一外部因素的影响下，由于周围环境长时间的作用，石质材料和结构的老化现象也会加重。在气候的影响下，尤其是空气湿度定期的改变、温度的变化，阳光、风和雨雪的直接作用等是导致建筑物结构这些物理因素改变的主要原因。石砌建筑物老化的过程是无形的，也很难人为地减缓它的进程。

实际上，老化的现象与化学物质的分解密切相关。随着时间的推移，在有害物质的影响下材料和结构逐渐发生化学变化。

各种各样的物理、化学和生物因素的相互作用导致这种现象的发生。最后复杂的化学反应使材料的性质有所改变。周围环境的腐蚀使石质材料和结构受损。

石质材料和结构的许多损坏是由一些机械因素引起的，尤其是建筑物地基的变形和建筑物附近地下水位的改变等。有时撞击和震动这些外部因素的作用也可以导致机械方面的损坏。撞击和震动可以破坏石层的连接处，并加深建筑物受破坏的程度。

物理、化学和机械因素之间消极的相互作用加快材料性质改变的进程，加速了古石砌建筑物结构的变形。使用的条件和人类有意识或无意识的活动都会促使古建筑物进一步的损坏。在一些其他的外部因素中，火灾、洪水、地震，乃至战争是最严重的。

在分析不同有害因素之间相互作用的特征和结果时，一定要考虑时间和周围环境直接作用的因素。

一个世纪以来，时间一直改变着人们生活的方式和技术需求。建筑遗产周围自然条件的改变，导致一些地区及其自然环境经历不断的改造。时间和自然条件的改变成为那些从技术和结构角度看都很完美的建筑物仍然遭受致命危害的原因。

对于挑选适合建筑遗产保护的技术手段来说，记录破坏的特征和结果，分析所有加深损坏进程的情况和现象，以及阐述引发损坏的原因具有最重大的意义。

重压对材料的影响。重压对材料的影响是一个非常复杂的现象。在钢筋被拉伸的情况下，如拱门的横压，会导致它们突然断裂。断裂的典型特点是截面的金属部分被损坏。

由于长期处于重压的状态下，金属晶状结构的改变，材料耐久度剧烈的下降导致这一现象的发生。

加快重压对材料的影响，促进材料结构的变形，为加强周围环境的破坏作用创造了有利条件。对于钢铁来说，氯化、硫化、氟化和氰化的综合作用是最致命的。

至于矿物材料，重压对它们的影响还没有被仔细研究过。因为对矿物材料的侵蚀作用没有明显的特征，所以很难发现它们。砌墙用的石质材料，即天然的石头、砖和泥浆，在重压的情况下变形的程度有所不同。石层不同的结构也是在长期处于重压的情况下砖墙的承压能力降低，甚至消失的原因。通常墙体压力的增高导致结构撕裂，在接合处和变形地方的竖排裂口就是这种现象的一种表现。

各种各样的支柱、隔墙和承压墙都是经常在重压作用下工作的石砌结构。随着最脆弱部分可塑性变形的加深，这些石砌的结构会进一步地变形。最明显的表现是一些地方开始弯曲和错位。拱门和楼板横梁的弯曲以及下沉经常伴随它们发生。

如果石砌结构的可塑性变形没有导致材料的老化、它们内部结构和物理特性的改变，那么它们就不具有较大的威胁性。但是如果石质材料长期处于重压的作用下，那么它内部的结构就会发生错位现象，最终导致某一部分突然毁坏，甚至是更严重的事故。

如果出现我们在上面谈及的因素，尤其是潮湿和大气环境的作用，那么石砌结构的使用材料受重压的影响将会变得危险至极。

结构和建造过程中存在的缺陷产生的影响。古石砌建筑物被迅速毁坏的原因与使用不合适和耐久性较低的材料、建筑工作的缺陷、不正确和不明确的理论原则、不合理的建筑物结构方案以及对土壤特性不正确的评估密切相关。

在处于重压作用的情况下，石砌结构的耐久性和可靠性取决于所用材料的特性，即石头或砖的耐久性、泥浆的附着力、包裹砌体的方法、接合处的宽度、施工的质量和建筑物结构方案的正确性。

根据现代的技术需求，在不计与泥浆的相互作用下，包裹砌体的方法应该保证砌体的静态平衡。而且墙体、支柱和其他元素的结构方案应该防止水蒸气在结构内部或表面凝结，否则这不仅会对结构本身的耐久性和可靠性产生影响，还会危害人类的生命和财产。

我们经常发现，以前建造的石砌建筑物和房屋并不符合上述的要求。

在石砌结构中，由带有不同机械和物理特性以及一些自然缺陷的材料铺砌而成的层面交替排列着。因此墙体的横截面是不同的。在砌体中不平均地铺砌了一些单独的石块，它们具有防止静态变形和有破坏力因素的作用。很多时候，在建筑发展的早期阶段，在建造石砌建筑物的砌体时，工匠们没有遵循利用材料天然特性的原则，他们使用了一些没有经过正当加工的石块，没有注意包裹砌体的方法，不认真地用泥浆填补接合处，甚至没有注意墙体表面的垂直与否。这些砌体原则上的缺陷、较宽的接合处和灰层泥就这样被泥浆掩盖了。

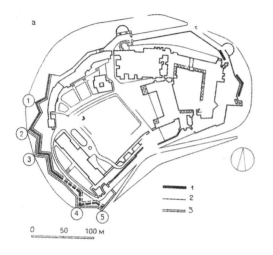

а	б
в	г
д	

▲ 位于科拉克夫的瓦维尔斯基要塞受损城墙的范例
（1962 年的状态）

　　а—墙体分布图；б—由于含有大气有害物质的
水分深入墙体内部引起的损坏（1 号和 2 号区域）；
б—在水分微弱影响下导致的损坏（2 号和 3 号区
域）；г—由于流水作用而受损的砌体（4 号和
5 号区域）；д—由于气温的变化而损坏的砌体。
1—17 世纪的波兰的砌体；2—19 世纪的奥地利
的砌体；3—20 世纪的德国的砌体

▲ 由于结构变形和未及时修复而受损的砌体表面。科拉克夫的瓦维里斯基要塞，2号建筑（1962年时的状态）

从包裹的角度看，用砖制砌体是最合理的。但是无论在墙体的内部，还是在墙体的表面，都可以看出不同性质的砖块。在烘干和焙烧的情况下，由于原料磨碎和搅拌的程度不够而导致有大大小小裂口缺陷的砖块与焙烧较好的砖块混合在一起。这些砖块结构上的缺陷加快了损坏的过程。

在古石砌和砖砌建筑物中，在建筑物的地基和地上部分之间并没有横向的防潮层，在土壤与地下室之间没有建造竖向的隔热层。

在许多情况下，在古老粗厚的墙体中我们会经常发现各种各样的渠道和斜槽，以及未被连接杆和卡板等填充满的空间。

在一些墙体结构中，在墙体厚度改变的情况下往往缺少合适的过渡，如缺少台阶或过大的台阶。将横向墙体和纵向墙体毫无意义地交叉在一起，错误地选择门窗的位置，尤其是过梁，都属于典型的结构缺陷。

除上述的缺陷外，地基构造的缺陷也是比较具有威胁性的。地基结构方面的失误在于没有正确地选择建筑工地和工地的斜坡的深度太小。这都是因为人们缺乏土壤特性和类型方面的知识。由于土地规划和土壤的侵蚀作用，切去建筑物周围的土壤层使地基斜坡的深度变小。总体上，虽然以前人们在建造地基结构时多加注意，但是在变形的古老地下坑道上建造新的建筑物也会导致坍塌。

错误地选择拱门、拱廊、过梁、支柱和承压墙的断面，也属于古石砌建筑物的结构缺陷之一。当拱门和拱廊上形成裂口和过大的变形时，我们可以看出，由于横压的增高，在支柱处已经出现错位、交叉点的分层和裂口等。如果它们的断面不符合跨度要求并且不能承受住重压，那么在平屋面的楼盖上也会发生类似现象。

没有经过深思熟虑制定出修复计划，可能导致古建筑物严重的损坏。建造不合理的结构和应用那些毁坏原有结构系统平衡的新系统，都对古建筑物的耐久性和可靠性造成严重的影响。

在采用错误的古建筑物保护和修复的方案中，没有经过仔细讨论而得出的肤浅技术鉴定起到了不小的作用。

使用条件的影响。 人类对古建筑物的改变和破坏有着巨大的影响。人们在考虑或根本没有考虑古建筑的价值的基础上进行的改造活动，破坏了建筑原始的比例、协调、美轮美奂的装饰和结构系统的逻辑与价值。

随着时间的流逝，许多古建筑，尤其属于上流社会的建筑物被它们的拥有者随意地修复和改造。通常这些改造是不合理的。在没有专家参加和提出建议，而且没有考虑到后果的情况下，建筑物就被随意地拆除了。替换原有楼板的拱门、移除平顶拱门、用仿哥德式流行的拱门样式替代它们、建造新的或扩大现存的门窗、为了腾出空间拆除内部的承压墙、清除扶壁、去除支柱和各种拉杆的镶面材料、为阳台和走廊建造雕像座以及在大的房间内建造额外的隔层，对石砌结构的耐久性和可靠性产生的影响最严重。这些改造工作导致原始静态机制的改变、空间联系变弱、断面的变形以及不可挽回的损坏。

石砌结构负载过重和重压性状的改变（如从静态转为动态），会引起建筑物严重的损坏。在过去对于民族文化来说许多宝贵的建筑物，其中包括用于祭祀的建筑物，没有被完好地保存起来。不珍惜各种材料和设施，是墙体、楼板和建筑物内部装饰受损的主要原因。

不合理的建筑遗产修建和保护措施是导致古建筑的使用价值过早丧失的一个普遍原因。屋面的损坏就是开始的征兆。因为水和风最先接触到建筑物的房顶，所以它们势必首先被自然所毁坏，随之受损的便是房梁和屋顶下面的结构。排水管和排水槽的受损和堵塞，以及不正确地建造排水系统都可能致使严重的损坏。除此以外，错误地建造屋顶斜面，使之不能及时地排走房顶积留的雨、雪和冰，也会导致类似的损坏。

楼房受潮和湿度的增高，促使水蒸气在墙体和楼板内侧凝结。同样，即使在没有腐蚀性化学物质的作用下，它们也会损坏建筑物的内部装饰。

对古建筑物漠不关心、改变它们的功能、重压的作用，尤其是承压结构的负荷过重，建筑物本身缺乏技术含量，甚至是废置那些出于各种目的并使用特殊材料和元素建造的房屋，在一定程度上加大了石砌建筑物过早损坏的可能性。

古人口密集地区的演变。 随着经济的发展、历史城市综合体工业的发展和人口的增长，由于人们长期追求完美的生活方式，古建筑物和建筑群经历着为了符合大量高需求和新条件而做出的不同改变。以前富人的官邸和庄园、市政府大楼、大众性的建筑、石砌的住房和用于祭祀的建筑物，都被改造成现代的建筑。很多时候在没有考虑到它们历史价值的情况下，营房、商店、库房、仓库和生产企业也被改造。人们在修复建筑物并使之现代化的同时，开展了各种各样的城市建筑工作，其中包括定出街道和广场的断面，将其修直并完善其设施，铺设自来水网、排水网和天然气网等。人口的增长使采用廉价的赢利性住宅建筑替代古老城市庄园上的建筑物，改变它们的外部轮廓和破坏建筑物原

始的风格特点变得有必要。所有随意和不同
的可能性改变都削弱了建筑物结构的耐久性，
并加快了损坏的进程。从历史和技术的角度
看，那些不协调的、后来形成的特点加深了
古建筑物受损的程度。

随着科技的发展，许多标新立异的新事
物出现在生活的各个方面。开辟铁路和有轨
电车路线、铺设新的交通运输干线迫使人们
不得不拆除宝贵的建筑物和历史军事防御设
施。工业的发展使自然环境恶化，从而威胁

古老历史环境的因素增多。这些不加限制的
活动有时是有害的，它们会使我们的文化遗
产蒙受巨大的损失。因此保护完好无损的建
筑遗产的必要性和保护修复工作的复杂性是
完全可以理解的。

上面研究的导致建筑遗产和设施损坏的
诸多现象之间有着密切的联系，它们共同的
影响便是建筑遗产的损坏。所以关于保护和
延长文物的寿命问题应该依靠科学技术部门
解决。

第十一章
保护建筑遗产的方法

在保护建筑遗产这一重大事件上，预防工作具有极其重要的意义，它是技术措施领域的中间环节。这些措施可以消除对建筑物状态的一切威胁，并延长它们的寿命。

及时正确的预防措施会改善建筑物的状态，减缓损坏的进程，并为保护和修复工作创造良好的条件。不过，它们严重影响着将要开展修复工作的规模和金融开支。

在开展保护文物的过程中可能出现各种各样的问题。从科技的角度看可以把这些保护工作大体分为三类：

（1）防止雨、雪、冰等（如潮湿、火灾、真菌和寄生虫）对建筑物产生影响的，以及减少对建筑物、其外部和内部装饰、功能设施的机械和化学损坏的方法。

（2）关于保持和加固建筑物结构和一些其他部位耐久性的工作。在这种情况下，建筑结构的技术状态和危险系数决定工作的规模和性质。

（3）保护建筑物所在地域的工作。破坏和荒芜土地将会导致严重的后果。在这里预防地基移动和晃动的作用，以及由于水的作用和植物的生长破坏大片土壤平衡的影响是首要任务。

保护建筑遗产工作产生的影响与系统监督建筑物的状态和及时找出损坏的原因密切相关。

从技术工艺的角度看，保护措施可能是临时性的，也可能是长期的。无论它们具有哪种特性，所采取的方法都与保护文物的计划有着密切的联系。

修复的方法不胜枚举，有长期的保护措施，也有临时性的保护措施。但是这些问题比那些受破坏建筑的情况要复杂得多。

第一节　临时性保护的方法（预防性保护方法）

在修复工作中建筑遗产和其他石砌建筑物的保护预防措施具有重要的意义。通常在有危险的情况下或遇到经济困难时（缺少开展修复工作的资金）采取这一措施。

预防措施应该主要减缓损坏的进程，削弱一些因素对石质砌体的影响，以及使结构和材料与破坏性因素隔离。可以以保护建筑物免受雨、雪、冰等侵害，使地基免受土壤中水分影响这些预防措施为例。

在开展修复工作之前，为了维持建筑物的现状和防止砌体结构的改变、变形，人们经常采取预防措施。

预防措施主要针对的是建筑物及其结构。采取这种措施的目的在于部分或全部地减轻一些脆弱部位的负担，支撑过分变形、错位和裂纹的细部。

实际上，在修复建设的过程中经常采取临时性措施和加固石砌结构的工作，尤其是在清点文物，重建、建造新的和扩大古老的门窗时。

去除多余的部分、替换和加固脆弱或受损的部位使预防性地保护石砌结构变得必要。因此，可以说，临时性措施和加固工作是需要周密准备的修理和修复工作的一部分。

预防措施的方法是多种多样的，这取决于损坏的程度和原因，以及建筑物的技术状态。

在采取预防措施的过程中其实不涉及砌体的结构，之所以对其施行预防保护工作，只是为防止砌体结构发生损坏，将与破坏性因素隔离最终防止结构进一步损坏。

针对在建设过程中采用方法消除那些由于机械、物理和化学因素导致的表面上的损坏问题，专家们制定了许多专业的方案。因此下面在论述的过程中，我们将把重心转移到维持和加强石砌结构耐久性的预防措施上。

预防的方法取决于基础结构（如地基、墙体和楼板）变形的程度，它们的结构特性和坚固性，建筑物的空间格局和一些其他的因素。

静态失衡的、脆弱的、变形和产生裂纹的石砌建筑物经常依靠支架、斜面和一些其他的辅助工具支撑。这些工具的断面、布局和相互联系取决于加固部位的结构功能特点。

在没有相关的技术资料时，在选择保护和加固的方法时只能依靠积累的经验。在其他情况下，当损坏比较严重时，如材料的连接处和砌体的耐久性发生损坏时，加固措施应该严格按照制定的方案和图纸施行。

在实施保护和加固的方案时要始终遵循一条原则，即在任何情况下采取的措施都不应该使开展工作的条件恶化，同时需要绝对谨慎的工作态度。

如果对承压结构（墙体、拱门和楼板等）采取临时性措施，那么在任何情况下保护的方法都应该建立在考察它们的技术状况、耐久性和坚固性结果的基础之上。

从耐久性和坚固性的角度看，如果古老的墙体和其他的石砌结构（支柱和拱门等）不能适当地与其他具有高耐久性和坚固性的结构连接在一起，那么通常它们不能被修复和完善。在采取临时性的加固措施之前，首先应该研究砌体空间平衡的大致条件。如果变形或损坏与静态失衡有关系，那么应该单独加固每一处损坏的部位。如果基础结构的耐久性和坚固性出现问题，那么首先必须建造稳固建筑物的必要结构。这些结构应该具有很高的硬度和耐久度，它们必须能在长时间的考察和组织加固工作下正常地运作。支撑的结构可以是多种多样的，在这里主要指的是支撑偏离垂直线的墙体和扶壁的支杆、台架、墙体之间的撑杆，掌握拱门和侧压强横压的以及防止墙体水平移位的拉条和连接杆。这些支撑结构的使用取决于受损的程度和干涉它们的必要性。

通常偏离墙体的一侧容易出现变形。如果水平压力的变化（如风压）导致高墙的失衡和偏移，那么两侧应该同时被支撑。单一的高墙或支柱则需要专门的研究。

如果石砌承压结构变形或损坏（如墙体和支柱上的毁坏结构连接处的凸起和裂口），拱门和楼板有明显的裂口和裂纹，那么导致这些现象发生的原因有可能是结构的负担过重。因此首先必须减轻它们的负担，然后用辅助结构支撑它们。

可以借助于能够分散重压的支架减轻拱门和楼板对支柱和部分墙体产生的负荷。支架一般都固定在横梁和经过严格挑选的垫板上，通过拱架的上部分支撑着楼板。

在特殊情况下，当未清理的残片和稍晚时期建造的间壁产生的压力导致严重变形时，这些重压就会对砌体的耐久性和坚固性产生不利的影响。建议去除残片和拆除多余的部分。

应该在修复专家严格的监督下，极其谨慎地清除残片、碎石和其他的废物，因为有时会在残片中发现宝贵的装饰品和其他应当受到保护的艺术作品遗物。

临时保护和加固拱盖、拱门、过梁和平屋面等类似结构的方法，应该由它们静态的特点所决定。选择保护的方法取决于变形的程度，如果在保护拱门和圆顶的情况下，它则取决于裂口发展的方向。

如果上述结构的变形和裂口是在横压的作用下支柱弯曲引起的，那么首先应该为承压的结构加固支杆。这些承压结构的特性各异，有支撑墙体和土地的倾斜木质双杠和有栅格的网状钢制支柱，在特殊情况下则使用临时的石质托架。通常支杆用来加固支撑结构。这时应该特别注意加固地基和顶部的方法，以便它们不受水平压力的影响。如果条件允许的话，那么可以用钢制的支杆和金属线分散横压。

在任何时候，在制定和实施保护建筑物及其局部的方案时都应该遵循原则，即支撑和加固的结构应该承受住上述几种类型的重压，并拥有较高的耐久性。

当支柱、支架和墙体的横截面出现明显的分层裂口时，应该临时加固支柱、支架和墙体的横截面。如果，过大的重压导致脆弱断面出现垂直裂口和墙体上层分离，那么首先应该减轻它们的负担，然后加固它们的横截面。通过在支柱附近建造由木板和双杆制成的盖板，支柱的横截面得到加固。通常盖板连接着金属线和钢条。当然，也可以采用其他的保护方法，如斜杆等。在具体情况下，应该遵循结构方案的逻辑性和安全性原则，并选用符合保护和修复需求的方法。

采取预防性措施不能完全地防止材料损坏过程的发展，它只能减轻事故造成的危险。这些措施使专家们有机会更仔细地考察建筑物、分析损坏的原因、制定出合理的技术方案和长期保护、加固结构的方法。

正如我们所说的，保护建筑物免受雪、雨、风的侵蚀和火灾、温度影响的措施都属于预防措施的范畴。首先应该保护宝贵建筑物的正面及其装饰免受机械损伤。如果在被修复的建筑物中有珍贵的镶面材料，如人工大理石、织花壁毯、包覆材料和镀金层等，那么保护它们免受潮湿和损坏是很有必要的。保护上述的零件和细节需要开展有计划的修复工作。

第二节　长期保护的方法

在修复单体的艺术建筑物之前或同时，人们采取长期保护文物的措施。

与长期保护文物相关的工作总是具有几分工程建设的特点。在加固濒危建筑遗迹的过程中正确的组织工作具有重大的意义。

在保护历史建筑的领域中与工程建设相关的问题覆盖面很广，也很复杂。总体上，长期保护建筑物的工作可以解决两个基本问题：

消除或减少那些影响建筑物的破坏性外部因素；

保护或提高建筑物在破坏性因素作用下的稳定性。

在任何情况下，执行长期保护的措施与初步调查和制定保护方案、选择技术手段休戚相关。需要指出的是，采取的技术手段要建立在不损坏建筑遗迹历史价值的基础上。

长期保护的措施规定应当采取不同的技术和组织手段。对于建筑物本身来说，可以把长期的保护修复技术措施看做外在和内在干涉。

具有外在干涉特点的措施是指为了防止周围环境（气候因素）的作用引起进一步损坏，在保护材料和原始的文物结构布局方面采取长期的保护措施。

在这种情况下，人们经常使用不同种类的室外覆盖物和屏障，以及不影响建筑遗迹的空间布局的辅助结构。有时可以用专门的楼房掩盖被保护的建筑。如果保护石砌墙体宝贵的细部、建筑物和建筑综合体的局部，以及具有独一无二文化历史价值的建筑需要创造合适的、保证科研顺利进行的小气候，那么在多数情况下都采取这种措施。借助这一方法，瓦威尔斯基山上的一些罗马式和哥德式城墙、科拉克夫的圣瓦伊茨赫天主教教堂的罗马式围墙和维斯里兹的先于罗马时期的城墙遗址被完好地保存下来。

采取具有内在干涉特点的技术措施的目的在于，通过重现石砌结构原始的结构和使用功能，消除建筑物损毁的痕迹以及引起损坏的因素。

在改变结构原始运作条件的情况下，提高一些部位承重能力的必要性迫使人们采用内在干涉的手段。

当有必要为符合新的结构需求改变空间格局时，通常采用具有内在干涉特点的技术措施。

第十二章
重建和加固建筑物的承重结构

重建和加固受损陈旧的承重结构，是与稳定和加强结构组织问题密切相关的修复计划中的一部分。在保护建筑遗迹方面重建和加固措施是极其重要的。

重建和加固的目的在于重现结构系统执行特定使用功能的能力，以及提高它们在不同损坏程度影响下的耐久性、坚固性和稳定性。

应该在开展上述工作之前研究建筑物的结构特点，尤其是受损部位的功能特点、建筑物的技术状态、受损的规模和原因等。首先，为了消除主要承重系统变形和引起损坏的原因，应该有逻辑地实施重建和加固措施，然后加强在土壤深处的部位。当然，加固这些部位与否取决于它们的坚固性和耐久性。需要指出的是，即使在预先没有控制好地基的变形，以及没有消除损坏原因发展的可能性的情况下，在重建和加固建筑物地上部分时也不允许引起它们进一步的损坏。

从技术的角度看，重建和加固的方法多种多样。通常来说，重建加固工作先从地基和与之相关的承重结构开始。这些承重结构主要包括墙体的地基、石砌结构的单一细部。与之相关的修复原则可以分为两类，即重建和加固建筑物的地下部分和地上部分。

在重建和加固建筑物的地下部分时，可以相对自由地选择加固的方法，这与建筑物材料的种类和开展工作的技术水平有关。应该这样去保护古老的结构和细部，为将来的研究工作创造必要的条件。通过这种方法，见证先人优秀的建筑技术文化的结构和细部被完好地保存下来，其中包括在科拉克夫的瓦维里斯基山的中世纪城墙和在波兹南的天主教大教堂的地下室墙体。

在保护文物的技术领域中重建和加固建筑物地上部分的结构具有重要的意义。在很大程度上，修复地上部分的工作比较符合保护建筑遗迹的原则。为防止石质砌体和其他部位受损，重建和加固它们是维持并保护建筑遗迹现状的必要措施。当然，在实施重建和加固工作时不允许使用那些易损并且有可能成为损坏原因的材料。对于建筑的室外和室内部分也是如此。

第一节　加固建筑物的地下部分

加固建筑物在土壤深处的部位是极其必

要的，尤其是地基和地下砌体。在很大程度上文物未来的命运取决于加固措施。

在加固建筑物地下部分时要注意以下几点：

（1）石质砌体的主要特点是出现裂口、空隙、泥浆被冲刷和包裹部位极易受损。

（2）建筑物的功能和运作环境的改变，其中包括重压的增高。当然，在这里需要提高部分结构的承重能力。

（3）克服地基结构的缺陷，为加固、扩大、加深和增高地基创造必要的条件。

加固在土壤深处石砌结构的方法取决于它们的功能和结构特点，以及受损的程度。因此首先应该对地基和地基墙体加以注意，然后根据技术工序的特性可以将问题的基本解决方法分为三类，即加固地基、加固砌体结构和整个结构系统。

加固砌体结构。可以通过灌入的方法加固那些由于上述因素的影响，由砖块、石块和泥浆铺砌而成的脆弱的基础墙体以及条柱形的地基结构。

有时在建筑房屋的过程中，使用材料的种类和开展工作的技术水平决定了人们不能采取灌入的方法进行加固，如在用石块、稀释的黏土、石膏和石灰泥浆以及与水泥浆发生化学反应的杂质铺砌地基的情况下。这时可以用钢筋混凝土套环的方法加固地基。

钢筋混凝土套环的样式取决于地基的外形和大小。在加固不同柱子和支柱下面的地基时采取这种方法是很合理的。套环阻止砌体内部的横向变形，提高结构的坚固性和承压能力，并保证对土地重压的平均分布。

在 1945~1955 年期间开展的修复工作中，借助钢筋混凝土套环技术人们将波兹南天主教大教堂的间壁进行了加固。钢筋混凝土套环就是环绕地基支柱建造的、60 厘米左右厚的钢筋混凝土墙体。一方面，这种方法加固了砌体结构；另一方面，通过扩大地基的规模减少了对土地的压力。

加固结构系统。加固地基的结构系统取决于它们运作的条件，在一定程度上也取决于地基建造的质量。可以通过加宽地基、建造新的地基（在土壤的深处）和增高地基加固结构系统。在制订这些加固方法时专家主要是从功能方面考虑的，而忽略了承压能力。

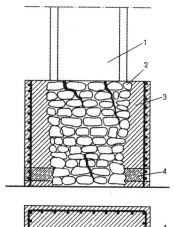

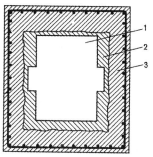

▲ 借助套环加固地基。波兹南的大教堂，13~14 世纪
1—砖砌支柱；2—哥德式的石砌地基；3—钢筋混凝土套环；4—耐酸混凝土层

在个别情况下，可以利用木桩、沉井和一些其他的结构对结构系统进行加固。

加宽地基墙体。如果在土质较好的土地上建筑地基，而且地基砌体没有危险，那么就可以通过拓宽地基两侧的方法对其进行加固。为符合减少对土地压力的要求，人们经常使用这种加固方法。地基的斜坡保证人们可以从两侧接近它。

可以在地基和第一个截面之间任何一个高度，或在地基和地基较低部位某个高度之间，从两侧拓宽地基墙体。

借助加宽地基墙体两侧的混凝土和钢筋混凝土结构实现了加固石砌地基的措施。为了使墙体的中心部位和其余部分连接在一起，并保证上述工作的顺利进行，经常建造齿状的割槽。在特殊情况下，在地基中必须安置拉紧装置和连接板。

在完成上述操作的过程中应该注意以下几点。

地基的新部分与古老的结构必须绝对地协调且彼此不能分离，因此必须选择合适的材料和采用恰当的连接方法。

加宽地基的表面应该平均分布对土地的压力。为此必须适当地夯实地基新部分下面的土壤，此外还应该用砾石或稀释的混凝土逐层地铺砌地基的新部分。

通过在古老的地基下面建造钢筋混凝土方板或组合的钢筋混凝土结构也可以加宽地基。在这种情况下，加固的长度范围通常是1米~1.5米，建造的水平防潮层长度也是如此。只有在建成的地基具备承重能力时，才能在其相邻的土地上铺砌新的地基。这时必须使新结构同古老的地基坚固地连接在一起。为此应该清理地基挖出部位周围的土地并用水

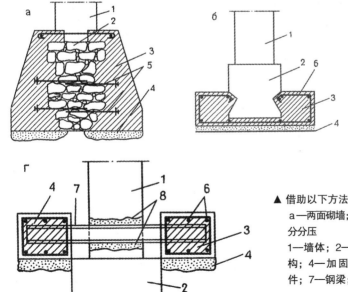

▲ 借助以下方法加固地基的实例
　а—两面砌墙；б—两面加宽；в—安置方板；г—部分分压
　1—墙体；2—现存的地基；3—混凝土制成的新结构；4—加固的土壤；5—钢制连接板；6—增强件；7—钢梁；8—用混凝土填充

将其冲刷干净。除此以外，还应该把新的地基建筑在夯实的土地、砾石层或 5 米 ~10 米厚的稀释的混凝土层上。

加深地基。当土壤冻结层在土壤和其断面的侵蚀作用的影响下变浅时，或者地基下方的土壤不能安全地承受相应的重压时，加深地基就变得很有必要。在地基埋藏深度不够的情况下，应该在更坚固的土壤层中建造地基。当地基底部的土壤被冲刷或底部的木桩腐烂时，水文条件迫使人们将地基加深至更低的承重层。

如果在建筑遗产的旁边建造新的建筑物，并且新建筑物地基的深度超过古老建筑物地基的深度，或者如果需要将建筑物的地下部分加深至比现有地基深度更深的地方，那么加深原始的地基也是很有必要的。

我们可以加深整个建筑物的地基，也可以加深其单一部分的地基。应该从建筑物最脆弱的地方着手建造，并按照长度为 1 米 ~1.5 米的土地为一块地区的测量标准进行铺设。

当地基砌体产生裂纹和变脆时，那么必须预先加固它本身。专家们建议重新建造和铺砌那些受损的、不合适的以及由于技术原因必须加固的古老地基，或者用带有必要斜坡深度的新地基代替它们。

为了加固古老的地基和建造新的、坚如磐石的钢筋混凝土地基，必须将地槽的深度增加至承重层。在挖古老地基的时候应该坚持谨慎的态度和采取适当的保护措施。新的地基应该建造在夯实的土壤层中。通常在向土壤中灌入砾石或直径为 5 厘米大小的碎石块后，新地基底部的土壤方才比较夯实。

在古老的地基底部铺砌新的地基后应该使两者有机地结合在一起。如果新的地基是由坚如磐石的混凝土或钢筋混凝土制成的，那么必须在它们变硬后将二者连接在一起；如果它是由砖块、石块或者混凝土块制成的，那么应该在其硬化到适当的硬度时将它们连接在一起。当把新的和古老地基的底部连接在一起时，需要将钢制的楔子和水泥浆（1∶3）注入裂缝中。完成该地段的任务后，可以根据开展工作的进度在下一块区域进行作业。

增高地基。保留有建筑遗迹地层的增高，使建筑物正处在恶劣的环境中。换句话说，建筑物正在往地里"下沉"。它们的生存条件威胁着整个建筑物及其单一部分的耐久性和坚固性。

在这种情况下，通过增高地基使建筑物的高度高于其他建筑物。为了更好地突出建筑物，采取这一措施是必要的，也是合理的。

增高地基与移动建筑物的措施很相似。唯一不同之处在于前者的垂直方面发生变化，而后者则属于水平移动。

开展增高建筑物的工作需要一定的逻辑性和连续性。首先应该加固建筑物的结构系统，保证在将其与古老地基分离、增高地基和建筑新地基时，可以支撑相应的重压。

在将建筑物的地上部分同地基分开时，可以在机械和水压起重机的帮助下将它提升到规定的高度之后，开始铺砌新的部分或浇灌混凝土。

在实施铺砌或增高地基工作的过程中，应该考虑到由于结构下沉导致变形的可能性。

建筑物的下沉有可能是由过于厚重的结合处下沉导致的，也可能是在脱离地槽的地基局部对土地压力增大的影响下地基下沉引起的。在第一种情况下，为了减少下沉的幅度，应该尽可能地使用轻质的水平结合处和合适的水泥浆。同时，应该用半干的稀释水泥浆填补古老地基底部与新地基顶部之间的水平缝隙。在第二种情况下，应该借助额外的、能够转移对古老地基外部土壤压力的结构减轻地基负荷过重部位的重压。

借助木桩或沉井加固地基。如果在脆弱的分层土壤中，尤其在土壤中水位很高的情况下，由于经济和技术原因不能扩大地基或者在其底部铺砌新的部分，那么可以借助木桩和沉井转移对更低承压层的重压。在这种情况下，结构方案是多种多样的。在使用木桩时应该遵循这样一条原则，即钉入的木桩不能引起建筑物带有负面效果的振动和晃动。

因此比较可行的方案是在起重机（千斤顶）的帮助下使用打入桩或木桩。这里所指的是史特拉乌斯和沃里弗斯霍利兹的木桩系统，以及梅克的组合木桩系统。

史特拉乌斯或沃里弗斯霍利兹的打入桩通常分布在与地基周长平行的，相隔一定距离的地基两侧。借助于横向和纵向的钢筋混凝土或钢制的混凝土块，这些辅助结构将地基的重压转移至木桩。它们依靠木桩的顶部支撑着地基。

借助史特拉乌斯的混凝土木桩系统，库尔尼克的要塞地基被加固。这个藏有珍贵资料档案的要塞稳稳地坐落在木桩上面。然而由于土壤中水位下沉2米，这些木桩腐烂了。通过上述的方法实现了建筑物重压向木桩和土地的转移。

人们直接将组合压入式木桩钉在地基的底部。为此需要在地基的下面挖出地槽。它

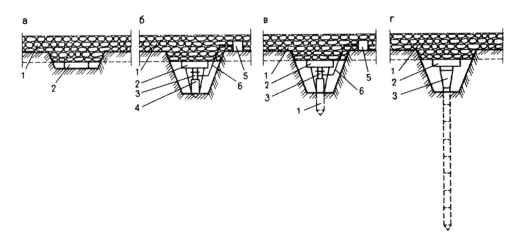

▲ 采用梅克的综合木桩系统加固基地
　a—压入的准备阶段；б—压入木桩的下部；в—压入木桩的当前部位；г—被压到土壤层中的木桩
　1—古老的地基；2—混凝土垫板；3—水压千斤顶（起重机）；4—木桩中由震动压缩混凝土制成的部位；
　5—水压冲积层；6—增压管道

的规模使安置水压起重机和建造混凝土木桩的第一个间隔成为可能。把第一个间隔压入地槽后建造了第二个间隔，同时将其压入土中。因此在打入一定数量的间隔后，借助钢制的楔子移去地基底部的支撑物，并将地基底部安置在木桩的顶端。

在重建和修复科拉克夫的一些建筑物时，其中包括恰尔达雷伊斯基博物馆的部分建筑，利用组合打入桩成功地对地基进行了加固。在 1879~1901 年间三座古石砌建筑物中的恰尔达雷伊斯基宫殿被改造。由于铺砌地基的失误，具体说就是部分地基建筑在中世纪的地基上，而另一部分地基建造在松散的土地中，宫殿的一侧已经开始出现危险的裂缝。与其他的办法相比，上述的加固措施是最高效的、最经济的。

在沉井中建造古老的地基是这样实现的。混凝土的和钢筋混凝土的套环凭借自身的重量逐渐地将井筒中的泥土排出；然后用稀释的混凝土和震动夯实的沙子填补井筒。重压的转移方式同利用木桩加固地基一样，重压都集中在地基之外的单一点上。只有当高承压能力的土壤层位于脆弱土壤层底部的较浅处时，才采取沉井加固地基的措施。在科拉克夫的许多石砌建筑物身上都能找到使用这一方法的影子。

当然也可以借助组合钢筋混凝土或钢弦混凝土的薄壁管道加固和加深古老建筑物的地基。在离地基轴线 2 米距离左右的水力压力机的作用下将管道打入土壤中。管道的数量取决于建筑物转移给土地的重压。将管道压入一定深度后，它们的顶部被灌入混凝土，并借助适合的组合钢筋混凝土结构与地基的

底部连接在一起。此时应该遵循这样一条原则，即新部分与古老地基的结合要保证建筑物的耐久性。

用钢筋混凝土方板制成建筑物。这种加固方法建议在如下情况中使用：（1）在建筑物的底部藏有不同压缩度的土壤，而由于各种原因加深地基是不合理的；（2）有必要保护地下室，以防止其深入高于地基底部标记的土壤层中。

在建筑物底部铺砌的方板削弱了由于重压主要分布在顶部引起不平均下沉的消极影响，同时还较大程度地提高了建筑物空间结构的坚固性。

除此以外，当在多层建筑物中准备建造水平的硬质挡板，即坚如磐石的楼板时，方板很大程度地提高了建筑物空间结构的坚固性。这种挡板的压力初步转移给墙壁，因此应该在每一层的屋顶上建造挡板。方板的结构和厚度取决于当地的条件，不过通常方板的厚度是一定的。如果土壤中水位高于地基的底部，那么在制定加固结构方案中应该考虑到方板底部受到的水压。

在砖砌建筑物中方板会使地基均衡下沉，下沉的幅度取决于建筑物地上部分变形的程度。

在修复科拉克夫的索里斯基大街上的石砌建筑物时，人们采用了通过建造 4.5 厘米厚的钢筋混凝土方板进行加固的方法。

借助木桩或沉井加深和加固地基是技术难度较高，同时造价也很昂贵的措施。当加固工作涉及移除新的地槽，以及将现今的地基与新的加固系统连接在一起时，面临的困

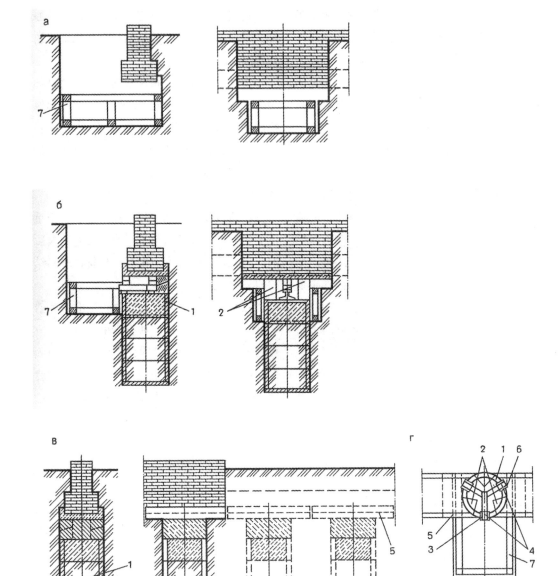

▲ 采用压入薄壁管道的方法加固地基斜坡深处
  a—敞开式地基；б—压入管道；в—被加固的地基；г—安置千斤顶（起重机）
  1—管道结构；2—钢筋混凝土楔子；3—钢制框架；4—水压千斤顶（起重机）；5—组合式钢筋混凝土结构；
  6—钢制垫板；7—加固地槽

难变得更严峻。任何与建造额外的辅助结构相关的工作总是比较危险的。因此在采取加固地基措施之前，为了支撑由地基不正常活动引起的拉力，应该通过提高地基斜坡的深度仔细研究加固建筑物地上部分的可能性。这主要与加固墙体和楼板，至少保证建筑物必要的坚固性有关，以便地基本身能够支撑住日渐增高的压力。

第二节　重建和加固建筑物的地上部分

砌体普遍的技术特点。重建石砌砌体与研究它的技术和结构特点密切相关。总体上，石砌砌体的结构外形特点各异。它的特点在于砌体的组成部分，即石块、砖块和泥浆，它们按照在平坦接缝处结合的原则紧密地连接在一起。这些材料用于不同的物理、化学特性，其中包括伸缩的耐久性、弹力、直线和体积扩大系数等。上述的材料不同程度地影响着砌体本身发生的温度、湿度变化。从开展工作的技术角度看，在很多情况下，在古老的建筑物中没有受损的砌体结构也会引发一定的危险。

在古老的石砌建筑物的结构中，采用了由不同物质构成的泥浆。虽然在许多建筑物中，尤其是罗马时期的建筑物中，会发现石膏和黏土用作黏合剂，但是通常人们选择石灰作为黏合剂。在哥德式和文艺复兴时期，在建造建筑物时人们经常使用石膏和黏土作为黏合剂。

用黏土泥浆黏合的砌体经常容易损坏。

这完全取决于黏土本身的特性。当水分蒸发的时候，用水搅拌的黏土泥浆才能硬化。在黏土泥浆凝固时，它与水不能稳定地连接在一起。因此黏土泥浆黏合的砌体不长久。取决于砌体中水的含量，黏土凝固过程能够多次发生。在这里需要指出的是，随着砌体中湿度的增高，由于泥浆和石块或砖块不能很好地连接在一起，砌体结构之间的连接程度剧烈地降低。砌体的材料和泥浆出现水平变形的现象使泥浆的可塑性得以提高。然而这一现象却导致砌体耐久性能的降低，过度变形和机械分解。

用石膏泥浆和轻石灰泥浆黏合的砌体也具有类似的特征。在这种情况下，砌体只有在大气的环境下保持适当的耐久性。在水的作用下，石膏和石灰泥浆混合在一起，并导致了用黏土泥浆黏合砌体的后果。以前建筑师们就已经熟知它们的特性。因此，为了提高石灰泥浆在水作用下的坚固度，人们经常在泥浆中添加现在被人们普遍接受的水硬石灰。

人们主要向石灰泥浆中添加焙烧黏土、削薄的砖块、碾碎的金属矿石、木煤、木硅藻或者石灰岩。

把石灰同这些添加物混合在一起提高了石灰泥浆硬化过程中的化学活力，即它的抗水性。因此用这种泥浆黏合的砌体具有更高的耐久性和抵抗各种破坏进程（如水的作用）的稳定性。

然而，即使是水硬黏合剂也不能决定泥浆的物理和化学特性。填充物的种类、颗粒规格和混合比例都严重影响着泥浆的耐久性和抗变形能力。填充物使泥浆的耐久性有所提高，同时阻碍了泥浆的过分变形，其中包括下沉、收缩和膨胀。过去人们经常将沙子、小块砾石作为泥浆的填充物，但是在个别情况下，则使用石灰粉。虽然石灰和沙子本身的耐久性比较低，但是由它们搅拌而成的泥浆拥有更高的机械特性。

加工石质材料的特点和外形、整理和连接的方法，以及起支撑作用的接缝处，都从本质上影响砌体的耐久度和抗变形能力。

在压力的作用下，用具有劣质外形的石块制成砌体的承压能力比那些用合格石块制成砌体的承压能力坏得多。因为前者传递压力不均，而且下沉不均衡。在重压的影响下，当用粗石制成砌体时，压力主要集中在突出的部分。即使在建造砌体时使用高耐久性的泥浆，这也会导致砌体结构的破碎和裂缝。

研究表明：如果起支撑作用的接缝处越小，那么泥浆耐久性对砌体耐久能力的影响越小。相反的，如果接缝处越大、越厚，那么砌体的抗变形能力越低。在接缝处较厚的情况下，重压的转移变得不平均，然后由于压缩、拉力和平移的压力导致变形的现象发生。有时变形也会导致石砌砌体的局部出现裂口。

这种裂口对砌体的结构并不构成直接的威胁，但是却为危险性物质深入到断处创造了有利条件。在改变静态运作环境或增加重压的情况下它提醒着人们可能出现危险性。

因此，在着手重建或加固石砌结构时，应该考虑到砌体结构的多样性，仔细地研究它们，然后再采取相应的措施。在这里确定是否可能在不造成负面影响的前提下使用合适的材料和科学技术是尤其重要的。

采用传统的工艺技术。迄今，在许多石砌的建筑文物上都可以发现在不同时期不同程度地被修理、保护和改造的痕迹。无论是在中世纪的建筑物上，还是在稍晚时期的建筑群上，人们都能够轻易地找到采取上述措施留下的痕迹。下面我们举出几个例子加以说明。

过去最普遍的灾难莫过于火灾。工匠们经常通过安置大型的门窗、修理脆弱支柱的断面、加厚受损墙体和拱门（如科拉克夫的市自治局大楼的塔楼）消除被火灾损坏的痕迹。一些耐久性较低的、易损的部位被人们移走，取而代之的是耐久能力较高的轻质结构（如在修复地震中受破坏的圣叶卡捷琳娜教堂时，将拱门换成轻木质材料的拱门）。

在文艺复兴时代，在承重墙的拐角处使用扶壁和额外的支架加固受损建筑物的方法是最流行的。在这一时代和稍晚的时期内，人们通过建筑拱门来加固许多拱廊的墙体（如位于沙斯卡拉的要塞的拱形走廊）。在大多数情况下，用钢圈加固圆顶，而在加固拱门和拱形的过梁时则使用分散压力的拱门。至今这些仍被人们广泛使用的措施都属于传统的加固方法。

所有与保护和衬垫受损结构部位相关的措施也都应该属于传统的加固方法。根据变形的程度和损坏的规模，可以预先确定填补新砌体中缺少的填充物，或者拆除和移去受损的建筑结构，或者运用现代的砌体系统，用具有类似形状的结构替代原有的受损部位。

在重建和加固拱门、圆顶、间壁和过梁时，建立在衬垫、连接和补足缺少的部位基

▲ 沙斯卡拉被修复的要塞城堡，14~16 世纪

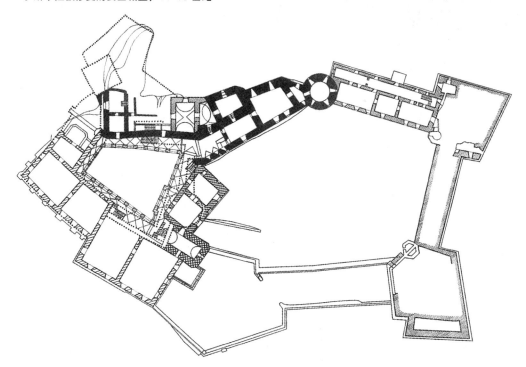

▲ 修复工作完成后从敞廊的方向观望城堡房顶的景象（拍摄于 1962 年）。在城堡的古老遗址中带有墙体轮廓
　的一层结构（黑色部分代表在 15 世纪建造的墙体）

▲ 在重新放入垫板和填补缺失部分过程中的墙体内部局部

础上的传统方法被广泛地使用。

在所有补足缺少的部位、连接裂缝和裂口的情况下，砌砖工都使用传统的措施。在这里需要仔细考虑的是修复专家对于选择材料和将新的部位与古老的部分连接在一起的方法的建议。

从结构、色彩和外形的角度看，新的石质材料应该与原始的古老材料的特性相协调。而现代的修复干涉应该合理地保证被修复的建筑物局部远离原始的或者稍晚时期的局部。

这里需要突出强调的是，古石质砌体的原则与我们现在应用的原则有所不同。目前，在石砌建筑领域中建筑物蕴涵的技术水平有了极大的提高。尽管是这样，但是在开展修复工作的过程中，在修复拱门、圆顶和独一无二的迄今已经被人们遗忘的砌体形状时仍然遇到了巨大的困难。因此高水平技术专家们的协调工作是很有必要的。

在实施修复石砌建筑物措施的过程中，在多数情况下采用传统的工艺技术被认为是唯一的高效的方法。在原有的系统和工艺技术被改变的建筑物的基础上，在整个波兰大量的民族文化建筑物被修复和加固。

运用灌入的方法重建石砌结构。可以采用灌入的方法实现将古砌体局部和部分的分层裂口连接在一起，补足缺少的细节以及在不损坏结构当前的状态和外形的前提下填补缝隙和空隙。

因此开展加固的工作主要有两个目的：

在压力的作用下，向所有的缝隙和空隙注入液态填充物，使各个结构连接成一个具有高耐久度的、坚如磐石的混合体；

再生泥浆，通常在原有的泥浆中黏合剂已经被分解或冲走。

从开展工作的技术角度看，填补砌体中的所有缝隙和空隙是比较简单的，但是产生的效果取决于设备和填充物的质量。在再生泥浆的必要情况下也是这个样子。如果泥浆结构变化巨大，或者气孔没有足够大的空间承装注入的混合物，那么采用注入的方法是没有用的。

借助灌入的方法，重建石质砌体是一个相当复杂的工序，它需要事先采取一系列的措施，其中最重要的环节莫过于选择填充物。

选择填充物。选择填允物的组成部分和稠度取决于砌体结构损坏的程度、它的总体技术状态、古老泥浆的化学成分和性质分析数据、对结构耐久性的必要需求、砌体在环境中运作的条件（如温度和湿度）、泥浆的种类和质量，以及壁画的状态（如果有壁画存在时）。

在大多数情况下，灌入方法的主要目的是连接砌体的结构，并提高它的承压能力。由此引出了对黏合剂的专业需求。

现在我们没有找到比水泥更适合的材料。通常人们将大型号（不小于 250 号）的水泥用作黏合剂，并将它与水（通常是 3∶1）按一定的比例混合，最终形成的水泥泥浆被用在灌入方法中。在这里也可以采用加入化学物品而制成的水泥乳胶。填充物也可以是多种黏合剂的混合体，或者含有一些可以降低填充物的收缩率、提高它的可塑性的物质，或者含有在注入的过程中可以防止可塑性降低、使填充物具有膨胀的性能并能提高它的密封能力的物质。

对于主要的承重结构可以采用具有膨胀系数大的水泥，即在水分蒸发后开始硬化的时候水泥能够增大自己的体积。在修筑一些由于机械原因引起裂口和缺损的结构时，使用这种水泥是最合适不过的。

然而，如果在墙壁上有宝贵的壁画和其他的油画，或者在古老的泥浆中含有带硫的化合物（通常三氧化硫的含量超过 4%），那么用水泥黏合剂会对砌体和油画的状态造成负面的影响，并由于盐分的析出加快损坏的进程。在这种情况下，适合使用石灰黏合剂。

含有水泥或不含水泥的石灰黏合剂可以用在一些次要的结构上。通常这些结构不需要较高的承重能力，而只需要填充空隙并使砌体变得更结实。但是应该注意，在没有空气的情况下，水泥黏合剂硬化的速度很慢，并出现明显的下沉。

在干燥的条件下处理墙体的缝隙时，也可以采用石膏水泥、石膏石灰和建筑用石膏石灰黏合剂。在任何一种情况下，使用填充物的种类应该取决于实验室研究的结果。

灌入的方法。现在主要采用如下的灌入方法加固石质砌体：

重力灌入法，即填充物通过连接砌体上方储存器的弹性管道被注入砌体的空隙和缝隙中。

压力灌入法，即填充物借助灌入机的作用被注入砌体中。

真空灌入法，即填充物通过真空机排气被注入砌体中。

在灌入之前有如下几个阶段：

（1）静态加固建筑物或结构；

（2）清理并冲洗空隙和缝隙；

（3）密封砌体表面以防止渗漏。

工作计划中的每一个具体步骤都应该被认真执行。在开展工作的过程中专家们也可以做必要的修改。

重力灌入法。众所周知，在很久以前人们借助重力灌入法将填充物注入砌体的空隙、缝隙和裂口中。这是一种最简单的灌入法，虽然有时这种方法并不管用。当裂口和缝隙是垂直的或者附近可以穿透的时候（如在拱门中），或者在有较大气孔和空隙的情况下（在墙体和地基等），只能应用重力灌入法。如果不能排除被填充空隙内的空气，那么这种方法是完全不合适的。因为内部的空气会阻止填充物注入砌体的内部。因此应该特别注意，通过在高于灌入的部位打孔，排除空隙中的空气。

在采取重力灌入法时，填充物应该在不小于 0.4~0.6 工程大气压（1 工程大气压 =98066.5 帕）的压力下注入砌体。如果达不到这个范围的压强，那么应该尽可能地将高稠度的泥浆灌入敞开的、可透过的缝隙中，

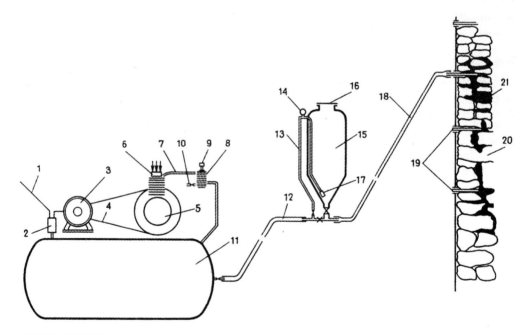

▲ 压力灌入法示意图

1—输送电能；2—传送压力的开关；3—电动发电机；4—皮带传送；5—空气压缩机；6—空气过滤机；7—导气管；8—油气分离器；9—预先防护阀门；10—排放阀门；11—均衡储存器；12—输送压缩空气的软管；13—导气管；14—压力表；15—混合气体储存器；16—储存器的顶部；17—气压式混合器；18—压送灌入所需混合气体的软管；19—固定在墙体缝隙或为排放空气和传送混合气体而打钻的微孔里的钢制管道；20—脆弱的墙体；21—被灌入混合气体填充的缝隙和空隙

并手动排除空气。

压力灌入法。在 1930~1931 年之间，在修复波兰的石砌建筑物时，在加固位于林奇茨附近的杜马的圣母玛利亚教堂综合体两侧的塔楼和拱门的过程中，第一次采用压力灌入法。总体上说，这种方法是建立在将压力增至 2~4 个工程大气压再把填充物注入砌体脆弱部位的基础上的。填充物通过专门钻出的小孔被压入砌体中，在这些钻孔中嵌着钢制的管道。为了防止填充物从墙体中流出并污染墙壁的表面（尤其是灰泥墙），墙体表面的所有缝隙，通风管道和烟囱都应该是彼此分离的。

为了符合不同的需求，填充物有可能被注入砌体的表层，也有可能被注入断面的内部。钻孔的深度取决于这一点。由于采用这种方法需要足够大的压力，因此需要特别注意的是，在灌入之前必须防止砌体脆弱和分层部分的破裂。通常这些部位会被拉紧装置、套环和其他装置加固。

在向缝隙和空隙中灌入填充物之前，应该先清理灰尘和污垢等，然后用水冲刷干净。最好借助于压缩的气流和水，实现这些操作。在用水冲刷的过程中应该注意，它不能破坏砌体的结构。换句话说，它不应该冲刷掉古老泥浆中的组成部分，不应该导致材料断层，更不应该使外层结构坍塌。

采用压力灌入法取得的加固效果取决于砌体空隙中排除空气的情况。因此，向缝隙和空隙中注入填充物应该具有一定的逻辑性和连续性，以便空气能够自由地向外排出。原则上灌入填充物从砌体的底部开始，直到

填充物开始从高于注料标记点的、检测用的钻孔中溢出，才停止向砌体中注入填充物。因此应该从下到上逐步地填充所有的缝隙和空隙。实际上，运用压力灌入法的加固过程比较复杂，而且还需要认真地考察脆弱的部位。

在第二次世界大战后人们应用压力灌入法加固了许多古老的建筑物，其中包括沙斯卡拉的要塞城墙，以及在科拉克夫的卡列格乌姆尤里基古姆建筑物的塔楼和墙体的悬梁。

真空灌入法。借助真空泵抽出砌体内部的空气，即采用真空灌入法可以加固石砌砌体。在真空泵的作用下，墙体空隙中的空气和多余水汽被除掉，原有的空隙中被注入乳胶。为了实现真空灌入法，降低受损部位的压强就已经足够了。

真空灌入法不具备上述灌入法的缺点，因此它可以成功加固垂直和水平的石砌结构。

通常真空灌入法是这样实现的：在清理和用水冲刷干净后，受损的部位从外面被密封起来。然后适当地降低受损处的大气压强。在填充空隙时将大气压强降低 0.1~0.2 工程大气压即可，而在填充缝隙和结构缺陷时大气的压强应该在 0.5~0.6 工程大气压之间。最后注入精选的、合适的填充物。

在加固古老建筑物的石质砌体时适合采用真空灌入法。它提高了加固工作的质量，节省了许多时间，同时为检测完成工作的质量创造了良好的条件。

借助这种方法博霍古老的天主教教堂的拱门和砌体被加固。在那里由于底部矿坑的作用地基开始变形，并导致拱门和砌体受损。

填充泥浆。我们经常会发现，在一些未

受损的结构中，泥浆不同程度地碎落和被冲刷，黏合剂和小部分沙子也已经丢失。因此，可以说，重新填充泥浆极其有必要。在这种情况下，向砌体中所有的空隙和缝隙内注入填充物和乳胶并尽可能地填平孔洞是最重要的。借助乳胶用真空灌入法和压力灌入法可以将泥浆再生。乳胶的稠度使它能够自如地深入到结构的接缝处。因此，如果有必要加固砌体小面积表层时，那么在再生泥浆时，有时也可以使用手摇泵和注射器灌注。

使用连接结构。从结构的角度看，在所有的保护和加固严重变形的石砌结构的方法中，使用连接和固定结构是最行之有效的，如拉紧装置、套环、拉手和钢箍等。

连接结构有两个功能。首先它们起到分散拉力的作用，石砌结构对拉力的影响尤为敏感；同时连接结构使整个砌体结构系统紧密地联系在一起，它提高了空间格局的坚固性和整个建筑的耐久性。

借助连接和固定结构的保护加固建筑物的方案应该建立在结构理论的基础上。为此必须遵循这样一条原则，即使用的连接结构不能使地基结构系统损坏和变脆弱；相反地，它应该高效加固结构系统。

在上面论述的例子中，我们已经解释了采用这些结构的可行性。下面我们将要仔细研究结构设计中的最重要原则。

拉紧装置。拉紧装置一般用作连接由于水平压力作用偏移的纵向或横向墙体的装置。

通常拉紧装置是一根或几根钢制的圆杆，有时是方形的断面。钢制圆杆的直径一般在30毫米~50毫米之间。为了发挥自身的结构功能，拉紧装置应该固定在砌体中。人们经常借助砌体表面的方形钢塑将拉紧装置加固。然而，在古建筑物中并没有使用方形塑钢，取而代之的是各种各样的装饰元素。当用拉紧装置临时固定墙体时，尤其在制造拉紧装置时，人们通常使用钢槽或钢角，而不是塑钢。在确定所需塑钢大小时，应该考虑到砌体中的挤压力。如果砌体很厚，那么可以借助特殊形状的混凝土块（通常是燕尾式）长久加固拉紧装置。混凝土块的大小取决于结构移动的幅度。在特殊情况下，即在墙体比较薄的时候，应该用混凝土垫板加固拉紧装置。

在利用塑钢、混凝土块或垫板加固拉紧装置时，应该特别注意拉紧装置同这些结构的连接情况。在使用塑钢时，拉紧装置透过垫板和螺母支撑砌体的表面；在使用混凝土结构时，通常在拉紧装置的尾部安装吊钩或环扣，然后向吊钩或环扣灌入混凝土。

当用拉紧装置加固砌体时，应该防止金属同石灰泥浆接触，使金属免受泥浆的腐蚀。

混凝土层应该保护砌体内部的拉紧装置。如果需要调整装置的张力，那么应该预先向拉紧装置中填充抗腐蚀物质。

正如上面所说的，拉紧装置的主要功能是支撑墙体，防止它的分层和平移。因此，应该事先预测出拉紧装置调节张力的程度。借助塑钢加固拉紧装置时，螺母主要起到固定的作用；而在使用混凝土块时，拉紧装置被所谓的罗马式螺母和套筒拉紧。

通常拉紧装置应用在加固支撑拱门的砌体，稳定墙体中的拱形过梁、拱廊和拱门等上。

连接板。连接板和拉紧装置的功能大同小异。但是它们的结构却各不相同。

连接板可以是柔韧的钢杆，也可以是普通或具有高承压性能的钢筋混凝土结构。

连接板可以有效地减缓砌体和各种结构系统产生裂口的进程。

根据开展工作的特点和加固的方法，可以将连接板分成内部连接板和外部连接板两种。

外部连接板要包裹住建筑物的地基墙体。在直角轮廓的普通建筑物中，可以轻松完成外部连接板的加固工作，然而在使用外部连接板加固外形复杂的建筑物时，则需要认真仔细地研究加固方案。

采用由坚韧的钢杆或条钢制成的外部连接板的主要目的，在于预防性地保护完好的建筑物、一些墙壁较薄和低承压性能的建筑以及正面带有极其珍贵装饰的建筑物。

从审美的角度看，有些人不能接受用明显的外部连接板加固建筑物的方案。这时需要在深洞处安装外部连接板。人们一般在墙体规定的高度处开凿深洞，并且向深洞中注入尾部被塑钢、钢角和钢槽加固的钢杆。在拉紧外部连接板后，通过拧紧钢杆的螺母，根据建筑需求，砌体的表面被灌入混凝土并修复。

在特殊情况下，可以在石砌墙体的两面安装位于砌体表面的外部连接板或位于深洞处的外部连接板。如果外部敞开的连接板长久或永远地保留在砌体中，那么应该间接地通过在墙体表面安置吊钩防止钢杆中部下垂和连接板的静态工作被破坏。除此以外，为

了防止受侵蚀和砌体的表面留下痕迹，也应该预先研究推测保护的方法。

从结构功能的角度看，内部的连接板与外部连接板没有任何区别，但是从静态学的角度看，内部连接板起到更好的连接作用。它们的本质在于，将钢杆注入砌体后，钢杆借助连接板与砌体之间的附着力和砌体紧密地连接在一起。为此，需要在墙体中开凿出足够深的槽，或者打钻出承装连接板钢杆的孔洞。采用上述的方法可以对钢杆的底部进行加固。放入槽中的钢杆被灌入混凝土，而嵌入孔洞中的钢杆需要在尾部被加固以后在压力的作用下灌入稀释的水泥浆。

钢筋混凝土和钢制连接板的用法是一样的。下面我们将阐述钢制和钢筋混凝土卡箍的结构相似处。除此以外，实质上拉紧的连接板和由柔韧的杆子组成的钢制连接板有很多相似之处。唯一不同之处在于，杆和绳子是由高耐久性的钢质材料制成的，而非普通的钢质材料。

拉手。可以借助拉手将石砌结构的裂口紧密地连接在一起。拉手就是连接砌体局部裂口和缝隙的、短小的连接板碎片。通常这些裂口和缝隙是由于机械和大气原因引起的。借助混凝土块，拉手的尾部被固定在砌体上。从材料和劳动力支出的角度看，与在槽中和钢筋混凝土的卡箍中使用连接板相比，利用拉手更为经济、省钱。通过使用拉手，科拉克夫建筑物中的一些砌体和维斯尼奇要塞塔楼的一面墙体被加固。

如果石砌建筑物的结构系统处于一个可以导致裂口的恶劣环境中，或者如果结构的

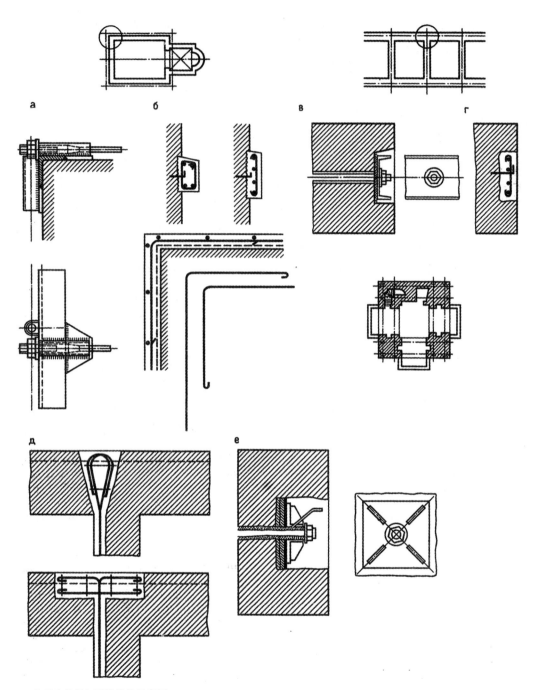

▲ 使用连接板加固墙体的示意图

a，б—带有闭合轮廓的室外钢制或钢筋混凝土连接板；в，г，д—在浅槽中的室外钢制或钢筋混凝土连接板；е—在钻孔中的内部连接板变形威胁到建筑物空间的坚固性和耐久性时，那么为了加固它应该采取比上述方法更合理的措施，比如带子、钢筋混凝土框架和套环。

带子。很久以前人们就用带子进行加固。所谓的带子指的是用环形的钢箍或钢圈围绕墙体、圆顶和塔楼等。专家们认为，这种方法只能预防性地加固建筑物。因为在开展主要的修复建设工作时，使用钢筋混凝土带的效果更好。这些加固结构的作用在于防止裂口的继续发展和墙体的进一步变形。与内部连接板类似，带子凭借自身与砌体的附着力和砌体紧密地连接在一起。

采用钢筋混凝土带的方法将尼特基兹的要塞塔楼和与其连接的要塞墙体成功加固。钢筋混凝土带一般位于楼板的下方和顶楼的上方，它覆盖着外部墙体和横向的墙体，并与这些墙体组建成坚固的空间系统。带子位于在砌体外部开凿出的浅槽中。清扫出槽中的灰尘和残渣后，在把手处需要安置由六根直径为 36 毫米的钢杆构成的

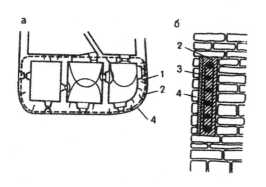

▲ 借助带子加固墙体。尼特基茨的顶部要塞
　a—安装带子的要塞局部结构；б—带子结构
　1—破裂的墙体；2—钢筋混凝土带；3—水泥浆；
　4—由粗石块砌成的外层

增强件。每隔 50 厘米的距离，工匠们用卡箍把钢杆连接在一起。在制造带子的时候，增强件被埋藏在平坦的混凝土层下面，然后用砌体掩盖住钢筋混凝土带（高 × 长为 15 厘米 × 16 厘米）。混合比例为 1∶3 的水泥浆被灌入新的砌体中，而后接缝处的外部开始硬化和变干，最后向接缝处注入石灰沙浆。

钢筋混凝土框架。人们通常用钢筋混凝土框架加固纵向和横向的、在周长上与坚固封闭空间格局的墙体系统相连的承压墙。通过摩擦力和附着力，这种框架与墙体相互作用。这一现象提高了空间结构系统的耐久性和坚固性。

框架的位置、横断面和它们之间的间距取决于墙体的高度和长度，以及孔洞的数目。

在选择框架的横截面时，应该注意到框架不仅仅起到提高建筑物坚固度的作用，而且还起到支撑由不平均下沉或重压不均衡分布引起的拉力的作用。除此以外，框架的结构还应该促使压力在砌体加固系统中的平均分布。

在加固由粗石块砌成的建筑物时，或者当在大跨度或大面积的房屋顶部安装坚固耐火的钢筋混凝土楼板时，钢筋混凝土框架起到至关重要的作用。因此可以说，框架的结构方案取决于所采用楼板的格局。在采用这种类型的加固结构的众多例子之中，位于沙斯卡拉和维斯尼奇的要塞，以及位于科拉克夫的瓦维利要塞的西侧侧楼都是典型的例子。

无论是从结构学的角度看，还是从修复

学的角度看，用钢筋混凝土框架加固建筑物都是一个行之有效的方法。因为这种方法不会毁坏建筑物的装饰。

套环。可以以加固位于华沙的圣安娜天主教大教堂的地基墙体为例对套环的结构功能加以说明。由于与墙体周围的主建筑物分离引起裂口向下延伸，工匠们通过采用钢筋混凝土套环成功地加固了它们。套环是由六根直径为50毫米的钢杆沿着墙体围成一个封闭圆环的结构。在灌入混凝土之前，通常借助水压起重机制造钢杆的压力。在建筑物的拐角处，钢角和塑钢将钢杆连接在一起。灌入混凝土之后，套环横截面的大小变成50厘米×80厘米。为防止在混凝土中出现缝隙，在开展工作的过程中，要向横截面中放入两根直径为16毫米的钢杆。每隔50厘米的距离，人们用卡箍把整个增强件紧密地连接在一起。制造这种套环的目的在于将半圆圆顶和主体建筑物连接起来，并防止单一部分进一步变形。加固位于克罗斯那的一个斜坡上的天主教教堂结构也是采用类似的方法实现的。

楼板的连接功能。正如上面提到的，在建筑物的结构系统中楼板起着极其重要的作用。除具有一些其他的功能外，楼板把建筑物连接起来，并使它的水平方向变得很坚固，同样提高了建筑物的整体耐久性和空间坚固性。为了发挥这些作用，楼板应该具有合适的坚韧性和坚固性。在结构复杂的建筑物中使用平坦的楼板时，要尤为注意这一点。这种楼板的变形，尤其是与墙体连接不紧密楼板的变形，严重破坏了整个系统的平衡。因

此在许多古石砌建筑物中开展修理修复工作时，为了保证楼板与墙体或支柱紧密连接在一起，工匠们专门特制一些由钢筋混凝土和陶瓷制成的坚固楼板。通常这些楼板透过位于墙体中与墙体顶部齐平的钢筋混凝土框架支撑墙体。因此，这不仅提高建筑物空间的坚固性，还保护墙体防止在建筑物不均衡下沉时出现变形和裂缝。

根据建筑物的损坏程度和功能需求，能够制定出许多楼板结构方案。人们可以使用坚如磐石的石灰石岩楼板（在科拉克夫的克列格乌姆玛伊乌斯建筑）、带有空心砖的钢筋混凝土泥浆（沙斯卡拉和瓦维利）、有棱角的钢筋混凝土楼板（沙斯卡拉和维斯尼奇）和沿着钢梁的砖砌楼板（巴拉努夫）等。但是在个别情况下，则使用坚固无比的挡板加固某些部位的墙体（尼特基茨的塔楼、科拉克夫的市政自治机关大楼塔楼和瓦维利要塞的瓦洛夫斯基钟塔等）。建造砖砌楼板还是钢筋混凝土楼板，取决于耐火的要求和建筑修复的需求。

采用预应力。预应力使消除裂口、加固和稳定建筑物的单一部分成为可能。

众所周知，很久以前就出现了关于预应力的构想。这一构想可以归纳为一点，就是在脆弱的材料中，人工制造出一种能够有效地阻止外部的压力并提高结构的耐压性和坚固性的压力。早在意大利文艺复兴时期，建筑师们就已经借助锻钢制造的环加固圆顶和圆形塔楼。目前，在加固石砌结构或混凝土结构时，预应力被成功采用。在这种情况下，主要的任务便是在裂口延伸处安置拉紧的增

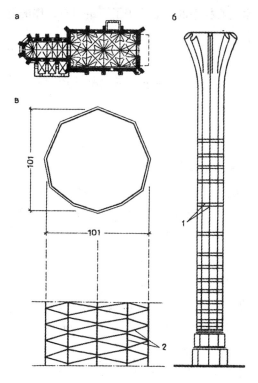

▲ 加固位于维斯里兹的圣母玛利亚复活大教堂综合体的东部支柱，1346~1350 年

а—建筑物的结构；б—在 1916~1926 年之间重建后的支柱；в—柱的横断面和拉紧杆的位置示意图

1—用 7 毫米 ×90 毫米条钢制成的带子；2—曲折缠绕在柱身上的直径为 5 毫米的钢制拉紧杆

强件，将它加固在建筑物的墙角处，并将它压缩到一定程度，使它可以在砌体中产生一种与砌体坚韧性相当的压缩力。通常拉力的范围是在 0.1 兆帕~1 兆帕之间，具体数值取决于砌体结构的状态。

人们通常将高坚韧度的钢杆或钢绳用作拉紧的增强件。借助适合的压力机便可以制造出拉力。专门的连接设备制造锚定件。拉力稳定后，为了保护它免受腐蚀，加强件一

般都隐藏在混凝土层的下面。拉紧的增强件既可以固定在墙的外侧，也可以像安置连接板时一样加固在小槽中。

在加固支柱、支架和间壁时也可以采用预应力。在加固维斯里兹的圣母玛利亚复活大教堂综合体大楼内部的支柱时，工匠们采用了原始的加固方法和预应力法。

图示中的三根支柱从长老会的教务评议会一侧将教堂的内部空间分成两个长形堂。在第一次世界大战期间，这个支柱和被它支撑的拱门被彻底地破坏掉。战后这个支柱被重新修复，但是，经过一段时间以后，支柱中出现了危险的裂缝。因此工匠用由截面为 7 毫米 ×90 毫米的条钢制成的带子加固它。沿着柱身，每隔 16.5 厘米 ~120 厘米的距离固定一个钢带。然而，只用这些钢带加固它们是远远不够的，因为裂缝仍在延伸，并有发生事故的危险。因此在 1964 年开始实施消除潜在危险的措施。

针对此问题主要有三个方案。第一种方案是用由更坚固材料制成的、新的支柱代替原始的柱子。第二种方案是替换现存的钢带，然而这一方案并没有起到保护的作用。从修复学的角度看，第三种方案是最合理的。它主要通过采用横向的预应力加固现存的结构。最后一种方案被人们广泛接受和使用。为此，需要在水平的方向沿着柱身缠上钢绳，然后根据精心选择的分布路线将这些钢绳拉紧至一定的应力。这样在柱身的垂直断面就会产生横向的压缩力，它抵消了在支柱轴心平面作用的拉力，使柱身免受垂直的重压。制造预应力的过程与借助灌入法使破碎的石块紧

密连接起来的工序是相辅相成的。借助灌入法使破碎的石块紧密连接在一起，显著地提高了支柱的承重能力。

加固过程的顺序如下。用硬度为 5 兆帕 ~10 兆帕、原产于宾丘弗的碎石灰石砌造不规则十角形断面面积为 0.76 平方米的柱身。支柱断面的轮廓取决于与支柱顶端相连拱门的棱数。从地基到拱门棱的支撑点，柱身的高度为 850 厘米。在柱身的顶部有直径为 1 毫米的裂口。

在多棱体的顶端 70 厘米左右长的区域内，在柱身的裂缝部位，为了支撑拉紧的增强件，工匠们使用混有水泥浆的钢角进行加固。在水泥浆硬化和用直径为 5 毫米的上等钢制成的、拉紧的金属线尾部被加固后，支柱的柱身被缠上螺旋状金属线。考虑到拉力，螺旋状金属线的间距一般是 3.5 厘米。在拉力的作用下，金属线原始的直线轨迹在支柱边缘的拐角处变曲折（向上或者向下）。作用在金属线上的平均拉力为 7500 牛。

在拉力作用之后，通过真空灌入法向所有缝隙和裂口处填入水泥乳胶。人们经常把一定稠度的（水：350 号的硅酸盐水泥 =1：2.5）硅酸盐水泥泥浆用作乳胶。首先应该从支柱的底部灌入泥浆。当所有的加固工序完成后，为了保护增强件，并使支柱侧面的墙体变平坦，要在柱身的承压区域内涂抹水泥泥浆层。

需要强调的是，在采用这种方法之前，应该先使用（水：混凝土 =1：1）混凝土泥浆做试验。试验研究的结果证明了所采取措施的正确性。这种方法只有一个缺点，就是用水泥浆抹平的表面掩盖了原始粗石砌体的轮廓。

第三节　石砌建筑物的矫直

在古建筑物众多的变形区域中，建筑物偏离垂直轴心是最为严重的。在宫殿墙体、要塞墙体和塔楼中，这种偏移现象最明显。导致变形的原因可能是多种多样的。由于建筑物局部的不均衡下沉、爆破和结构缺陷引起的移动等都会加重变形。垂直的缝隙和空间连接处的损坏经常伴随偏移垂直轴心的现象发生。由于平移的影响，建筑物斜坡一面的重心发生改变，最后导致地基底部或转弯处的水平面压力增大。即使支撑斜坡一侧的墙体紧密地连接在一起，也会由于弯曲的作用导致水平裂缝出现。弯曲幅度的增大会使建筑物坍塌。

在现实生活中会遇到各种各样石砌建筑物平移的现象。专家们为它们制定了专门的矫直方案和必要的机制。从静态学的角度看，状况越复杂，完成矫直的工序越困难。

在拐角处建造一些防止墙体继续平移并在矫直工作开始之前能够稳定建筑物状态的辅助结构，是应该采取的初步措施。

当墙体没有任何征兆开始偏移时，可以用很早就被人们熟知的方法，即借助缠在卷扬机和螺旋起重机上的钢绳。通常的准备工作，其中包括确定拐角的轴心、沿着与斜面相反一侧的轴线开凿小槽和一定深度的楔形凹缝，一定要在矫直工作开展之前进行。需要指出的是，开凿的楔形凹缝要到达足够的

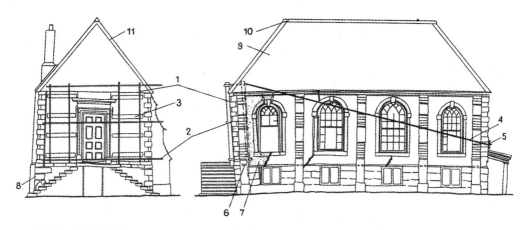

▲ 利用钢绳矫直墙体的方法

1—防止墙体弯曲变形的双杠；2—支撑钢线的钢管；3—原木制成的垫板；4—钢绳；5—螺旋拉紧装置；6—拐弯处的水平面；7—重建的墙体局部；8—重建的建筑物拐角；9、10、11—瓦房顶的加固部分

深度，以使墙体的重心位于地基中心之上。在实施矫直措施之前，应该检查墙体的变形部位，并预先制定保护措施，以防止在矫直的过程中高处出现损坏（裂缝和凸起）。在垂直方向矫直墙体后，工匠们开展下一步建筑和修复工作。

在矫直始建于 13 世纪初的万赫兹克的天主教教堂交叉甬道的北侧墙体时就采用了这一行之有效的方法。教堂的墙体是由精心加工的砂岩石砌成的，灰色和红色的石块组成水平的带子，三角顶的顶端被安置上悬臂房檐，人们用石质的十字架装饰三角顶。由于三角顶偏移垂直方向 15 厘米，悬臂房檐和十字架都已坍塌。雨、雪和冰等通过墙体和涂层之间形成的裂缝进入建筑物内，并导致严重的损坏。于是人们选择那种可以保护墙体最原始结构的矫直方案。为此，专家们在顶层的楼板上建造了专门的结构，由悬挂在支柱水平力臂末端的配重引起的、在结构拐角处的垂直力臂可以通过木质衬垫对墙体施加应力。根据预算，矫直墙体需要在适合的力臂附近施加 10 吨的应力。在矫直的过程中，预算的数据完全正确。后来在墙体最脆弱部位的隐蔽接缝处填充了泥浆（泥浆的混合比例——白水泥：十年耐久力的石灰浆：纯细沙 = 1：3：12）。通常在 14 米的高度开展矫直工作，而需要矫直的墙体部位高达 8 米。

在矫直塔楼和其他建筑物时，可以采用建立在与斜坡相对一侧的不均衡下沉或斜坡一侧不均衡升高原则的基础上而制定的一系列措施。第一种方法是古埃及人最为熟知的、提高方尖碑的方法。而第二种方法的制定则建立在现代建筑机制准则的基础上。

很遗憾的是，现在我们不可能详细地讲述开展矫直工作的各种情况和相关的工序。因此在必要的情况下，应该寻求专家们的意见。

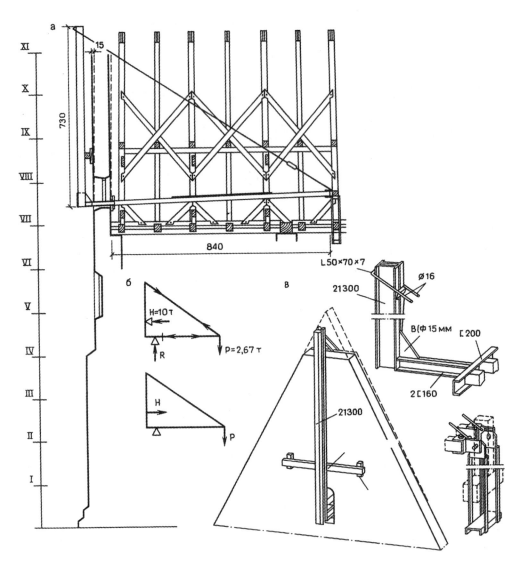

▲ 矫直万赫兹克的天主教教堂交叉甬道的北侧墙体
　　а—在顶层楼板安置辅助结构的位置；б—应力作用示意图；в—设备的零件

第十三章
建筑遗产表面修复的措施

修复建筑物的工作还包括：保护建筑物正面的功能和艺术加工，以及它的内部装饰。

由石块和砖块砌成的正面，其中包括表面是灰泥层的正面，长期遭受由于砌体异常运作（特别是砌体不均衡下沉）而变形，或者是由于局部压力增高导致材料性能的改变和其他原因引起的损坏。

恶劣的大气环境和大气因素，包括风、严寒、潮湿、干燥等，致命地影响着建筑物艺术加工和正面细部的寿命。风不仅使表层破碎，还使它的密封作用丧失。通常在温度和湿度变化的伴随下，风的影响变得更大。

由于昼夜温度的波动，材料开始收缩和膨胀，并最终导致变形。继而在材料最脆弱的部位产生裂缝，在砖砌和石砌结构中的一些单一部分甚至会脱落。当砌体由具有不同物理性能的材料建造而成，或者在材料有先天或后天结构缺陷的情况下，这种现象更为明显和突出。

雨水、水蒸气（雾）、含有酸性成分的露珠、二氧化碳、硫化物（二氧化硫和二氧化碳）深入到矿物材料的深处，然后溶入黏合剂中。碳酸能够溶解碳酸钙，而碳酸钙恰是泥浆、灰泥、石灰、大理石和一些沙石的主要成分。有害的硫化物或亚硫化物与矿物质发生化学反应，生成硫酸盐，最终破坏了结构的连接并分解了大部分自然和人工材料的结构。同样地，碳酸钙构成了含二水的硫酸钙或石膏；碳酸镁构成了含七水的硫酸镁或泻盐；三氧化二铝构成了含八水的亚硫酸铝。这些化学变化都伴随着体积的改变：石膏——100%，泻盐——430%，亚硫酸铝——1400%。硫酸盐的破坏作用体现在，哪里出现更危险和更具有威胁性的现象，哪里冰的膨胀就越大。硫酸盐通过多次的结晶反应轻松地溶解到石块当中，并使表面部分褪色，最终使石块彻底分层。

材料的天然缺陷和不正确地保护表面，加快了破坏的进程。因此，工匠们在一些石块的表面涂抹了保护层。为了修复建筑物的原始轮廓和色彩，人们经常反复加工石块的表面。去除在多孔石块表面形成的一层薄层，会导致表面快速地受损，由单一元素被分解而间接引起材料内部的改变。

重建和保护建筑物室外和内部装饰的工作具有显著的特征，尤其是在修复用雕刻、壁画和马赛克镶嵌画等装饰的建筑物时。

专家们制定专门保护和修复雕刻、壁画、马赛克镶嵌画和其他艺术作品的方案。同时，像在开展单一的建筑工作时一样，石砌和砖砌墙体被修复。用灰泥涂抹建筑物的墙体和其他部位的方法，很早以前就被人们所熟知，在这里我们不需要更仔细地讲解。如果在修复的过程中有必要保护和加固带有珍贵装饰或原始砌体局部的表面，那么这个问题就变得复杂了。这时掌握现代建筑技术是远远不足的，人们不仅需要用古老的建筑工艺重现建筑物的原貌，还要能够解释损坏的原因和特点，以及修复的可能性。

针对石质和砖质砌体的表面采取表面修复措施，其中包括用石灰泥涂抹的方法，取决于许多因素，如砌体的结构和构成、砌体所用材料的物理化学特性、在它们的表面涂抹石灰泥的方法、壁画的特征和技术状况、损坏的特点、大气条件和保护文物的制度等。

在实施修复工作中，选择合理地保护和加固带有珍贵装饰表面的方法，是一项艰巨的任务。而且现在还存在许多有争议的、没有解决的问题，由于古砌体的性质各异和损坏进程等诸多因素的影响，尚没有形成相对统一的选择方法和材料的准则。考虑到上述有关选择保护方法的内容，首先人们应该改善周围环境的条件，尤其是具有腐蚀性的因素（包括清理灰尘、降低在大气和水中有害物质的集中程度，以及通过种植一些合适的绿色植被阻隔有毒性的物质等），然后仅在这个基础上采取保护措施。要知道，这个问题是涉及范围最广的、最复杂的。专家们只研究保护石块、砖块和灰泥层的方法和原则的共性。

第一节　石块和砖块的保护与修复

问题的普遍特点。 在建筑史、建设史和考古历史中，人们可以发现关于 19 世纪建造石砌建筑和建筑群问题的诸多资料。这里应该指出的是，在 19 世纪建造建筑物和建筑群时建筑师们都首先采用当地的材料。

在砌石砌墙体时，人们最广泛使用的材料是：

花岗岩、斑岩和产于武尔坎的玄武岩；

活动火山沉积岩层的石灰石；

沉淀、黏结型砂岩；

大理石和变质的片磨岩。

根据这些材料的形成过程、矿物和化学构成、结构特性、颜色和开采地，可以将它们分成几类。

产于武尔坎的石块具有较高的技术性能和在大气作用下的稳定性，它几乎可以被无限使用。

可以以在大波兰和西北沿海地区，在中世纪早期建造的建筑物和建筑群为例。

在中世纪的小波兰和西里西亚，许多保存至今的建筑物都是由沉积岩石砌成的。石灰石和砂岩不仅仅在建筑领域中被广泛应用，在文艺复兴、巴洛克和稍晚的时期，甚至在现代，它们也被应用在建造雕刻和装饰的领域中。产于科拉克夫的维留尼斯基的侏罗纪时期的石灰石可以算是最完美的材料。原产于宾丘弗和史特洛维兹郊区的砂岩也是比较上乘的材料。

从 13 世纪开始，建筑石砌建筑物的主要材料是砖块。陶瓷制品的性质与砖块完全不同。在 13~15 世纪期间，用于砌造墙体表面的砖块具有很高的结构连接性、坚韧性和在大气作用下的稳定性。而稍晚时期被人们广泛应用的陶瓷制品具有较弱的技术特性。应该指出的是，天然和人工的石质材料和陶瓷制品很难表现出损坏的真正原因、过程、性质和程度，因为人们很难确定它们与单一破坏性因素之间的相互影响和作用时间。因此，在现实生活中确定材料破坏的性质和程度是至关重要的，而且原则上它应该建立在形态学、物理和化学特性的研究，以及图解分析数据的基础上。

在空气中和大气湿度中的腐蚀性物质作用下，产生的破坏进程引起石质材料表面明显的变化一般被称做风化。

即使化学特性相似，不同种类的石质和陶瓷材料会不同程度地被风化，因此保护的方法也是各有千秋。

一般情况下，保护和修复由砖块和天然石块构成的表面工作在于：

确定材料的种类、发源地、物理、化学、机械和岩石学特性，以及破坏进程的具体阶段；

通过修复原始的物理和化学特性，加固材料和砌体的结构；

补足砌体缺少的部分；

保护它们防止风化。

在着手保护石质砌体室外的表面时，首先必须保护它们免受雨、雪、冰和阳光的直接损害。

在上一节中，我们已经研究了重建和加固石质砌体的方法。上一节中阐述的方法既可以应用在单一的石块上，也可以应用在砌体局部上。

补足砌体室外平面上的缺损部分是最基本的工序。这一工序将涉及裹扎、填平、替换、固定或粘住受损、分层和脱落的部位，以及填充各种缝隙、裂口和破裂的接缝处。这时所使用的天然和人工材料应该具有像石块或砖块的物理特性，以及在大气作用下的稳定性。

从技术的角度看，保护砌体免遭风化是最为复杂的措施。这一方法应该建立在维持材料中黏合剂的坚韧性并保护它们结构之间连接可能性的基础上。采用的材料不能够发生化学和电解反应，因此它们必须能防潮，有效地防止水汽和大气中的气体渗入，并且具有必要的坚韧性、较长的使用寿命和防止机械损坏、老化和微生物作用的稳定性。

在开展修复工作中，为了达到这些目的，人们通常利用表面的疏水物质、浸剂和坚固的结构。

所谓的疏水物质是指，当表面浸水或潮湿时，能让结构透过缝隙和微孔进行"呼吸"的物质，换句话说，就是可以让材料中的水汽顺利蒸发掉的物质。为此，通常借助刷子，在压力作用下用喷洒的方法或一些其他的方法，在表面覆盖一些疏水的物质。这些物质在受保护的表面形成了一层薄膜。

疏水层的使用寿命取决于周围环境腐蚀

的程度、气候和大气条件等。这层薄膜的有效性只能维持几年，过后应该重新制作和覆盖。

疏水层的主要功能在于，它可以消除在潮湿和雪、雨、冰等作用下导致损坏的因素。

浸剂是指让砌体的表面饱含一些物质，一方面，它们可以通过密封减少物质的孔隙；另一方面，它们赋予材料疏水的性能。

积累的经验证明，多亏砌体中的浸剂，许多文物才被成功保存下来。

在实施修复措施时，浸剂和疏水物质经常被同时使用。

提高石质材料的使用寿命和坚韧度，使结构变得更加坚固。在合理选择深入表层的下面或材料层的更深处时，这一措施提高了结构的坚固性，降低了对风化作用的敏感性。

在执行这些操作的过程中，可以利用具有不同化学特性的水浆和乳胶。人们一般把液体玻璃、硅树脂、天然矿物蜡质物质、轻金属、人造树脂和一些其他的材料用作疏水物质，而把含氟的水玻璃、石灰和钡的水氧化合物、树脂和其他制剂用作浸剂和加固物质。

在每一个具体的情况下，选择加工方法取决于受保护材料的特点和结构特性。

保护石块。 保护石质材料的方法取决于石块的种类、它的技术和功能特性。在风化的作用下，性质比较稳定并具有不易损坏表层的，但表面已被污染（尘埃和污垢）的石块经常被清洗。在其他情况下则采用化学方法。

清理建筑物的石砌正面。 清理建筑物的正面是一项很复杂的技术工序。所采取的措施应不能改变石块的结构特性、外形和颜色，降低它们的建筑和艺术价值，以及引起机械损坏。

选择方法取决于石质材料的种类、它们的技术状态、被污染的程度、功能、气候条件、所采取方法对石质材料耐久性和寿命的影响，以及审美的需求。

实际上，用普通的水或蒸馏水冲洗，在压力的作用下用水冲洗，用水蒸气冲洗，用含有小粒砂质材料的专门混合物（沙子或碎石）冲洗，干处理或湿处理各种材料和压缩的空气，化学清理和机械清理，都属于无害并且高效的方法。

虽然我们没有详细说明技术细节，但是需要指出的是，在清理建筑物的正立面时，需要额外地采用人工的方法刷洗和刮去比较脏的部位。通常清洗使用不锈钢条的金属刷时，为了刮去脏的部位而使用由硬质金属材料制成的刮削器。在大多数情况下，向水中加入软化的泡沫乳胶、碱性和酸性制剂或消毒剂，有时也使用不含腐蚀性物质的，而且不与石质材料发生化学反应的化学制剂（洗涤剂）。在选择化学制剂时，专家们建议先进行试验研究或者预先在砌体的某个区域观察它产生的影响。在表 13-1 中列举了几个关于清理建筑物正面的方法。

保护石灰石。 石灰石是岩石的一种，它主要具有如下的技术特性，如易开采和加工、相对较长的使用寿命。在波兰的气候条件下，侏罗纪时期的石灰石是最坚硬的，最适合在建筑领域使用的是含有黄铁矿和淤泥物质的

表 13-1　清理石砌正面的方法

序号	方法	石块的种类			
		石灰石		砂岩和花岗岩	
		受污染的程度			
		高	中或低	高	中或低
1	冲洗	是；硬质石块时为 2~3 倍	是	不是	是；硬质石块时为 2~3 倍，软石块时为 5 倍
2	用压缩空气进行干燥清理（干处理）	是	不是	是	是
3	用压缩空气进行湿润处理（湿处理）	是	不是	是	是
4	化学清理（刷处理）	不是	是	不是	不是
5	化学清理（酸溶液处理）	不是	不是	是	是
6	机械清理	少数	不是	是	是

说明：方法 1 或方法 5 在清理砖砌正面时可以采用，而方法 4 在清理釉砖和瓷土正面时可以采用。

石灰石。

石灰石的缺陷是多孔性、较高的含湿量和磨损度，以及在酸性液体或气体的作用下性质不稳定。

因此保护石灰石的主要任务在于保护石块免受潮湿，防止结构内部酸性水泥浆的脱落，防止脱碱和风化。

针对修复石灰石和人工采取保护措施的问题，存在着相矛盾的观点。石灰石典型属于岩石的一种。考虑到采用含氟的水玻璃和乳胶会导致负面的反应、结构的改变或微孔的堵塞，可以说，这种方法是比较冒险的。

在上面提及的方法和手段之中，在石块表面涂抹氢氧化钙薄层是最为合理的。在远古时代这一方法就被人们所熟知。正如观察和积累的经验证明的，在石质部位的表面涂抹氢氧化钙薄层不仅能够延缓腐蚀的进程和风化，还能提高材料的耐久性。

通过在石块的表面涂抹草酸铝或聚乙烯亚氯酸盐浸剂，一些种类的石灰石可以防止大气因素的破坏性作用。在这两种情况下，考虑到受保护材料的结构，通过检验和试验证实泥浆是比较适合的。

饱含被适当浓缩的草酸铝的石灰石石块结构被加固，而且在具有腐蚀性大气因素的作用下，性质很稳定。

聚乙烯亚氯酸盐薄膜的预防保护作用使人们折服。这种制剂提高了石块在腐蚀性化学元素作用下、日照和温度变化时的稳定性。它还降低了石块的多孔性和吸水性，提高了石块的坚固性，同时保证了正常气体交换的进行。

在采取保护薄膜和浸剂的任何情况下，

受保护的表面都应该事先被仔细清洗，使它们远离通风地带，然后烘干。除此以外，一系列的工作必须在良好的大气条件下进行。干燥、温和、温度在 18℃ ~20℃ 之间的天气情况为最佳。

如果石砌部位的黏结性矿物质材料之间的连接受损，那么唯一的建议就是更换损坏的局部。

保护砂岩。同石灰石相比较，尤其从化学黏合剂的角度看，砂岩具有不同的结构。最坚韧、寿命最长、对于开展建筑装饰和雕刻工作最适合的材料便是石灰砂岩和石灰硅砂岩。

除机械损坏外，损坏最典型的特征是脱皮、混凝土表面的蜂窝孔、沉淀物表层分层，以及由于黏合剂的化学分解而分裂成粒状颗粒。

像保护石灰石一样，首先应该保护砂岩，以防止风化和具有腐蚀性的化学泥浆进入其微孔中。因此赋予材料疏水特性是采取的主要措施。

用含有矿物盐的泥浆或含氟的水玻璃浸剂覆盖表面，是保护方法中的一种。

使用氢氧化钡是最高效的手段，因为在蒸馏水中它的泥浆可以在砂岩的表面形成一层薄膜。这种制剂与空气中的二氧化碳和硫酸发生化学反应，最终形成在大气因素的作用下不易溶解的、性质稳定的化合物。

我们可以用含氟水玻璃的泥浆密封和加固材料的表面。只可以对那些含有石灰石黏合剂成分的材料使用含氟的水玻璃。应该预先用含有氢氧化钙或液态钾的水玻璃泥浆覆盖硅石黏合剂或其他黏合剂中的砂岩。

氢硅氟酸盐是含氟水玻璃的一种。人们最常使用的便是具有腐蚀性和毒性的氢硅氟酸锡、氢硅氟酸镁和氢硅氟酸铝等，因此在使用时必须极其谨慎。

在提前清理和烘干表面后，含氟的水玻璃也可以用在砖质和灰泥的墙体上。使用含氟水玻璃的方法并不是长久之计，过一段时间后需要重新在墙体表面涂抹它。

在着手保护砂岩之前，在选择材料时应该考虑石块的结构特性并进行试验研究。保护工作可以在晴朗的干爽天气中进行。

需要强调的是，用上述的制剂覆盖易被风化和损坏的表面是没有意义的，甚至是有害的。即使所采取的措施没有对文物的外形和特征起到负面的影响，也应该替换掉这些制剂。

保护砖块。天然的石块和砖块也会被外界腐蚀。损坏的特征一般都是裂缝、脱皮和破碎。当墙体中的水浆干涸和蒸发后，溶解的硫酸盐会在表面析出，然后在砖块的表面结晶成变色的羽毛状或玻璃状透明的薄层。

如果砖块严重受损，那么在保护砖墙时建议替换掉被严重风化和损坏的部位。

如果在墙体的表面没有发现受损的痕迹，那么可以事先采取预防性措施，即通过使用含硅树脂制剂或轻金属（锌和铝）的疏水物质覆盖墙体，延迟破坏的进程。

硅树脂是一种有机硅黏合剂，它具有一系列宝贵的优点。硅树脂不仅使材料的表面具有疏水特性，还使整个材料具有这种特性。

除此以外，它还提高材料在化学腐蚀作用下的稳定性。因此硅树脂制剂经常被用作砖砌墙体、石砌墙体、雕刻和其他材料的疏水物质。除了赋予受保护材料疏水特性外，它的另一个功能便是保证了材料内部正常的气体交换。

含氟水玻璃、聚乙烯亚氯酸盐和硅树脂的浸剂在保护砖块上都具有良好的效果。现在为保护砖块和石块，人们经常使用含有尿酸的、甲醛的、丙烯的和环氧树脂的浸剂。上述的浸剂降低了砖块和天然石块的吸水性，并提高了它们的抗寒性、其他的技术特性。应该在没有大气降水和气温没有明显波动的时候，开展保护墙体外部表面的工作。

最后需要指出的是，所研究的保护石块和砖块措施并没有排除一切问题。在关于使用科学技术保护和修复建筑物的文献中，可以找到许多保护的方法和手段。保护垂直墙体的表面是很困难的，即使采用现在的保护手段，也不能完全符合要求。一些专家提出建议，应该预先防止将陌生的砌体矿物质材料、碱性的水玻璃，尤其是可以毁坏材料结构而且能够再结晶的硅酸钾，应用在保护措施上。同样地，使用含氟的水玻璃也不能保证长久保护材料。即使薄的疏水层也不能使材料免遭破坏，因为在覆盖物的下面各种盐类会造成破坏性的影响。在这种情况下，除了使表面具有疏水特性外，还能使石块具有透气性和深度坚固性能的方法，是唯一建议采用的措施。近些年，采用在酒精中混入硅酸酯的方法颇具成效。最后需要强调的是，应该用电子设备尝试再生矿物质材料。

第二节 灰泥覆盖层的保护与修复

在选择保护灰泥层的措施之前，应该仔细研究损坏的原因。通常砌体内部物理化学性质改变和外界的因素是灰泥层结构受损的原因。砌体的变形导致裂缝的出现，这些裂缝将灰泥层的表面分成若干区域。无论是外部的灰泥层，还是砌体内部的灰泥层，都会逐渐地破碎和脱落。

潮湿对灰泥层造成了破坏性的影响。由于大气降水或水蒸气在不通风部位凝结，墙体和灰泥层变潮湿导致灰泥软化，并降低了它们的坚韧性、与砌体的连接能力，最后致使它们分层和整块脱落。

砌体内湿度的频繁变化，加快破坏进程的发展。水汽与溶解在其中的矿物盐一同析出墙体的表面，降低了黏合剂和泥浆填充物之间的连接性能，而盐分的结晶致使结构分崩离析。这些破坏进程的显著特点是灰泥层退色、变薄、松软或分层。在这些变化的作用下，灰泥层变松软，最后从墙体的表面脱落。

在潮湿的条件下，微生物的产生和繁殖（霉菌和真菌等），加快了破坏灰泥层和油层的进程，同时油层内的营养物质促进了生物进程的发展。表层开始脱皮，变成羽毛状的薄层，而后灰泥层的体积变大，分裂成小块，最后脱落下来。

与砌体的表层脱离和分层，由于砌体内部不正常的气体交换而形成气泡和凸起，是油层和灰泥层受损的主要特征。

机械原因也可能引起灰泥层损坏。

保护和修复古老灰泥层的主要措施是，除去砌体中的潮湿，保护建筑以免再次受潮，在房屋的内部安置合理的通风设施。

修复和保护古老灰泥层的方法首先取决于它的历史和艺术价值、它的功能、具体的使用条件和受损的程度。

对于没有特殊用途的普通灰泥层，可以移除无法修复的部分，并用含有同种成分的、采用同样技术手段制成的新灰泥层代替它。

对于起到预防性保护作用的灰泥层，可以采用一些方法保护天然的石块或砖块。使用含有硅树脂、轻金属或蜡质成分的疏水物质可以达到较好的效果。在个别情况下，则可以使用含有氢氧化钙或氢氧化钡、人造树脂和含氟水玻璃的浸剂。

针对表面带有壁画和涂料的灰泥层，需要采取其他的保护措施。这时选择方法和手段应该建立在团体决议和专家意见的基础上。

固定灰泥层。实际上，保护表面带有壁画和涂料泥灰层的工序如下：

根据岩层和所使用的材料，确定出壁画所在岩石层的种类和为制成壁画所采用技术手段的基本特点；

制定更合理的技术保护措施；

清除表面的灰尘、污垢、污点和变色的部位；

重建或加固壁画所在的岩石层；

临时加固壁画的表面和带彩画的墙壁；

将灰泥层固定在墙体表面；

保护壁画；

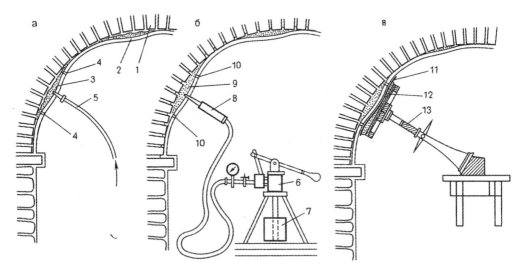

▲ 采用灌注的方法固定灰泥层
　а—清理空隙；б—灌注；в—压缩灰泥层
1—砖砌拱门；2—脱离的灰泥层局部；3—受污染的空间；4—需要去除空气和灰尘的微孔；5—输送压缩空气的软管；6—携带式的水压冲积层；7—盛装泥浆的容器；8—灌入器；9—泥浆；10—排放空气和多余泥浆的微孔；11—弹性垫板（纸板、纸和棉花）；12—木质方板；13—螺旋千斤顶准备完成工作的报告。

目前固定灰泥层的方法主要有三种：

（1）借助含有能够加速硬化进程填充物的泥浆固定泥灰层。在压力的作用下，泥浆被灌入灰泥层与砌体脱离形成的空隙中，泥浆硬化之后，脱离的部分连接成单一的整体。在采用这种方法时，应该特别注意到，被灌入的泥浆要与灰泥层的泥浆具有相似的物理化学特性，它既不能造成本身收缩的现象，也不能促使盐分在壁画表面结晶，它要保证正常的气体交换，同时它本身应该具有使用寿命较长且质量较轻的特点。

（2）借助单层薄板片点状固定灰泥层。当大面积的灰泥层与墙体脱离时，人们采用这种方法。一般将呈现棋盘状分布在特定的区域的木栓、木钉、木制螺丝钉、由不锈金属制成的把手、木栓钉或木枢轴等用作点状物。为此，需要穿过分离的灰泥层打钻出一定深度的小孔，在这些小孔中嵌入被胶体、泥浆或胶黏剂加固的点状物。应该将点状物固定在珍贵壁画边缘以外的地方。当大面积的灰泥层与墙体脱离时，人们首先采用这种方法。

（3）通过灌入的方法固定灰泥层。这时通常在两个区域打穿被刮起或脱离的灰泥层，以便去除空气堵塞物。在压力的作用下，墙体和灰泥层之间的孔隙被清理干净。然后借助压力的作用，将经过专门挑选的矿物质或人工填充物（环氧树脂和丁基聚乙酸乙烯酯等）灌入。注入之后，脱离的灰泥层与墙体紧紧地连接在一起。每块连接灰泥层的面积大概是 0.5 平方米左右，一般经过两天到三天

的时间它们就会与墙体连接起来。

除了上述将带有壁画并脱离的灰泥层加固在墙体或其他部位的方法以外，还有一些其他的固定方法，它们取决于具体的情况和各个修复流派的观点。在任何时候，选择使灰泥层与墙体合适地黏合在一起的方法是最重要的。泥浆、胶体、胶黏剂和其他的制剂都应该具有适合的连接性能、使用寿命、低吸水性等特征。它们不应该膨胀、凸起，为生物进程的发展创造条件，与壁画的材料发生化学反应或对其造成负面的影响。

除此以外，应该指出的是，为了顺利地开展工作，有必要创造适合的小气候，比如：墙体应该是干燥的并免受阳光的作用，周围环境的温度应该保证连接和硬化过程的正常完成，因此房屋必须有良好的通风条件。

在完成加固或重建灰泥层工作后，可以进行下一步填补破碎或缺失部分，以及后来与修复壁画和装饰有关的工作。

拆除和转移壁画。在开展加固或修复砌体结构的工作时，工匠们会经常遇到需要从砌体上拆除壁画并将其暂时或长期地保存在另一个安全地方的情况。

拆除和转移壁画的过程非常复杂，而且需要丰富的经验。

目前，有三种举世闻名的修复方法，即"分离"（стакко）、"移开"（дистакко）和"取下"（страппо）。

在第一种情况下，壁画从墙体移开的同时，灰泥层和砌体也脱离开来。为此，需要把整个带有壁画的墙体局部移除。移除的单一部分必须由框架和钢制的拉紧装置加固。

在采取使壁画免受损坏和变形的措施之后，与壁画连接的砌体局部被拆除，并转移到另外一个地方。在古罗马时期这种方法就已经被人们所熟知。现在，考虑到较大的劳动力需求和其他的修复准则，这种方法只用在个别的情况下，如建筑物已被完全损坏，从科学和认知学的角度看需要将带有壁画的砌体局部转移至博物馆。

在第二种情况下，壁画和灰泥层一并被人们从砌体的表面移开。这时一共有三道工序。首先借助考虑表面的种类、壁画的技术状况和气候条件后制定的含有特殊成分的胶黏剂，在壁画的表面粘上薄薄的纸层、麻布、纱布或其他的保护材料。然后在被粘保护层的壁画周围打钻浅槽，并将用这种方法制作的局部与由胶合板、金属、有机玻璃或木制纤维板制成的硬质砌面砖粘在一起。最后从相反的方向在浅槽里镶入长且薄的坚韧刀片，凭借这些刀片小心地将带有壁画的灰泥层与砌体的表面分离。因此，与墙体分离的部分灰泥层被加固在方板上。在整个局部与墙体脱离之后，剩余的方板被移入小型作坊，已备下一步的修复工作之用。

应该强调的是，上述将壁画与部分墙体或灰泥层一并拆除和转移的方法是一项非常复杂的工序。现在，正如上面所说的，第一种方法只在个别时候被采用。"移开"（дистакко）这种方法建议当现存的条件有利于壁画和灰泥层一并摘除的时候采用，当然在灰泥层和墙体表面之间的脆弱接缝处有地方可以同时采取保护和连接剩余层的措施。

建立在拆除壁画层的"取下"（страппо）

方法比较合理些。为此，人们需要像在 开展"移开"（дистакко）工作时采取同样的方法处理壁画的表面，或者在其表面制造一层巨大的环氧树脂膜。当起到支撑作用的保护层被烘干后，沿着它的边缘浅浅地切开灰泥层，然后将保护膜与壁画一同摘除。在移除的过程中，在保护层（支撑层）只留下薄薄一层涂料或图画。随着移除工作的进行，用涂料将壁画由外向内地缠在小圆筒上。

"取下"（страппо）这种方法特别适用于发掘隐藏在更晚时期形成层下面的

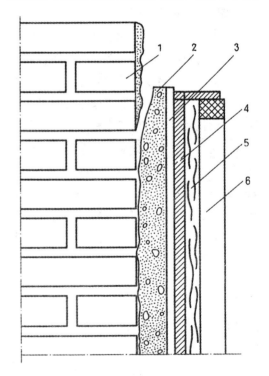

▲ 运用"移开"（дистакко）的方法将壁画与平坦的表面脱离

1—墙体；2—带有壁画被移除的灰泥层；3—在壁画表面粘住的保护层；4—由胶合板或其他材料制成的方板；5—方板的加固侧面；6—被加固的框架

壁画。它使拯救在基础结构很早以前就倒塌和有坍塌危险的建筑物中的壁画成为可能。在有必要将壁画转移到新的基础结构上，而且壁画和这一新的基础结构稍后有可能被重新转移到原来的地方时，也可以采用这种方法。

在任何情况下，制定的拆除和转移壁画的方法都需要在考虑壁画的特点和现存的状况后，合理地选择必要的手段。因此，原则上，在拆除和转移壁画的工作之前应该在技术试验的基础上认真研究壁画、基础结构和其他的因素。

安装壁画。当按计划完成建筑工作后，开始在原地或另外一个便于展示的地方实施扩充修复壁画的工作。

重新安装壁画的步骤如下：

（1）在考虑基础结构的特点和安装技术后，借助胶黏剂将壁画直接粘在新准备的灰泥层或其他的基础结构上；

（2）将壁画安置在由麻布、金属网、灰泥和聚酯树脂等构成的基础机构上或硬板上；

（3）将壁画嵌入安置在墙上打钻凹槽中的专门框架中，在潮湿和生物因素的作用下，框架的结构应该具有足够的坚韧性和耐久性。

实际上，也可以采用其他的方法。在选择最合理的方法之前，应该进行理论和试验研究。在任何时候，主要任务都是为壁画的保存创造最优质的条件。

关于保护天然石块、砖块和灰泥层的问题并没有被完全地解决，在现实生活中还会遇到各种各样的问题。许多古老的建筑物拥有珍贵的建筑雕塑装饰。在很大程度上，与灰泥层相比较，由天然或人工石块制成的雕刻品遭受更严重的变形和损坏。保护这些雕刻品是一项艰巨的任务。尤其当建筑物中遗留的雕刻装饰不多，而且它原始的结构轮廓被毁坏时，保护雕刻品需要满足专门的需求。因此在制定和采用保护和修复方法时，必须寻求专业部门的建议。

第十四章
保护和修复建筑遗迹

在华沙保留有许多不同石砌建筑物的遗迹，它们是国家在几个世纪中发生的政治、文化和农业大事的历史见证。在任何一座建筑物的遗迹中都保留有历史变迁的印记。在过去，尤其是19世纪，修复工作只在一个局限的范围内不规律地开展。因此，迄今仍然保留原始轮廓、材料和建造时所采取技术手段的古建筑物和建筑群的许多遗迹，都保存了建造建筑物的时代特征。可以以科拉克夫的琴斯托霍瓦的"鹰之巢"公路干线上的著名遗址为例。在这条干线上保留了13~14世纪期间的要塞防御建筑遗址和乌雅兹达的克什多布尔要塞遗址。克什多布尔的要塞遗址以自身的规模和空间布局闻名，它是17世纪建筑师们勇敢结构构想的伟大结晶。

与保护和修复建筑遗迹相关的问题很复杂。在选择方法和确定工作的规模时不得不建立在它们历史、艺术和科学价值的评估，以及当今技术状态的基础上。

从历史的角度看，理论上建筑遗迹是建筑艺术的遗留物。由于古老材料和结构的分解，它们被保存下来，并将生活在远古时代人们活动的物质和创造印记转交给我们。从艺术的角度看，建筑遗迹是具有一定特点和独一无二价值的艺术遗留物，而且它们不能被修复到历史原貌的状态。这些概念确定了现代保护和修复建筑遗迹的走向和趋势。

值得注意的是，绝大多数的建筑遗迹都不能被移作他用。在保护和修复它们时，应该把注意力集中在保存建筑遗迹现存的状态上。这使通过采用加固和内在干涉的措施保留和长期保护建筑遗迹的建筑材料和外部轮廓变得有必要。在一定程度上，修复措施应该通过采用肉眼不易发现的方法，结合失去的和丢弃的元素调整建筑遗迹的外形轮廓。任何与更新和修复建筑遗迹有关的工作都应该是这样的。在开展保护和修复的工作时，唯一允许的只是重建现存的但是散落的部分。在这种情况下，至少应该连接和加固那些需要连接和加固的部位。

在实施修复工作的过程中，在保护和加固遗迹时可以采取以前我们论述的方法和手段。但是，在保护遗迹领域中形成具体统一的准则是比较困难的，因为在大多数情况下我们谈论的只是单独的一个建筑物。采取的方法和措施多种多样，这取决于所采取措施的目的、是否存在损坏和缺陷、理论和实践原则，以及对人类无害的想法。

在保护石砌建筑物和建筑群遗迹的过程中，防止它们在大气降水的作用下受损和进一步的损坏是最重要的。考虑到遗址是一处极具吸引力的旅游胜地，首先应该保护风化的部位，以防止它们倒塌。在这种情况下，观察不足将会导致事故发生。

▲ 位于阿格罗特金茨的要塞遗迹（16 世纪上半叶）

为了提高那些在风化影响下自由散落的墙体顶部和砌体局部的坚固性，必须对这些部位进行固定和支撑。人们应该使用合适的材料和原始的建造方法，重修并加固脆弱和散落的砌体局部，消除负担过重的拱门、支柱和其他类似结构没有必要承担的压力，并且在必要的情况下使用辅助的结构，如扶壁，建造额外的墙体，支撑和加强它们。除此以外，有必要对砌体的顶部加以注意，保护它们以免单一的石块或砖块掉落。

应该预先保护那些在水汽和大气湿度的作用下的石砌建筑物和建筑群遗迹，防止它们被浸湿和吸收水分。为此，必须采取合适的措施或手段使石砌墙体的顶部与水分绝缘，或者采用其他的方法使它们具有防水性能。通常这些措施与加固室外脆弱的砖块层或石块层密切相关。这时有必要重现砌体墙体顶部的古老原貌。如果这些措施应用在拱门或其他覆盖物上，那么应该合理地将它们与水分隔离，或者在保证水分能够从这些结构中蒸发的前提下，在它们的表面覆盖某种覆盖物。

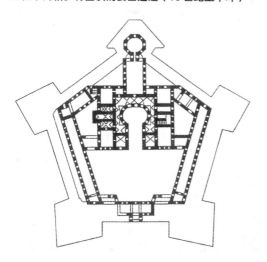

▲ 乌雅兹达的克什多布尔要塞（17 世纪）。结构

在修复尼特基茨的顶部要塞遗迹、丘尔

▲ 乌雅兹达的克什多布尔要塞（17 世纪）。由石板制成的石砌建筑物局部

什金和新松奇的要塞时，人们就采取了这些措施。

充满建筑垃圾的古老的建筑遗迹应该被清理。每一种多余的植被，如灌木和绿树，都会对石质砌体的耐久性和使用寿命造成消极的影响，而且深入建筑物内部的根部会加宽裂缝并使室外的墙体表面破碎。在清理遗迹的时候，还应该考虑到突出建筑群原始的空间布局和风格特点。

▲ 坐落在奥斯德鲁夫—琳特尼茨基（10 世纪末或 11 世纪初）受保护的小教堂局部

在科拉克夫的瓦维利的中世纪祭祀建筑物遗迹就是采用正确的保护和修复方案的典范。在清除遗迹的土壤形成层和建筑垃圾的过程中，工匠们修复了预先被种植岩石植物的砌体顶部。这种修复方法不仅展示了遗迹建筑物的原始特点，还凭借合理地选择植被明显提升了遗迹的艺术表现力。

在开展任何与修复和保护建筑遗迹有关的工作时，原则上不允许改变和改善它的实际状况，修复工作的范围是能够使建筑物继续存在即可。考虑到居民的安全，并根据建筑物的静态状况，如果有必要补充或建造单一的砌体局部，或者为了保护文物的外部轮廓将建筑遗迹的单一部分结合在一起，那么所有新填充的元素都应该与整体的结构相协调，同时与建筑遗迹的特点区别开来。为了更好地辨认建筑物，不允许将新的和没有补足的部分同原始的局部相比较。新建的石砌或砖砌砌体局部应该在颜色、使用的技术手段和泥浆的种类方面独树一帜。因为随着相似材料和技术手段的多次使用，新老部分混合在一起，这将会导致错误处理建筑物的后果。

在这里我们可以引用上面提及的古老要塞防御工事为例。

根据理论原则应该保护各个历史时期遗留在建筑物遗迹中的宝贵东西。因此在修复的过程中，不可以毁坏任何保留下来的细部。每一处宝贵的建筑局部（正门、门框和砌体的个性局部等）都应该被认真地保护起来。只有当分离或转移建筑物的装饰局部是保护建筑物唯一可行的方法时，才能采取这

一措施。

即使在建筑遗迹中保存着几种建筑风格的元素，也不应该将这些后来形成的部分去除。从历史、科学和艺术的角度看，只有当这些后来形成的元素丧失历史价值，而且采用的方法没有使建筑遗迹的建筑状态恶化时，才能拆除这些部分。

保护和修复建筑遗迹的目的不仅仅在于保护古老的材料和结构，还在于展示它们的历史、科学和艺术价值。修复工作应该最大程度地突出和强调它们的一些优势，通常这些优势与为了方志学和旅游业的发展调整和完善建筑物附近区域的必要性有关。在这种情况下，修复工作必须突出建筑物的空间格局和一些个性化的特点，并保证游客可以进入遗迹中最迷人的地方。为此，应该使用在

▲ 尼特基茨的顶部要塞。保护遗迹墙体的典范

建筑物内部和周围已存在的和专门建造的交通道路（小道和人行道等）。在受保护的砌体中，清楚地表现出那些通过使用中性材料在不同时期建造的局部之间铺砌道路或者可以直接突出砌体单一局部的（如华沙的乌雅兹达宫殿）、在各个历史时期形成的特点极其重要。在格戈旦斯克、科拉克夫、塔伦、华沙、弗洛茨瓦夫和其他城市中的许多墙体都是采用这种方法被修复的。

为了大众的利益，调整和使用保存完好的建筑物局部是关于保护遗址工作的重要任务。虽然一些未被使用的遗迹已经被修复完毕，但是最后这些听天由命的建筑物却不能逃脱毁灭的命运。而那些被人们精心照料并具有一些优势功能的建筑遗迹则被长时间地、完整地保存下来。乌雅兹达和尼特基茨要塞遗迹的局部被不同的公众性机构使用，其他的建筑物遗址也被相应的专门机构保护起来。建筑遗迹在农业领域中的作用和它的可接近性，时时刻刻与长久地保护它们、保护它们的完整性以及保证承租人正确理解建筑物的历史和科学价值相关。

第十五章
建筑文物的挪动和转移

当将建筑文物从原地挪动和转移是保护它们免受损坏的唯一方法时，才能够采取这一措施。按照古典的修复准则来评定，挪动或转移建筑文物不可以归入修复工作的行列，因为这明显与保护自然和历史环境中文物的原则相矛盾。当这些措施建立在有根据的城市建设和修复需求以及技术条件的基础上时，或者当出现关于保护建筑物方面无法克服的困难时，为了保护建筑文物，人们采用这种方法。

转移建筑文物。 转移建筑文物需要一系列的技术措施，如预先拆除建筑文物（或它的局部），把它们转移到新的地方，以及使用它们自身的元素和材料对建筑文物进行重建。从技术的角度看，即使人们准确认真地完成这些工序，也会在建筑物上留下痕迹，比如：改变建筑物的原貌，由于必须替换某个部位或元素而改变材料。在拆卸和进行其他操作的过程中，建筑文物的局部会遭到不同程度的损坏。在重新安装建筑物时，经常会采取转移建筑文物的措施，这必然会损坏建筑文物的原貌，并将它们修复后的样子保留下来。

应该强调的是，虽然在重新安装建筑文物的过程中失去了许多东西，尤其是它们的历史价值，但是重新安装的过程却使文物的结构得以更新和加固。

在修复波兰的古建筑时，人们很少对古砖砌建筑物进行转移。当然，这些措施也几乎不被人们采用。但是也可以举出不少转移结构、局部或尤为珍贵的建筑元素的例子，如正门和窗框等。

将古老的建筑物局部从一个部位转移到另一个部位或建筑物上，主要取决于把它们陈列在更方便、更好位置的需求和保护它们以防彻底损坏的必要性。

从技术的角度看，转移建筑物的局部并不是一道很复杂的工序，采用简单的方法即可。

挪动建筑文物。 挪动建筑文物就是指将整个建筑物从一个地方挪到另外一个地方的整套技术工序。从修复学的角度看，这种保护文物的方法比上面论述的方法更合理些。首先，挪动整个建筑物防止在拆卸过程中产生的损坏。同时在挪动的过程中（移动较小的距离），实质上建筑物仍位于原来的环境中。

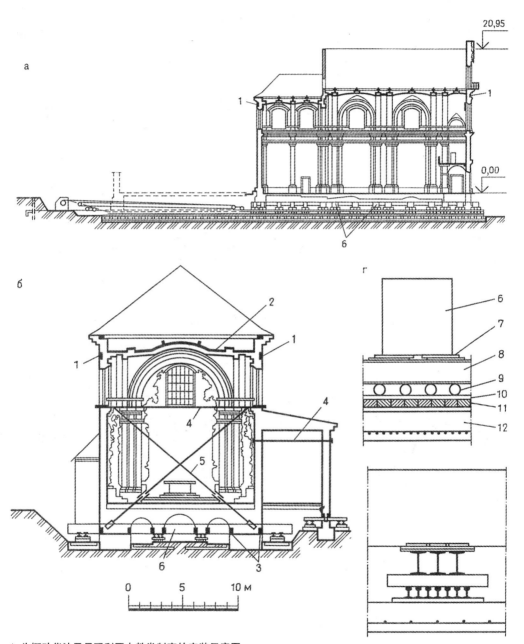

▲ 为挪动华沙圣母玛利亚大教堂制定的安装示意图

　　а一纵向截面；б一横向截面；в一承重台的结构；г一为挪动教堂建造的道路

　　1一钢筋混凝土框架；2一加固拱门用的覆盖物；3一底部捆绳；4一拉紧装置；5一对角拉紧装置；6一承台的主梁；7一钢制的楔子；8一钢梁；9一钢梁；10一轨道；11一木质的路基；12一钢筋混凝土的带状局部

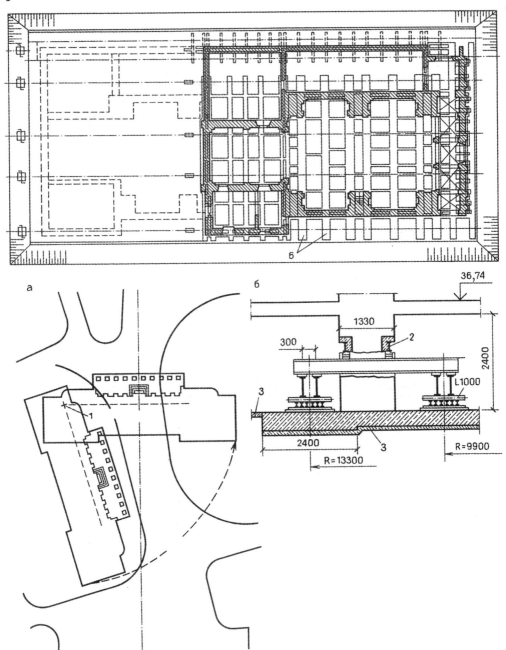

▲ 华沙带有 74° 拐角的柳巴米尔斯克宫殿的地形结构
　a—挪动前和挪动后宫殿的位置；б—道路的局部结构
　1—回转轴心；2—侧梁；3—50 号的混凝土

在建筑技术领域中，挪动建筑物已经是一种司空见惯的措施。许多移动建筑物的成功实例举世闻名。然而，实际上挪动古建筑物总会面临由于复杂的空间格局引发的巨大技术困难。因此，认真谨慎的准备工作是极其有必要的。

根据建筑物的规模和状态，第一阶段准备工作的内容是大量的科学研究和技术计算，在这个基础上专家们才能制定下一步的技术方案。

所有与挪动古建筑物有关的工序都具有如下的技术特征：

制定挪动建筑物的方案；

加固建筑物并使它的结构能够承受当建筑物与地基分离时产生的压力和变形、为了克服惯性而施加的外力，以及在将建筑物安置在新的地基上时产生的压力；

安装挪动建筑物必要的设施和机械；

实施将建筑物安置在新地方的必要工作；

挪动操作；

为了考察在挪动过程中建筑物的状态以及将它安置在新地基上之后的包装工作，组建专门的观察和测量服务小组。

近些年，在华沙格拉霍夫斯基—罗加特科很多古建筑物被移位，如600吨左右重的格拉霍夫斯基—罗加特科建筑（1961年），位于斯维尔切夫斯基将军林荫道上6800吨左右重的圣母玛利亚大教堂（1962年）。除此以外，在1970年人们成功将重8500吨左右且拐角为74°的柳巴米尔斯克宫殿移动。在重建华沙的过程中，人们用金属和砖的覆盖物将这座建筑物加固。在不采取任何加固和加强措施的情况下，建筑物的技术状态和坚固性保证了挪动的可能性。总体上，在挪动天主教教堂和宫殿时，人们几乎采用同样的技术手段，唯一的不同之处在于，当修复宫殿时，建筑物底部的钢筋混凝土路基是沿着围绕建筑物东南角附近中心的弧线铺筑的，对面的墙体穿过弧线长度为77米的道路。按照城市建设的方案，被挪动的宫殿成功包围了萨斯科轴线。

毋庸置疑，上述建筑物的挪动不仅仅是波兰修复历史上伟大的技术和修复成就，而且还是整个西欧的功勋与辉煌。

文献索引

Главы 1—5

1. **Александров Ю. Н., Жуков К. В.** Силуэты Москвы. Путеводитель.— М.: Московский рабочий, 1974.

2. **Ардашев Н. Н.** Забелин Е. И. как теоретик археологии // Древности: Труды МАО.— Т. 22.— М., 1909.

3. **Беккер А. Ю., Щенков А. С.** Современная городская среда и архитектурное наследие.— М.: Стройиздат, 1986.

4. **Бунин А. В., Круглова М. Г.** Архитектурная композиция городов.— М.: Акад. арх-ры СССР, 1940.— 200 с.

5. **Всесоюзное** научно-техническое совещание «Планировка и застройка исторических городов»: Материалы к совещанию / Госгражданстрой, Союз архитекторов СССР, Госстрой РСФСР.—Л., 1978.

6. **Гольдзамт Э. А., Швидковский О. А.** Градостроительная культура европейских социалистических стран.— М.: Стройиздат, 1985.

7. **Голышев И. А.** Памятники старинной русской резьбы по дереву во Влидимирской губернии.— Мстера, 1876.

8. **Город** и время / Е. Беляева, М. Витвицкий, Э. Гольдзамт и др.— М.: Стройиздат, 1973.

9. **Грабарь И.** Восемь лет реставрационной работы. Вопросы реставрации: Сб. центр. гос. реставр. мастерских.— М.: Изд-во Центр. гос. реставр. мастерских, 1926.

10. **Грабарь И.** Реставрация: Энциклопед. словарь рус. библиогр. ин-та Гранат. Ч. I.— М., 1932. 7-е изд.— Т. 36.

11. **Грабарь И. Э.** Реставрация у нас и на Западе // Наука и искусство.— 1826.— № 1.

12. **Деревянная** архитектура Томска / Составители Э. И. Дрейзин, А. Ф. Пасечник— М., 1975.

13. **Зворыкин Н. П.** Методика укрепления (кирпичных) кладок памятников архитектуры путем нагнетания растворов в трещины кладки.— В сб.: Практика реставрационных работ, сб. 1.

14. **Иконников А. В.** Архитектура города: Эстетические проблемы композиции.— М.: Стройиздат, 1972.

15. **Иконников А. В.** Старое и новое в композиции города // Архитектура СССР.— 1969.— № 11.

16. **Ильин М.** Москва: Памятники архитектуры XIV—XVII веков.— М.: Искусство, 1973.

17. **Кальнинг-Михайловская Л. А.** Охрана и изучение памятников архитектуры.— Практика реставрационных работ.—Сб. 1.— М.: Госстройиздат, 1950.—С. 13—17.

18. **Кириченко Е.** Москва: Памятники архитектуры 1830—1910 годов.— М.: Искусство, 1977.

19. **Кириченко Е. И.** Доходные жилые дома: Москва и Петербург (1770—1830 гг.) // Архит. наследство.— Вып. 14.— М.: Стройиздат, 1962.

20. **Кириченко Е. И.** Москва на рубеже столетий.— М.: Стройиздат, 1977.

21. **Кириченко Е. И.** Об особенностях жилой застройки послепожарной Москвы // Архит. наследство № 32.— М.: Стройиздат, 1984.

22. **Книга** об архитектуре / Составители А. М. Журавлев и В. А. Рабинович— М.: Знание, 1973.

23. **Консервация** и реставрация памятников и исторических зданий: Пер. с франц.— М.: Стройиздат, 1978.

24. **Котов Г. И.** Некоторые заметки о реставрации древних зданий: Труды I съезда русских зодчих в С.-Петербурге. 1892.— СПб, 1894.

25. **Лавров В. А.** Развитие планировочной структуры исторически сложившихся городов.— М.: Стройиздат, 1977.

26. **Лихачев Д.** Заметки о русском: Писатель и время.— СП.— М., 1985.— С. 25.

27. **Лысова А. И., Шарлыгина К. А.** Реконструкция зданий.—Л.: Стройиздат, ЛО, 1979.

28. **Максимов П. Н.** Творческие методы древнерусских зодчих.— М.: Стройиздат, 1975.

29. **Максимов П. Н.** Творческие методы древнерусских мастеров.— М.: Стройиздат, 1976.

30. **Методика** и практика сохранения памятников архитектуры / Гос. ком. по гражд. стр-ву и архитектуре при Госстрое СССР: Центр. науч-исслед. ин-т теории и истории архитектуры.— М.: Стройиздат, 1974.

31. **Методика** реставрации памятников архитектуры / Под общ. ред. Е. В. Михайловского.— М.: Стройиздат, 1977.

32. **Михайловский Е. В.** Общественное значение памятников архитектуры // Теория и практика реставрационных работ.—Сб. № 3.— М., 1972.

33. **Михйловский Е. В.** Основы современного подхода к реставрации памятников культуры / Методика и практика сохранения памятников культуры.— М.: Стройиздат, 1974.

34. **Михайловский Е. В.** Реставрация памятников архитектуры (развитие теоретических концепций).— М.: Стройиздат, 1971.

35. **Михайловский Е. В.** Современные теоретические концепции / Методика реставрации памятников архитектуры.— М.: Стройиздат, 1977.

36. **Москва.** Альбомы партикулярных строений: Жилые здания Москвы XVIII века.— М., 1956.

37. **Москва.** Иллюстрированная история.— Т. 1, 2.— М.: Мысль, 1984.

38. **Москва** / Кол. авторов под ред. проф. Ю. С. Яралова.— М.: Стройиздат, 1979.

39. **Музеи** народного творчества: Оперативная информация / Информцентр по проблемам культуры и искусства, 1975.— Вып. 1. Инф. № 8.

40. **Новицкий А. П.** История русского искусства с древнейших времен. Т. 2. М., 1903.

41. **Ополовников А. В.** Русское деревянное зодчество.— М.: Искусство, 1983.

42. **Охрана** памятников в ПНР: Оперативная информация / Информцентр по проблемам культуры и искусства, 1975.— Вып. 1. Инф. № 9.

43. **Охрана** памятников истории и культуры / Сб. документов.— М.: Сов. Россия, 1973.

44. **Охрана,** реставрация и консервация памятников русской архитектуры (1917—1968 гг.): Библиогр. указатель литературы: Центр науч-техн. информации по гражд. стр-ву и архитектуре. М., 1970.

45. **Памятники** архитектуры в структуре городов СССР.— М., 1978.

46. **Памятники** архитектуры и современная городская застройка.— М.: Стройиздат, 1973.

47. **Памятники** отечества. Всероссийское общество охраны памятников истории и культуры: Сб. статей.— М.: Современник, 1972.

48. **Памятники** русской архитектуры и монументального искусства.— М.: Наука, 1980.

49. **Покрышкин П.** Краткие советы для производства точных обмеров в древних зданиях.— СПб., 1910.

50. **Покрышкин П.** Краткие советы по вопросам ремонта памятников старины и искусства.— Псков, 1916.

51. **Посохин М. В.** Генеральный план реконструкции Москвы и памятники истории и культуры: Сб. статей «Памятники отечества». (Всероссийское общество охраны памятников истории и культуры)— М.: Современник, 1972.

52. **Посохин М. В., Гутнов А., Харитонова З.** Арбат — пешеходная улица в заповедной зоне // Строительство и архитектура Москвы.— 1979.— № 9.

53. **Посохин М. В., Кулага Л.** Созвездие центров и планировочных зон // Строительство и архитектура Москвы.— 1972.— № 8.

54. **Попченко С. Н.** Холодная асфальтовая гидроизоляция.— Л.: Стройиздат, ЛО, 1977.

55. **Практика** реставрационных работ.— М.: Госстройиздат, 1958.

56. **Пруцын О. И.** Город и архитектурное наследие.— М.: Стройиздат, 1980.

57. **Пруцын О. И.** О проблемах сохранения памятников истории и культуры: Архитектурно-историческая среда. VI съезд архитекторов СССР. 1975 г. Речь на съезде.— М.: Стройиздат, 1978.

58. **Пруцын О. И.** Проблемы сохранения, реконструкции и реставрации архитектурных памятников.— Дрезден, Техн. ун-т, 1983.

59. **Пруцын О. И.** Современная реставрация памятников архитектуры. Материалы международного симпозиума.— Дрезден, Техн. ун-т, 1979.

60. **Пруцын О. И.** Человек и архитектурно-историческая среда // Архитектура СССР.— 1983.— № 2.

61. **Пруцын О. И.** Функциональное обновление среды // Архитектура СССР.— 1986.— № 1.

62. **Ратия Е. Ш.** Методика реставрации памятников архитектуры.— М., 1961.

63. **Ревякин П. П.** Реконструкция городов и сохранение памятников истории и культуры: Сб. статей. «Памятников отечества». Всерос. об-во охраны памятников истории и культуры.— М.: Современник, 1972.— С. 90—96.

64. **Реконструкция** крупных городов: Метод. пособие для проектировщиков.— М.: Стройиздат, 1972.

65. **Реставрация** живописи и предметов прикладного искусства // «Реставрация». Ч. VII.— Вып. 1.— М., 1977.

66. **Рихтер Ф.** Памятники древнерусского зодчества.— М., 1850, Л. XXI.

67. **Русский** город (историко-методологический сборник) / Под ред. В. Л. Янина.— М.: Изд. Моск. ун-та, 1976.

68. **Саваренская Т. Ф.** История градостроительного искусства. Рабовладельческий и феодальный период: Учеб. для вузов.— М.: Стройиздат, 1984.— 376 с.

69. **Свизяев И. И.** Руководство к архитектуре, составленное для студентов Горного института архитектором Свизяевым.— СПб., 1833.— Ч. 1.

70. **Славина Т. А.** Исследователи русского зодчества.— Л., 1983.

71. **Снегирев И.** Памятники московской древности.— М., 1842—1845.

72. **Совещание** по вопросам подготовки памятников истории и культуры для использования их в культурных и хозяйственных целях: тезисы докладов и сообщений. / Мин-во культуры СССР, ЦС Новгород— Ленинград, 1970, июнь.

73. **Соколов В. К.** Реконструкция жилых зданий.— М.: Стройиздат, 1986.

74. **Столешников** переулок — предложение по реконструкции // Декоративное искусство СССР.— 1978.— № 10.

75. **Стоянов Н. Н.** Архитектура Мавзолея В. И. Ленина.— М., 1950.

76. **Столетов А. В.** Инженерное укрепление и реставрация Дмитровского собора во Владимире // В сб.: Практика реставрационных работ.— Сб. 2.— М.: Госстройиздат, 1958.

77. **Суслов В. В.** Каталог выставки: Материалы по исследованию памятников древнерусского зодчества / Академия художеств СССР.— Л.: Искусство, ЛО, 1971.

78. **Суслова А. В.** Некоторые данные к характеристике деятельности академика архитектуры В. В. Суслова в области реставрации и охраны новгородских памятников (1891—1900): Новгородский ист. сб.— Новгород, 1959.

79. **Суслова А. В., Славина Т. А.** Владимир Суслов.— Л.: Стройиздат, ЛО, 1978.

80. **Теория** и практика реставрационных работ: Сб. № 3 / Науч-исслед. ин-т теории, истории и перспективных проблем советской архитектуры. М.: Стройиздат, 1972.

81. **Твердовский Л. М.** Композиция городских улиц и дорог: Методическое пособие для студентов архитектурного факультета.— Л.: Изд-во Акад. художеств, 1962.

82. **Тиц А. А.** Загадки древнерусского чертежа.— М.: Стройиздат, 1978.

83. **Указания** по организации охранных зон памятников архитектуры.— М., 1962.

84. **Фродль В.** Конспект лекций международных курсов. Факультет архитектуры римского университета, 1968.

85. **Хорлер Миклош.** Современная архитектура в старинных ансамблях и памятниках. Международный совет по охране памятников и достопримечательных мест. ИКОМОС. Третья Генеральная Ассамблея и Коллоквиум. Будапешт 25—30 июня, 1972 г.

86. **Чантурия Ю. В.** Научно-методические указания по учету историко-архитектурного наследия при составлении проектов планировки центров городов БССР.— Минск, 1976.

87. **Чернозубов Л. Е.** Жилые дома в первой половине XIX века // Архитектурное наследство.— № 9.— Л — М., 1959.

88. **Чудинова Т. С.** Формирование вертикальной композиции исторических центров приречных городов (на примере городов Поволжья): Автореф. дис. канд. арх-ры МАрхИ, 1984.

89. **Швидковский О. А.** Проблемы и специфика реконструкции исторических городов в СССР и европейских социалистических стран: Доклад на международной научной конференции «Охрана исторических центров и проблемы современной организации их жизненных функций».— Вильнюс, 1973.

90. **Шелехов Д.** Путешествие по русским проселочным дорогам: Библиотека для чтения.— Т. 32.— СПб., 1839.

91. **Шестой** съезд архитекторов СССР. 25—27 ноября 1975 г.— М.: Стройиздат, 1978.

92. **Яргина З. Н., Косицкий Я. В., Владимиров В. В., Гутнов А. Э., Микулина Е. М., Сосновский В. А.** Основы теории градостроительства.— М.: Стройиздат, 1986.

Главы 6—9

1. Adamczewska-Wejchert H., *Zatarte relikty przeszłości urbanistycznej miasta jako problem współczesnego planowania przestrzennego*, ,,Miasto", 1970, nr 4

2. Barbacci A., *Konserwacja zabytków we Włoszech*, ,,BMiOZ" seria B, T. XVI, 1966

3. Bieganski P., *Nowoczesne poglądy na konserwację zabytków miejskich*, ,,BHS" R. IX, 1947

4. Cydzik J., *Przebudowa zabytkowego ośrodka staromiejskiego na przykładzie Paczkowa*, ,,OZ" R. XIV, 1961, nr 1/2

5. Dutkiewich J., *Naukowy dorobek konserwatorstwa w okresie dziesięciolecia*. Materiały do studiów i dyskusji z zakresu teorii i historii sztuki, krytyki artystycznej oraz badań nad sztuką T. VI, Warszawa 1955

6. Dziewoński K., *Miasta Pomorza i zagadnienie zabytków urbanistyki na Pomorzu*, ,,OZ" R. VII, 1954, nr 4

7. Dziewoński K., *Zagadnienie dzielnic zabytkowych Krakowa*, ,,OZ" R. VIII, 1955, nr 3

8. Frodl W., *Pojęcia i kryteria wartościowania zabytków*, ,,BMiOZ" T. XIII, seria 13, Warszawa 1966

9. Frycz J., *Restauracja i konserwacja zabytków architektury w Polsce w latach 1795—1918*, Warszawa 1975

10. Gawdzik Cz., *Rozwój urbanistyczny Starego Lublina*, ,,OZ" R. VII, 1954, nr 3

11. Kalinowski W., Trawkowski St., *Uwagi o urbanistyce i architekturze miejskiej Królestwa Kongresowego w pierwszej połowie XIX w.*, Studia i Materiały do Historii i Teorii Architektury i Urbanistyki T. I, Warszawa 1956

12. Kalinowski W., *Zarys historii budowy miast w Polsce do połowy XIX w.*, Toruń 1966

13. Karczewski A., *Narodowy program konserwacji zabytków*, ,,BHSiK" R. VIII, 1946, nr 3/4

14. Kondziela H., *Stare Miasto w Poznaniu*, Poznań 1971

15. Léon P., *La vie des monuments français. Destruction. Restauration*, Paryż 1951

16. Małachowicz E., *Stare Miasto we Wrocławiu*, Wrocław 1976

17. Massalski R., *Dzielnica zabytkowa w planach urbanistycznych miast średnich i małych woj. gdanskiego*, ,,Architektura", 1966, nr 1

18. Mączeński Z., *W obronie dzielnic staromiejskich*, ,,Przegląd Techniczny" T. 50, 1912 Miasta polskie w tysiącleciu. Praca zbiorowa pod red. M. Siuchnińskiego, T. I Wrocław 1965, T. II Wrocław 1967

19. *Ochrona miejskich zespołów zabytkowych*. ,,BMiOZ" T. XVIII, seria B, Warszawa 1967

20. Pawłowski K., *Francuska myśl urbanistyczna*, Warszawa 1970

21. Pawlowski K., Witwicki M., *Problemy oceny wartości zabytkowej historycznych zespołów miejskich*, ,,OZ" R. XXI, 1968, nr 4

22. Pieńkowska H., *Rola zabytków w aktywizacji małych miast i osiedli woj. krakowskiego*, ,,OZ" R. XIX, 1966, nr 4

23. Piwocki K., *Uwagi o odbudowie zabytków*, ,,BHSiK" R. VIII, 1946, nr 1/2

24. Remer J., *Trzydziestolecie konserwatorstwa polskiego*, „OZ" R. I, 1948, nr 1
25. Riegl A., *Der moderne Denkmalkultus, sein Wesen und seine Entstehung*, Wiedeń 1903
26. Rymashewski B., *Przygotowania zabytkowych ośrodków miejskich dla potrzeb turystycznych na przykładzie Torunia*, „OZ" R. XX, 1967, nr 4
27. Schmid B., *Die Denkmalpflege in Westpreussen 1804—1910*, Gdańsk 1910
28. Schultz J. C., *Über alterthümliche Gegenstände der bildenden Kunst in Danzig*, Gdańsk 1841
29. Secomski K., *Bilans zniszczeń wojennych*, (w:) *XX lat Polski Ludowej*, Warszawa 1964
30. Sitte C., *Der Städtebau nach seinen Künstlerischen Grundsütze*, Wiedeń 1889
31. Stankiewicz J., *Uwagi o odbudowie zespołu zabytkowego Gdańska*, „OZ" R. XII 1959, nr 3/4
32. *Stare Miasto w Warszawie. Odbudowa*. Teka Konserwatorska nr 4, Warszawa 1956
33. Swiechowski Z., *Problematyka studiów historyczno-urbanistycznych do planów zagospodarowania przestrzennego*, „Prace IUA" T. VI, z. 3
34. Tomaszewski L., *Zagadnienia komunikacji w rejonach miejskich o wartości zabytkowej*, „KAiU" T. V, 1960
35. Volmar E., *Danzigs Bauwerke und ihre Wiederherstellung. Ein Rechenschaftsbericht der Baudenkmalpflege*, Gdańsk 1940
36. *Walka o dobra kultury*. Warszawa 1939—1945. Księga zbiorowa pod red. Sł. Lorentza, Warszawa 1970
37. Wąsicki J., *Opis miast polskich z lat 1793—1944*, Poznań 1962
38. Wojciechowski J., *Historia powstania i rozwoju organizacji opieki państwowej nad zabytkami sztuki w Polsce*, „Ochrona Zabytków Sztuki", 1930/1931
39. *Zabytkowe ośrodki staromiejskie na przykładzie śródmieścia Krakowa*, „BMiOZ" T. VII, seria B, Warszawa 1963
40. Zachwatowicz J., *Ochrona zabytków w Polsce*, Warszawa 1965
41. Zachwatowicz J., *Wybór prac*, „BMiOZ" T. XVIII, seria B, Warszawa 1981
42. Zaręba P., *Problematyka urbanistyczna miasta odbudowywanego*, „Miasto", 1954, nr 5

Главы 10—15

1. Antoniewicz W.: *Włodzimierz Demetrykiewicz a konserwatorstwo zabytków*. OZS, 1—4/1930—1931.
2. Barbacci A.: *Il restauro dei monumenti in Italia*. Istituto Poligrafico dello Stato, Roma 1956.
3. Bogdanowski J.: *Dawna linia obronna Jury Krakowsko-Częstochowskiej. Problemy konserwacji i adaptacji dla turystyki*. OZ, 4/1964.
4. Borusiewicz W.: *Wzmocnienie murów części Zamku Górnego w Niedzicy*. OZ, 4/1957.
5. Borusiewicz W.: *Podstawy naukowe i metodyczne studium konstrukcji murowych przy konserwacji zabytków architektury*. Bibl. PK, maszynopis, Kraków 1965.
6. Borusiewicz W.: *Znaczenie robót remontowych i konserwatorskich dla gospodarki narodowej*. Zbiór referatów: Współczesne problemy konserwacji i remontów budowlanych. Wydawnictwo Polit. Krakowskiej, Kraków 1965.
7. Borusiewicz W.: *W sprawie nowych środków technicznych w konserwacji zabytków architektury murowej*. Sprawozdanie Komisji PAN O/Kraków 1966.
8. Borusiewich W.: *Konserwacja zabytków*. Technika Zagraniczna, 1/1976.
9. Borusiewicz W.: *Koegzystencja techniki i sztuki w konserwacji zabytków architektury*. Międzynarodowe sympozjum nt. konserwacji zabytków architektury i urbanistyki, Kraków — Janowice, XI—1979.
10. Borusiewicz W.: *Budownictwo murowane w Polsce. Zarys sztuki strukturalnego kształtowania do końca XIX wieku*. PWN, Kraków 1985.
11. Brandt K. S.: *Konstrukcje budowlane — naprawy, wzmacnianie, przeróbki*, Wydawnictwa Komunikacji i Łączności, Warszawa 1972.
12. Broniewski T.: *Impregnacja wgłębna podstawowych mineralnych materiałów budowlanych*. Bibl. PK (maszynopis), Kraków 1965.
13. Broniewski T., Kapko J., Piątkowski A.: *Możliwości zastosowania środków chemicznych do konserwacji ruin krematoriów w Muzeum w Oświęcimiu*. Opr. Instytutu Budownictwa Polit. Krakowskiej, 1964.
14. Ciesielski R.: *Ocena wpływu drgań i wstrząsów na budowle zabytkowe*. IiB, 1/1961.
15. Ciesielski R.: *Ocena szkodliwości wpływów dynamicznych w budownictwie*. PZITB. Arkady, Warszawa 1973.
16. Danilecki W., Pluta J.: *Korozja dźwigarów stalowych jako pośrednia przyczyna uszkodzenia murowych ścian budynku*. IiB. 7/1959.
17. Domasławski W.: *Badania nad hydrofobizacją murów ceglanych*. OZ, 3—4/1961.
18. Domasławski W.: *Badania nad strukturalnym wzmocnieniem kamienia roztworami żywic epoksydowych*. BMiOZ. T. XV, Warsawa 1966.
19. Domasławski W., Szmidel-Domasławska W.: *Konserwacja korony murów*. OZ, 1/1967.
20. Dvořak M., *Katechismus der Denkmalpflege*. Wien 1916.
21. Ebhardt B.: *Über Verfall, Erhaltung und Wiederherstellung von Baudenkmalen*. Berlin 1905.
22. Estreicher K.: *Collegium Maius. Dzieje gmachu*. ZNUJ 6/1968.
23. Frodl W.: *Denkmalbegriffe, Denkmalwerte und ihre Auswirkung auf die Restaurierung*. Wien 1963.
24. Frycz J.: *Restauracja i konserwacja zabytków architektury w Polsce w latach 1795—1918*. PWN, Warszawa 1975.

25. Giovannoni G.: *Il restauro dei Monumenti.* Cremonese, Roma 1946.
26. Grabski W., Kalemba K., Nowak J.: *Zastosowanie polichlorku winylu (PCW) do impregnacji wapienia pińczowskiego.* CzT, 8-B/1960.
27. Grabski W., Nowak J.: *Problem niszczenia się kamieni w budowlach zabytkowych Krakowa.* Materiały Budowlane, 2—3/1957.
28. Gruszecki A.: *Opracowanie trwałej ruiny Pałacu Ujazdowskiego w Warszawie.* OZ, 1/1967.
29. Guzik K.: *Uwagi o powstaniu zsuwu w skarpie warszawskiej koło kościoła św. Anny (Trasa W—Z) oraz warunkach jego ustalenia.* Wyd. Min. Bud., nr 37, cz. B, zeszyt 1, Warszawa 1949.
30. Hedvall J. A.: *O problemach trwałości materiałów budowlanych i archeologicznych.* Anales da la real sociedad espanola de fisica y guimica, Serie B-Quimica, T. LXI B 2/1965 (tłum. Haberowa H. Archiwum Katedry Budowlanych Politechniki Krakowskiej).
31. *Introduction pour la conservation l'entretien et la restauration des édifices diocesains.* Paris (brw).
32. Janowski Z.: *Przyczyny uszkodzeń konstrukcji budynków staromiejskich w Jarosławiu, wzniesionych na gruntach lessowych.* CzT, 3—B/1964.
Jędrzejowska H.: *Zagadnienia metodologiczne w dziedzinie rekonstrukcji zabytków.* OZ, 4/1979.
33. Камушев Е. Д. Вопросы укрепления старых штукатурных слоев. Исследования по строительным материалам, № 19, Л., 1954.
34. Karczewski A.: *Problemy i zagadnienia opieki nad zabytkami w Polsce.* Kraków 1967.
35. Kotarski Z., Kozioł M.: *Ocena koncepcji, realizacji i wyników badań przesunięcia kościoła przy al. gen. Świerczewskiego w Warszawie.* IiB, 2/1964.
Lauterbach A.: *Pierścień Sztuki.* Warszawa 1929.
36. Lenart J. Z.: *Przesuwanie budynków zabytkowych w Warszawie (Rogatka Grochowska, kościół p.w. Nawiedzenia NP Marii na Lesznie).* OZ, 2/1963.
37. Léon P.: *La vie des Monuments Français. Destruction. Restauration.* Paris 1951.
38. Lorentz S.: *Rola i formy mecenatu przemysłu w dziedzinie ochrony zabytków i przystosowaniu ich do potrzeb turystyki.* OZ, 4/1967.
39. Łazarowicz S., Sieroszewski W.: *Przepisy prawne dotyczące ochrony dóbr kultury oraz muzeów.* BMiOZ, Seria B, T. XX, Warszawa 1967.
40. Łempicki J.: *Ekspertyzy konstrukcji budowlanych. Zasady i metodyka opracowania.* Arkady, Warszawa 1969.
41. Łuszczkiewicz W.: *Wskazania do utrzymania kościołów, cerkwi i przechowywania tamże zabytków przeszłości.* Kraków 1869.
42. Majewski A.: *Czorsztyn—Niedzica. Dwa zamki pienińskie.* Arkady, Warszawa 1966.
43. Malinowski R.: *Aby pamiątki uczynić powszechnie wiadomymi i wiecznie trwałymi.* Artykuł w Spisie zabytków architektury i budownictwa, Warszawa 1964.
44. Malinowski K.: *Dyskusja o zasadach konserwatorskich. Poglądy i wnioski.* OZ, 2/1966.
45. Masłowski E.: *Wzmacnianie konstrukcji budowlanych.* Arkady, Warszawa 1959.
46. Nahlik S.: *Z zagadnień międzynarodowej ochrony zabytków.* OZ, 1/1955.
47. Oleszkiewicz S.: *Próżniowa metoda iniekcji i jej zastosowanie przy wzmacnianiu konstrukcji budowlanych.* ZNPK — Budownictwo, 3/1961.
48. Oleszkiewicz S., Ziobroń W.: *Rekonstrukcja filaru wschodniego Kolegiaty Wiślickiej,* IiB, 3/1965.
49. *Opieka nad zabytkami i ich konserwacja.* Wyd. Min. Sztuki i Kultury, Warszawa 1920.
50. Ostaszewska M.: *Przenoszenie malowideł ściennych w Polsce.* BMiOZ, ser. B, T. LV, Warszawa 1979.
51. Pałka J.: *Wzmacnianie fundamentów budowli zabytkowych.* CzT. 5-B/1963. *Pamiętnik Pierwszego Zjazdu Miłośników Ojczystych Zabytków w Krakowie w r. 1911.* Nakładem Grona Konserwatorów Galicji Zachodniej. Kraków 1912.
52. Pawlikowski W.: *Zagadnienia ochrony budowli przed niszczącym działaniem atmosfery.* PB, 5/1960.
53. Pawłowsi K.: *Miasto jako zabytek.* (zob.[(130)]) Lublin 1975.
54. Pawłowski K.: *Od ,,Karty Weneckiej" do ,,Rekomendacji Warszawskiej".* Zbiór dokum. z Międzynarodowej Rady Ochrony Zabytków ICOMOS, Warszawa 1980.
55. Pawłowski K.: *Uczestnictwo społeczeństwa w rewaloryzacji zabytków.* Spotkanie z Zabytkami, 10/1982.
56. Penkala B.: *Konserwacja kamienia w budownictwie.* PWN, Warszawa 1966.
57. Pieńkowska H.: *Zagadnienia związane ze służbą konserwatorską na terenie województwa krakowskiego.* BMiOZ, seria B, T. VII, Warszawa 1963.
58. Piętkowski R.: *Fundamentowanie.* Arkady, Warszawa 1969.
59. Piwocki K.: *Uwagi o odbudowie zabytków.* BHSiK, 1—2/1946.
60. Piwocki K.: *Pierwsza nowoczesna teoria sztuki. Poglądy Aloisa Riegla.* PWN, Warszawa 1970.
61. Методика реставрации памятников архитектуры. Академия строительства и архитектуры СССР, Москва, 1961.
62. Практика реставрационных работ. Сборник № 1, М. 1950.
63. Praca zbiorowa: *Relation internationales de la protection des biens cultulers* (zbiór referatów). BMiOZ, Seria B, T. X. Warszawa 1965.
64. Praca zbiorowa: *Zagadnienia technologiczne konserwacji malowideł ściennych* (zbiór referatów). BMiOZ. Seria B, T. XI, Warszawa 1965.

65. Remer J.: *Społeczne znaczenie poczynań konserwatorskich w XXX-lecie PRL*. (zob.) Lublin 1975.
66. Riegl A.: *Der Modern Denkmalkunst, seine Wesen und seine Erstehung*. Wien — Leipzig 1903.
67. Rusiecki A.: *Sole szkodliwe w cegłach*. IiB, 3/1951.
68. Ruskin J.: *The seven lamps of architecture*. Leipzig 1907.
69. Rymaszewski B.: *Przygotowanie zabytkowych ośrodków miejskich dla potrzeb turystycznych na przykładzie miasta Torunia*. OZ, 4/1967.
70. Schmidt-Thomsen K.: *Zum Problem der Steinzerstörung und Konservierung*. Deutsche Kunst und Denkmalpflege. Zeszyt 1, München 1969.
71. Sieroszewski W. *Ochrona prawna dóbr kultury w Polsce*. BMiOZ, ser. B, T. XXX, Warszawa 1971.
72. Sieroszewski W.: *Ochrona dóbr kultury w ustawodawstwie UNESCO*. BMiOZ, ser. B, T. LIV, Warszawa 1979.
73. Sieroszewski W., Żółkiewski A.: *Przepisy prawne dotyczące ochrony dóbr kultury oraz muzeów* (suplement do II wydania). BMiOZ, ser. B, T. L, Warszawa 1978. *Silikony. Przegląd gatunków handlowych zagranicznych i planowanych do produkcji w kraju; ich własności i zastosowanie*. Chemiplast, Gliwice (brw). Skiba J.: *Rewaloryzacja zespołów zabytkowych Krakowa*. Wydawnictwo Literackie, Kraków 1976.
74. Stachurski W.: *Przykłady wzmacniania konstrukcji budowlanych*. IiB, 6/1966. Szyszko-Bohusz A.: *Stosunek sztuki nowożytnej do konserwacji zabytków*. Rocznik Architektoniczny 1912—1913.
75. *Teka Grona Konserwatorów w Galicji Zachodniej*. T. II, 1906. Teliga J.: *Pawilon ochronny nad reliktami budowli preromańskiej w Wiślicy — konstrukcja*. OZ, 2/1964.
76. Teliga J.: *Konstrukcja budowlana w ochronie zabytków architektury*. BMiOZ, ser. B, T. LVIII, Warszawa 1980.
77. *The protection of Ancient Buildings*. Wyd. The Society for Protection of Ancient Buildings (General Assembly of ICOMOS). Oxford 1969.
78. Thierry J. Zaleski S.: *Remonty budynków i wzmacnianie konstrukcji*. Arkady, Warszawa 1982.
79. *Ustawa z dnia 15 lutego 1962 r. o ochronie dóbr kultury i muzeach* (Dz.U. nr 10/1962, poz. 48).
80. Viollet-le-Duc E.: *Dictionnaire raisonné de l'architecture française du XIe au XVIe siecle*. Paris 1858—1888.
81. Zachwatowicz J.: *Program i zasady konserwacji zabytków*. BHSiK, 1—2/1946.
82. Zachwatowicz J.: *Ochrona zabytków w Polsce*. Polonia, Warszawa 1965.
83. *Zarządzenie nr 48 Ministra Gospodarki Terenowej i Ochrony Środowiska z dnia 19.08.1974 r. w sprawie wprowadzenia w życie instrukcji o naprawach i modernizacji budynków* (Dziennik rzędowy MGTiOS nr 4, 1974).
84. Zawistowski J., Bielicki W.: *Wzmacnianie i ochrona konstrukcji budowli zabytkowych*. PB, 4, 5/1976.
85. Żenczykowski W.: *Walka z żywiołem zsuwu na wzgórzu św. Anny w Warszawie*. Wyd. Min. Bud. nr 37, cz. B, z. 1, Warszawa 1949.
86. Żenczykowski W.: *Budownictwo ogólne*. T. 2/1, 2/2. Arkady, Warszawa 1981.

一版译后记

《建筑与历史环境》这本书终于译完了。望着厚厚的一叠译稿，回顾3年多来的留学生涯，总算没有愧对多年来关心自己的师长、亲人和朋友们。

自己与文物建筑保护这个课题接触始于大学求学时期，当时的建筑历史课、城市建设史课使自己增加了不少古建筑的知识，但那时对这个专业只是有兴趣而已。在清华读硕士时，虽然我读的是城市规划与设计专业，但仍从研究建筑历史的诸位先生、同学处学到了不少建筑历史的知识，开始懂得文物建筑保护与修复的一些科学原则，了解了当今世界文物建筑保护的一些情况。在清华学习后，有幸到中国建筑技术研究院建筑历史研究所工作，这才开始系统地学习这个科学性很强的专业。

1994年冬季，我幸运地来到了莫斯科建筑学院攻读博士学位。到莫斯科后得到的第一本俄文专著就是这本《建筑与历史环境》，后来有幸结识了该书作者 О.И.普鲁金院士，院士无偿地提供给我翻译的版权，我开始在妻子以及好友侯宪如、李植、霍晔等同学的帮助下，展开了翻译工作。

1997年6月，带着厚厚的译稿，我回到北京开始寻找出版社，工夫不负有心人，承蒙中国社会科学院社会科学文献出版社沈恒炎社长的赏识，正式开始了译作的编辑出版工作。在出版过程中，得到了中国建筑技术研究院金大勤博士、赵喜伦研究员认真的校正，特别是50年代留学苏联的金大勤博士在酷暑中仍抱病认真审校，给我留下了深刻印象。

在本书的编辑出版过程中，编辑人员承担了大量具体而烦琐的工作，为本书的顺利出版作出了很大贡献，我深深感谢他们。

我要感谢给我巨大关怀和帮助的俄国朋友 V.库先科先生。感谢留俄期间曹海涛先生、胡育红女士、苏波先生、张硕同学提供的热情鼓励和对我们生活上的关心。

感谢我的亲人对我的养育之恩和对我不论成功与失败始终如一的支持和鼓励，这是我多年刻苦求学的主要动力。

最后要特别感谢我的妻子，我所得到的第一本原著《建筑与历史环境》就是她送给我的。这本书也是我们留学俄国相濡以沫的最好见证，译作问世的成功也应该是属于她的。

韩林飞

1997年10月于莫斯科

二版译后记

学术著作的翻译，特别是工程科学著作的翻译，即便是一种创作，也不过是一种语言转换性的再创作，毕竟不同于原始性创作。所以，原著的作者才具有著作亲生"母亲"的地位，而译者至多不过扮演"保姆"的角色。这对于那些不辞劳苦的译者来说，未免有些不公，在当前学校将译作不算成果只作为统计工作量的产品、撰著高于译作的当下中国学术界，似乎尤其如此。于是，译者便有些不甘和不服，遂不顾撰著者轻视之责和无力撰著而译作之讥，在译著正文之外加上描龙画凤的"导言"或追思摆缭的"后记"。这虽然常常误导读者，但毕竟可以为自己争得个"继母"名分，终不至于沦为"保姆"一族。本译者这篇译者导言和后记大抵也出于为当"继母"而抗争吧。

可看看我们的近邻日本国，翻译作品却被明认为学术水平的标志，大牌学者著作的翻译者往往是日本专业领域的泰斗，年前到东京一家书店，翻译的柯布西耶 *LE CORBUSIER* 的最新英文、法文、意大利文的译作就有不下30种，译者大都是建筑学科的教授级人物。这极大地促进了建筑科学的民间普及，提高了民众的建筑文化水准。是日本人的外语水平不行吗？谁都知道看自己的母语更便于思考，经专业人士翻译成本国语言的著作更利于快速地学习与研究。而我们又有几个教授愿意认真干这只记工分的小事，大部分的译作都是研究生练习外文翻译的作业，国外实力经验的著作被翻译得走样，而评教授评大师成为大家专著写作的动力，众多的所谓专著却真正地反映了当前建筑学术的孱弱与虚张声势。不惑之年的我本不应该发此牢骚，嘿！反映真实情况而已。

翻译工作是件苦差事，对于建筑历史理论书籍的翻译更是苦不堪言。数不清的历史人物、书名、地名，晦涩难懂的术语，各国文字的引文，中文的舒畅与规范。只好借助于不同语种的词典。人名地名字典、不列颠百科全书、各种建筑史书、翻译规范、出版要求堆满书桌。真可谓是书山有径辞海为路啊。国外论著的中文翻译在聪明人眼中看起来就是一件愚钝可悲的苦差事，但利于学术发展的事情总要有人做，更何况这是我与一位逝者的生前之约。

"著作等身"一词如果不是对粗制滥造之辈的讽刺，而是对才华横溢之士的褒奖，那么，用这个词来形容普鲁金院士的丰硕成果则显得恰如其分；正如前俄罗斯建筑科学院院长 A.K. 罗切戈夫（A.K. Rotchegov）所言："普鲁金教授的著作极大地推动了 20 世纪俄罗斯建筑修复事业的最重要发展……伴随《建筑与历史环境》一书的问世，普鲁金教授不仅完成了建筑修复理论的重要探索，而且他所创建的修复学校成为建筑修复与历史延续的智慧传承实践与教育基地。"普鲁金修复理论所产生的世界性影响也足以证明他的贡献之大。

1994 年冬我踏入莫斯科建筑学院学习的第一天便有幸看到了这本书，当时就被这本厚厚的朴实的俄文著作所吸引，逻辑严谨的论述，线条丰富的插图，层次分明的黑白照片，真正体现了苏联学者的深厚与严肃的学术风格，正如留学前夕吴良镛先生所谆谆教诲的：去苏联多读些大部头理论书，他们的研究深厚有分量……原话我已记不清了，但吴先生广博的学术指引却使我受用终生，吴先生的教诲也使我对本书的著者佩服不已。后来有幸结识了普鲁金先生，先生平易近人的性格，广博的知识与修养，睿智儒雅的人格魅力，苏联学者坦诚豁达的胸怀使我们成了忘年交。特别是普鲁金先生在近 70 岁所做的俄罗斯古教堂的立面渲染，让我心中再生敬意，不仅佩服他的高超的设计表现技艺，更佩服老人持之以恒的精神，非凡的事业心。在莫斯科求学期间开始翻译，1997 年完成了书的第一部分的翻译工作，在社会科学文献出版社的大力支持下出版。2001 年回国后又忙于快速建设的节奏中，深深体验了高速发展的国家的活力。2003 年末普鲁金院士去世，而我的愚钝与懒惰终使我与先生翻译全书的约定没能在他的有生之年实现，这使我后悔不已，抱憾终生。2004 年我又开始了本书第二部分的翻译工作，断断续续近 10 年，因自己的原因使时间拖得太久，心中总是遗憾，今天终于完成了与老人的约定，但愿先生在天之灵能理解我，原谅后生的懒钝。

本书的翻译得到了社会科学文献出版社前社长沈恒炎、现社长谢寿光、财经部主任周丽等的大力支持与帮助，作为出版工作者，睿智认真对待为别人做嫁衣裳的文字工作，令后学感动！一并致谢在此书出版过程中所有帮助过我的同人们！

韩林飞
2010 年 10 月于北京国兴家园

图书在版编目（CIP）数据

建筑与历史环境/（俄罗斯）普鲁金著；韩林飞译. —北京：
社会科学文献出版社，2011.2
ISBN 978 - 7 - 5097 - 0862 - 0

Ⅰ.①建… Ⅱ.①普… ②韩… Ⅲ.①古建筑 - 保护 - 研究
②古建筑 - 文物修整 - 研究 Ⅳ.①TU - 87

中国版本图书馆 CIP 数据核字（2010）第 262935 号

建筑与历史环境

著　　者／〔俄罗斯〕О.И. 普鲁金
译　　者／韩林飞

出 版 人／谢寿光
总 编 辑／邹东涛
出 版 者／社会科学文献出版社
地　　址／北京市西城区北三环中路甲 29 号院 3 号楼华龙大厦
邮政编码／100029
网　　址／http：//www. ssap. com. cn
网站支持／（010）59367077
责任部门／财经与管理图书事业部（010）59367226
电子信箱／caijingbu@ ssap. cn
项目经理／周　丽
责任编辑／张景增
责任校对／张茂涛
责任印制／蔡　静　董　然　米　扬

总 经 销／社会科学文献出版社发行部
　　　　　（010）59367081　59367089
经　　销／各地书店
读者服务／读者服务中心（010）59367028
排　　版／北京中文天地文化艺术有限公司
印　　刷／北京季蜂印刷有限公司

开　　本／787mm×1092mm　1/16
印　　张／24.5　字数／396 千字
版　　次／2011 年 2 月第 1 版
印　　次／2011 年 2 月第 1 次印刷

书　　号／ISBN 978 - 7 - 5097 - 0862 - 0
定　　价／69.00 元